DAS GROSSE FIAT-SPIDER-BUCH

Eberhard Kittler

DAS GROSSE ...

Liebe Leserin, lieber Leser,

„Wir gratulieren Ihnen zum Kauf" – so lautete einst der erste Satz in der Gebrauchsanweisung eines Autos. So vermessen wollen wir gar nicht sein, auch wenn Sie ein Exemplar der renommierten „Großen Reihe" aus dem HEEL Verlag in Händen halten. Mit dieser Reihe wurde vor beinahe 30 Jahren der Grundstein für das Technik-Programm des HEEL Verlags gelegt, der inzwischen der wohl wichtigste deutsche Verlag für Oldtimer-Literatur ist.

Im Laufe der Jahre sind 34 „Große" Titel erschienen, der erste war 1986 „Das Große Buckel-Volvo-Buch", der jüngste hat die G-Klasse von Mercedes zum Thema. Die ältesten Bände sind freilich mittlerweile vergriffen – und ganz offenbar nach wie vor heiß begehrt und hoch gehandelt. Kein Wunder: Die gründlich recherchierten Werke haben nichts von ihrem Wert verloren und gelten nach wie vor als Standardwerke.

Nachdem sich nun immer wieder Leser nach den Klassikern erkundigen, wollen wir Sie nicht länger vertrösten müssen und haben uns entschlossen, zunächst einige ausgewählte Titel wieder zu veröffentlichen – und zwar ganz bewusst in der Form des Original-Reprints. Aufmachung, Anmutung, Texte und Bilder erscheinen genauso wie einst in der Erstauflage. Das hat ein klein wenig mit Nostalgie zu tun (immerhin ist der Verlag auch schon über 35), vor allem aber mit unserem und dem Glauben der Leser an den Wert der „Großen Reihe".

Den Anfang haben die vier Titel Mercedes Heckflosse, Opel Manta, VW GTI und Ford Capri gemacht, darauf folgten BMW 02, Mercedes Ponton, VW Corrado und Alfa Spider. Nun geht es weiter mit BMW Coupés und Fiat Spider. Weitere Highlights der Reihe sollen folgen.

Ich wünsche Ihnen viel Spaß mit Ihrem neuen „alten" Buch

Ihr

Franz-Christoph Heel, Verleger

HEEL Verlag GmbH | Gut Pottscheidt | 53639 Königswinter | info@heel-verlag.de | www.heel-verlag.de

DAS GROSSE FIAT-SPIDER-BUCH

Eberhard Kittler

HEEL

Impressum

HEEL Verlag GmbH
Gut Pottscheidt
53639 Königswinter
Telefon 0 22 23 / 92 30-0
Telefax 0 22 23 / 92 30 26
Mail: info@heel-verlag.de
Internet: www.heel-verlag.de

Verantwortlich für den Inhalt: Eberhard Kittler

Printed in Czech Republic

ISBN: 978-3-95843-361-8

Inhaltsverzeichnis

TADINI E VERZA
HN D 9341
NE A CW 58

Bella Macchina

Der ewig junge Trendsetter aus Turin

„Trau keinem über dreißig" hatten die jungen Spontis keck gefordert, die sich in der zweiten Hälfte der *Swinging Sixties* an der Weltrevolution versuchten. Langhaarige junge Männer und miniberockte Mädchen lachten sich kaputt über das verknöcherte Establishment: Nie, niemals würden sie so werden wie ihre angepaßten Altvorderen! Die *Stones* und die *Beatles* lieferten den musikalischen Background für die rebellische Jugend, für die allein das Hier und Heute zählte. Die Pop- und Protest-Kunst erlebte ihren Zenit.

Unversehens waren die Wirtschaftswunderjahre in einen gesellschaftlichen Umbruch gemündet. Auch im eher konservativen Italien, wo die Emotionen freilich gleichermaßen hochkochten. Ganz offensichtlich hat der Fiat 124 Spider etwas von jenem Wertewandel mitbekommen: Ein hochmodernes Sportwägelchen war hier aus der Taufe gehoben worden, kühn, aber nicht zu kühn gezeichnet, mit einem spritzigen Motor – und keineswegs zu teuer. Seine größten Erfolge fuhr Fiats neuer Schönling jedoch keineswegs zuhause, sondern in Deutschland und in den USA ein. Hier wurde der Zweisitzer im Ferrari-Look zur Legende, hier hat er noch heute die meisten Fans.

30 Jahre und kein bißchen weise: Der Spider war und ist ein Spaßmobil der verschärften Sorte!

„Er war die beste Mischung aus Design und Vernunft, und er war genau das, was die Leute damals haben wollten", bekannte Sergio Pininfarina, der selbst mehrere Spider gefahren hatte. In einem wirklich realisierbaren Traumwagen sah er eine ganz besondere Herausforderung für einen Designer. Denn ein schikkes, schnelles, futuristisch wirkendes Auto zu zeichnen, wäre kein Problem, meinte er, aber einen emotionsgeladenen Entwurf für die Serienfertigung umzusetzen – dies sei die hohe Kunst: Ohne nüchterne Erfahrung ist dies nicht machbar!

Mit dem 124 Spider hatte für seine Firma die Großserienproduktion begonnen – und er hatte gleichzeitig den Grundstock für alle gestalterischen und wirtschaftlichen Höhenflüge gelegt, die sich der Karossier später leisten konnte.

Inzwischen hat der offene Turiner seinen dreißigsten Geburtstag gefeiert. Fast 200 000 Spider der verschiedensten Evolutionsstufen sind auf die Straßen entlassen worden, erstaunlich viele haben überlebt. Ihre Fahrerinnen und Fahrer sind junge und junggebliebene Nostalgiker, die sich dem tristen Einheitslook heutiger Massenware verweigern. Denn Autos mit Charakter sind selten geworden – und genau deshalb hat der offene Fiat mittlerweile Kult-Status erlangt: Obwohl er über dreißig ist, gehört er keineswegs zum alten Eisen!

Daß die Turiner inzwischen erneut ein kompromißlos offenes Gefährt im Programm haben, ist nicht zuletzt der Verdienst des 124ers. Er hat die Fans bei der Stange gehalten, sie fasziniert und zu einem festen Freundeskreis vereint. Ewig jung wirkt der unverwechselbare Zweisitzer, irgendwie zeitlos und dennoch sportlich-rustikal. Noch existieren genügend offene Sportmobile, noch ist jenes Stück Zeitgeist auf Rädern zu realistischen Preisen zu bekommen: Einsteigen und losfahren ist die beste aller Möglichkeiten, sich hier und heute einen nicht unbescheidenen Traum zu erfüllen.

Von Anfang an war Fiat in den verschiedensten Branchen tätig – und konnte sich damit schon früh so zugkräftige Goodies wie den Rennsport leisten.

Masse und Klasse

Vom knubbligen Balilla zur neuen Sachlichkeit

Sportliches Flair gehört zu Fiat wie die goldene Rolex zu Giovanni „Gianni" Agnelli. Jener graumelierte Lebemann hatte 1966 das Imperium übernommen, das im Sommer 1899 in Turin unter maßgeblicher Mitwirkung seines Großvaters gegründet worden war. Von Anfang an betätigte sich das florierende Unternehmen – ***F***abbrica ***I***taliana di ***A***utomobili ***T***orino (Italienische Automobilfabrik Turin) – in den verschiedensten Branchen. Autos entstanden zuerst am Corso Vittorio Emanuele, wenig später am Corso Dante (wo heute das Werksmuseum untergebracht ist). Doch der Automobilbau war keineswegs das absolute Zugpferd des oberitalienischen Multis, was den Entwicklern und Ingenieuren mehr Zeit einräumte, wirklich ausgereifte Konstruktionen auf den Markt zu bringen.

Peu à peu wuchs der jährliche Produktionsausstoß, so daß bald die alten Produktionshallen nicht mehr ausreichten: 1922 war die Schallgrenze von 10 000 Neuwagen pro Jahr durchstoßen. Darum wurde kräftig investiert, und bereits im Jahr 1923 nahm Fiat den Betrieb im nagelneuen Werk Lingotto auf. Besonderheit des modernistischen, von Bauhaus-Einflüssen geprägten fünfstöckigen Gebäudekomplexes war die Versuchs- und Einfahrbahn auf dem Dach. Sechs Jahrzehnte sollte dies recht und schlecht genügen, wobei das umliegende Gelände nach und nach ebenfalls bebaut wurde. 1982, als bereits 1,2 Millionen Pkw pro Jahr hergestellt wurden, schloß das Werk. Inzwischen waren die Fabrikhallen von Mirafiori (1939) und Rivalta (1967) hinzugekommen. Daneben verfügte das Riesen-Unternehmen längst über diverse hauseigene Zulieferbetriebe beispielsweise in Bari, Cassino, Florenz, Mailand-Desio, Neapel, Palermo, Termoli, Vado Ligure, Villat Perosa und schließlich – als neuer Star in Sachen Kostensenkung – im süditalienischen Melfi.

Anders als viele Wettbewerber setzte Fiat stets in erster Linie auf gut absetzbare, aber pfiffig gemachte Massenware. Mit dem ab 1932 gebauten 508 *Balilla* lancierten die Turiner das erste echte Volksmobil – „la vettura per tutti". Zumindest der Mittelstand konnte sich den kleinen Einliter-Wagen leisten, dessen Roadster-Version beeindruckende Siege im Motorsport herausfuhr. Spätestens seit diesem Modell umschwirrten Dutzende von Tuningbetrieben und Kleinherstellern das Fiat-Werk Lingotto wie Motten das Licht – und siedelten sich im Speckgürtel Turins an. Von nun an offerierten sie technisch und optisch noch heißer gemachte Fiat-Konstruktionen: Firmen wie Cisitalia, Ermini, Giaur, Gilco, Osca, Siata, Stanga und Stanguellini brachten gerade in der kleinen Klasse überaus potente Wettbewerbs-Gefährte heraus. Vor allem bei der Mille Miglia in der unmittelbaren Nachkriegszeit

Der Fiat 508 Balilla war das erste in größerer Serie gebaute Automobil der Turiner. Freie Karossiers leiteten davon die unterschiedlichsten Sportversionen ab.

Ein Meilenstein auf dem Weg zur Massenmotorisierung in Europa war der Fiat 500 Topolino. Eigentlich als Zweisitzer gedacht, avancierte er zumindest in Italien rasch zur frühen „Großraumlimousine".

sorgten diese zu Unrecht vergessenen Flitzer für erhebliches Aufsehen.

Ein zweiter Verkaufsrenner war der 500 *Topolino*-Winzling („Mäuschen") mit 569-ccm-Vierzylinder: Benannt nach der Mitte der dreißiger Jahre just bekanntgewordenen Mickymaus, mischte der Italo-Mini den Kleinwagen-Markt auf. Er war Urahn des späteren Zweizylinder-Fiat 500, der – millionenfach unters Volks geworfen – bis 1975 im Programm bleiben sollte. Entscheidende Impulse für den Bau dieses Straßenflohs kamen übrigens aus Heilbronn, wo Fiat die alte NSU-Infrastruktur genutzt und 1928 ein Zweigwerk eingerichtet hatte.

Und schließlich war da noch der populäre Fiat 1100, sicher die Inkarnation der Linea Fiat, der legendären Fiat-Linie. Wunderschöne, rasante und herrlich unvernünftige Sport-Versionen des unmittelbaren Balilla-Nachfolgers entstanden – bis hin zum 1100-103 E Trasformabile Ende der fünfziger Jahre. Lange Produktionszeiträume hatten Tradition in Turin: Der mehrfach facegeliftete und leistungsgesteigerte 1100er sollte letztendlich bis 1970 gefertigt werden, bildete aber auch eine Art Zwischenstufe zum Fiat 124!

Er lieferte obendrein die Basis für den Typ 1200, der 1957 debütierte – und von ihm stammen schließlich auch die hubraumgrößeren Modelle 1300 und 1500 ab. Dem sportiven Anspruch des Hauses entsprechend wurden stets offene Versionen, teilweise auch Coupés, angeboten. Um das Typen-Wirrwarr komplett zu machen, hatte Fiat überdies nicht nur mittelgroße Sechszylinder im Pogramm, sondern überraschte dann und wann mit wahrhaftigen Exoten. Zweifelsohne am bekanntesten wurden der ganze 114mal gebaute, acht-

Mit dem Fiat 8V und dem davon abgeleiteten Turbina-Prototyp überraschten die Turiner den Rest der Welt. Doch entstanden kaum mehr als 100 der rassigen 8V.

zylindrige 8V von 1952 sowie ein turbinengetriebener Prototyp *Turbina* von 1954, mit dem die Turiner für gewaltiges Aufsehen sorgten.

Kreativer Kopf hinter dem Ganzen war Dr.-Ing. Dante Giacosa, vier Jahrzehnte lang Cheftechniker bei Fiat. Der 1905 geborene Techniker hatte als 21jähriger bei Fiat angeheuert und war – nach kurzem Intermezzo bei Cisitalia – von 1946 bis zu seiner Pensionierung im Jahr 1970 Direktor der Technischen Abteilung (später: Planungs- und Studienabteilung Pkw). Er starb im März 1996. Dank seines sprichwörtlichen Fleißes waren zahllose Fiat-Projekte realisiert worden, darunter auch Auftragsarbeiten für assoziierte Marken wie Simca (Modell 1000) und Autobianchi (Modell Primula).

Giacosas Abteilung wurde zum Wallfahrtsort begnadeter Spezialisten wie Aurelio Lampredi. Bei dem 1917 geborenen, rastlosen Tüftler handelte es sich um den Motorenpapst Italiens. Er hatte von Anbeginn an die rassigen Ferrari-Triebwerke entwickelt, angefangen vom ersten Zwölfzylinder (Typ 125) bis hin zum 500 F2-Vierzylinder, mit dem Ascari 1952 und 1953 die Weltmeisterschaft gewann. Anfang der sechziger Jahre wurde Lampredi Chefkonstrukteur der Fiat-Motorenentwicklung, 1965 avancierte er zum Direktor der Abteilung, und Anfang der siebziger Jahre machte man ihn zum Generaldirektor der Fiat-Tochter Abarth. Er starb 1989.

Vordenker und Chefkonstrukteur bis in die siebziger Jahre hinein war Dante Giacosa. Ihm ist auch der Typ 124 zu verdanken.

Abb. rechts unten:
Einen ausgezeichneten Ruf als „Motorenpapst" genoß Aurelio Lampredi, der die großen Ferrari-Konstruktionen aus der Taufe gehoben hatte.

Cheftechniker Giacosa hatte es nicht leicht angesichts solch genial-eigensinniger Mitarbeiter, mußte er sich doch überdies mit dem nicht gerade bequemen Vorstandschef Professor Vittorio Valetta (der wiederum 1946 die Amtsgeschäfte des Firmengründers übernommen hatte) und dessen rechter Hand – Ingenieur Gaudenzio Bono – arrangieren. Und Valetta schied erst – als 83jähriger – im Jahr 1966 aus dem Amt, um den Marschallstab endlich an den damals 45jährigen „Avvocato" Gianni Agnelli weiterzugeben.

„Gianni" Agnelli (hinten, in Bildmitte) übernahm 1966 die Amtsgeschäfte von seinem Vorgänger, Professor Vittorio Valetta (vorn, im Nadelstreif).

Da dürfte auch diese Signorina schwach geworden sein: Mit dem 1100 TV Trasformabile und dem äußerlich fast identischen 1200 Granluce rollte Fiat vehement den Markt der kleinen Cabrios auf

Der studierte Jurist und einstige Soldat unter „Wüstenfuchs" Erwin Rommel während des Tunesien-Feldzugs war bereits als 23jähriger zum Vizepräsidenten von Fiat ernannt worden. Nach und nach mauserte er sich tatsächlich zu einem der schillerndsten Industrie-Magnaten der Welt. Zeitzeugen bezeichneten ihn als begnadeten Unternehmer, knallharten Machtpolitiker, Sportsmann, Playboy, Zyniker und eleganten Beau. Im Feburar 1996 ging auch Agnelli in den Ruhestand, nachdem er das oft gefährlich schlingernde Fiat-Schiff in ruhige See manövriert hatte. Bis sein 1964 geborener Neffe Giovanni Alberto Agnelli das Präsidenten-Zepter übernimmt, leitet Alt-Spitzenmanager Cesare Romiti (zum Zeitpunkt des Interregium-Beginns 73 Jahre alt) den riesigen Konzern. Nachfolger von Paolo Cantarella, des erfolgreichen Chefs der *Fiat Auto SpA.* (also der Automobil-Division des Gemisch-Konzerns), wurde derweil Roberto Testore.

Kein Vergleich zu den fünfziger Jahren, als Fiat etwas über 100 000 Mitarbeiter hatte – heute sind es 263 000, nicht eingerechnet die Zulieferbetriebe. *Fiat-Town* nannte man Turin damals, die größte private Firma des Landes hatte das Monopol. Sie fühlte sich durchaus auch für soziale Belange zuständig, war aber nicht unumstritten. Immerhin hatten die Techniker in den fünfziger Jahren noch allerhand Narrenfreiheit, durften experimentieren und querdenken. Hauptsache, der Absatz stimmte! Anfang der sechziger Jahre hatte Fiat in Italien einen Markt-Anteil von 90 Prozent, mit der Übernahme von Autobianchi (1957), Lancia (1969), Abarth (1971) und Alfa Romeo (1986) konnte dem Turiner Kraken dann keiner mehr das Wasser reichen. Und die 1988 endgültig vollzogene Übernahme von Ferrari nahm in den sechziger Jahren mit der Dino-Kooperation ihren Anfang; inzwischen gehört auch Maserati zum Unternehmen.

Zwischenzeitliche Krisen, besonders in der zweiten Hälfte der Siebziger und Anfang der achtziger Jahre, als rund 10 Prozent der Aktien von Lybien gehalten und dann in einer Blitz-Aktion von der Deutschen Bank übernommen wurden, sind längst vergessen. Auch die scharfen Auseinandersetzungen mit dem Links-Extremismus und militanten Gewerkschaftern konnten bewältigt werden, und sogar den Milliarden-Verlusten des Jahres 1993 folgten keine zwei Jahre später bereits wieder Riesen-Gewinne. Dennoch: 800 Gesellschaften mit 240 Werken in 63 Ländern sind nicht so leicht in andere Fahrwasser zu leiten!

Die Ingenieurs-Kaste blieb glücklicherweise von derlei Ungemach weitgehend verschont: Hier entwickelte man munter weiter, powerte sogar kräftig in den Rennsport. Während die Technik der sportiven Fiat-Versionen bis auf wenige Ausnahmen (vor allem jener Ferrari-befeuerte Fiat Dino!) hausgemacht war, bediente man sich bei den Aufbauten der Mitwirkung versierter Spezialisten. Davon gab es reichlich in jener Region. Pininfarina, Bertone und Ghia konnten sich die meisten Fremdaufträge an Land ziehen; kleinere Firmen wie Moretti, Savio, Allemano und sogar Vignale mußten von Einzelanfertigungen leben. Was natürlich nicht lange gutgehen konnte: Die allermeisten jener Karossiers gingen in den sechziger und siebziger Jahren in die Knie; nur einige wenige haben überlebt.

Richtige Roadster wurden im Italien der Wirtschaftswunderzeit nicht mehr gebaut – hier setzte man eher auf feine, teilweise auch auf gut motorisierte, sehr hübsche Boulevard-Racer: Dem schon erwähnten 1100 TV Trasformabile (1953 bis 1957) war das ähnlich gestylte 1200 Granluce-Cabriolet (1957 bis 1959) gefolgt. Gezeichnet worden waren diese Wagen vom hauseigenen Centro Stile Fiat unter Leitung Luigi Fabio Rapis, gefertigt wurden sie aber bei Pinin Farina. Dort entstanden schließlich auch die Entwürfe für die Nachfolge-Generation, die zum Genfer Salon 1959 debütierte.

Es begann mit dem sachlich-geglätteten 1200 Cabriolet mit 58 PS (1959 bis 1963), mit dem sich Fiat auch auf diesem Sektor Richtung Trapezlinie orientierte. Bodengruppe und Technik stammten fast unverändert aus der Limousine. 10 950 Mark verlangten die deutschen Händler, viel Geld für ein Auto, das komfortabel, aber keineswegs sportlich ausgefallen war. Dennoch, mit diesem Fiat begann die schrittweise Eroberung des später lebenswichtigen US-Markts! Stolze 15 000 Einheiten ließen sich ingesamt absetzen, obwohl bereits zur IAA 1959 das viel potentere 1500

Das ab 1959 gebaute 1200 Cabrio mit der Hutze auf der Motorhaube war ein Pininfarina-Entwurf.

Noch Mitte der sechziger Jahre waren die geglätteten Cabriolets 1500 und 1600 S im Fiat-Programm. Als Sportwagen gehen sie allerdings nicht durch.

Cabrio debütiert hatte: Befeuert von einem 75 PS starken 1,5-Liter, unterschied es sich äußerlich durch die breite Lufthutze auf der Motorhaube und das grobmaschigere Kühlergrill vom 1200er. 1960 erhielt das Fiat 1500 Cabrio sogar vordere Scheibenbremsen. 13 000 Mark kostete das Gefährt anfangs, später wurde der Preis deutlich gesenkt. Insgesamt entstanden 23 000 Einheiten des vergleichsweise sportiven Fiats.

Im Herbst 1962 schloß sich – über die Zwischenstufe Fiat 1500 S – das auf 1,6 Liter aufgestockte Modell an. Der hochmoderne dohc-Motor war von den Brüdern Maserati für das Osca-Unternehmen entwikkelt worden. Dank großer Weber-Vergaser machte er immerhin 90 PS locker und wurde 3000mal im 1600 S verbaut. Erkennbar war dieser damals stärkste offene Fiat an der Lufthutze nur auf der Fahrerseite. Den lahmen 1200 hatte inzwischen ein von Fiat selbst motorisierter Typ 1500 abgelöst. 1963 erfuhren die offenen Schönlinge ein letztes Facelift und bekamen einen über die gesamte Front gezogenen Kühlergrill. Der 13 620 Mark teure 1600 S erhielt überdies Doppelscheinwerfer, allerdings fiel seine Motorhauben-Hutze weg. Beide Typen – der 1,5- und der 1,6-Liter – blieben bis 1966 im Programm. Dennoch: So richtig südländisches Temperament und den entsprechend irren Sound – wie beispielsweise bei den Flitzern von Alfa Romeo – boten sie kaum, italienischen Chic, Komfort und Geräumigkeit dagegen bis zum Abwinken!

Bekennende Italo-Fans litten furchtbar. Denn die kleinen Fiats waren keine echten Sportwagen – und die offenen Alfas konnten sich nur wenige leisten! Andererseits: Renaults Caravelle, Volkswagens Karmann-Ghia und Glas' 1,3-Liter-GT waren ganz sicher keine echten Alternativen! Liebhaber sportlich-knackiger Oben-ohne-Mobile wandten sich darum spätestens jetzt den kleinen MGs und Triumph Spitfires zu: Hohe Zeit für Fiat, einen potenten und dennoch preiswerten Trendsetter zu etablieren!

Herzenssache

Neues Triebwerk, neues Glück

Eigentlich hatte Cheftechniker Dr. Dante Giacosa ja ein ganz anderes Auto vorgeschwebt als jene konventionell gezeichnete Typ-124-Limousine, die im März 1966 in Genf debütierte: Frontantrieb wie der von ihm entwickelte Autobianchi Primula von 1961/62 (Projektcode 109) sollte es haben, was Kosten gespart hätte und technologisch einfacher zu machen gewesen wäre. Ein Prototyp mit quereingebautem Vierzylinder und Vorderradantrieb (Codebezeichnung 123 E4) war im Jahre 1964 schon bravourös über die ersten Testrunden gekommen. Aber mit dieser modernistischen Konzeption hatten die Turiner bislang nur wenig Erfahrung, und überdies ging es dem Konzern damals eine Zeitlang gar nicht mehr so gut.

Keine guten Karten für den neuen Konzernboß Gianni Agnelli, der pünktlich zum 100sten Geburtstag seines legendären Großvaters den Chefsessel übernommen hatte. Sein Vorgänger, Professor Vittorio

Diese Limousinen gingen dem Fiat 124 voraus. Als direkter Vorläufer gilt der 1300er, darunter war der legendäre Millecento angesiedelt, den der Typ 128 ersetzte.

Der 1966 herausgebrachte Fiat 124 schlug ein wie eine Bombe. Sichtlich erfreut übernimmt Avvocato Agnelli die Auszeichnung zum „Auto des Jahres".

Valetta, hatte bereits durchgesetzt, daß man auch beim neuen Modell vorerst bei der Standardbauweise – Frontmotor und Heckantrieb – zu bleiben hatte. Verblüffenderweise fand sie sich aber auch noch im Nachfolger-Typ 131, bevor in dieser Klasse mit dem Ritmo/Regata die Fronttriebler-Zeit beginnen sollte. Eine Nummer kleiner war der Fiat 128 geraten, der bereits 1969 – als allererstes Modell mit dem Fiat-Logo – mit Frontantrieb aufwarten durfte.

Das Besondere am neuen Fiat 124 waren daher andere Attribute – wie das erstaunlich günstige Leistungsgewicht, sein Platzangebot und seine Technik. Motoren-Chefkonstrukteur Aurelio Lampredi, der im Jahr 1955 von Ferrari zu Fiat gewechselt war, hatte sich tatsächlich etwas einfallen lassen. Über dreißig Jahre war die Millecento-Konstruktion wieder und wieder aktualisiert worden, bis hin zum Fiat 1100 R; und auch vom nächstgrößeren 1300/1500 waren derweil schon 600 000 Einheiten vom Band gelaufen. Es mußte wahrlich etwas Neues her: leichter, leistungsfähiger, sparsamer. Also ersann der Maestro zusammen mit Motorenentwickler Oscar Montabone, einem alten Fiat-Hasen, der mehrere Jahre zu Simca abgestellt worden und inzwischen zur *rechten Hand* von Dante Giacosa avanciert war, einen 122 Kilo leichten, 1197 ccm großen, überaus drehfreudigen Kurzhuber mit fünffach gelagerter Kurbelwelle.

Das Centro Stile Fiat formte derweil eine wenig aufregende, sehr sachliche Form, die Vorbild für viele andere Modelle werden sollte. Eine internationale Journalisten-Jury ließ es sich nicht nehmen, den Fiat 124 zum „Auto des Jahres 1966" zu küren; die *hobby* ehrte das Leichtgewicht aus Turin mit dem „Oskar des Automobils". Ungeachtet dessen mußte das 1200er-Triebwerk des Neuen künftig mit kettengetriebener, untenliegender Nockenwelle, Stößeln, Stößelstangen und Kipphebeln zur Steuerung der im Kopf hängenden Ventile auskommen. Erstaunlicherweise ließ sich der Motor dennoch ungestraft hochjubeln – Testfahrer beteuerten, locker weit über 6000 Touren gekommen zu sein. Zwar war längst ein aufwendigerer dohc-Vierzylinder fertiggestellt worden, doch sollte der bedeutend attraktiveren Automobilen zugute kommen: Dem Fiat 124 Sport Spider und dem später folgenden Sport Coupé, schließlich auch den hubraumvergrößerten Sportlimousinen 124 Special T und 125.

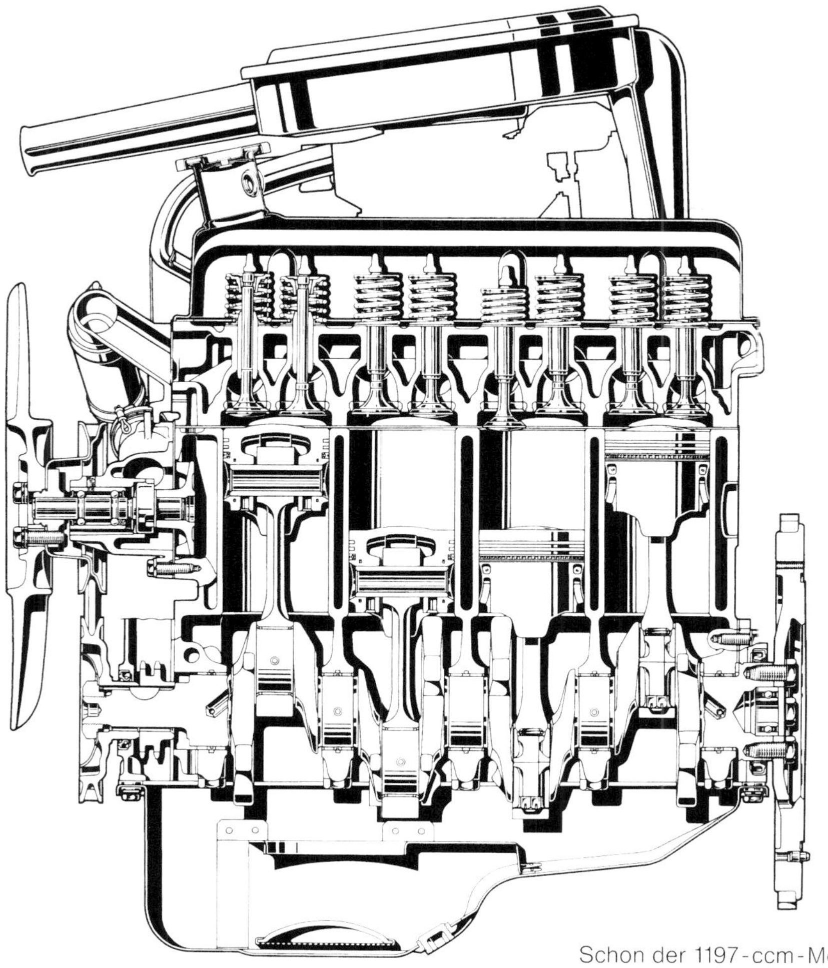

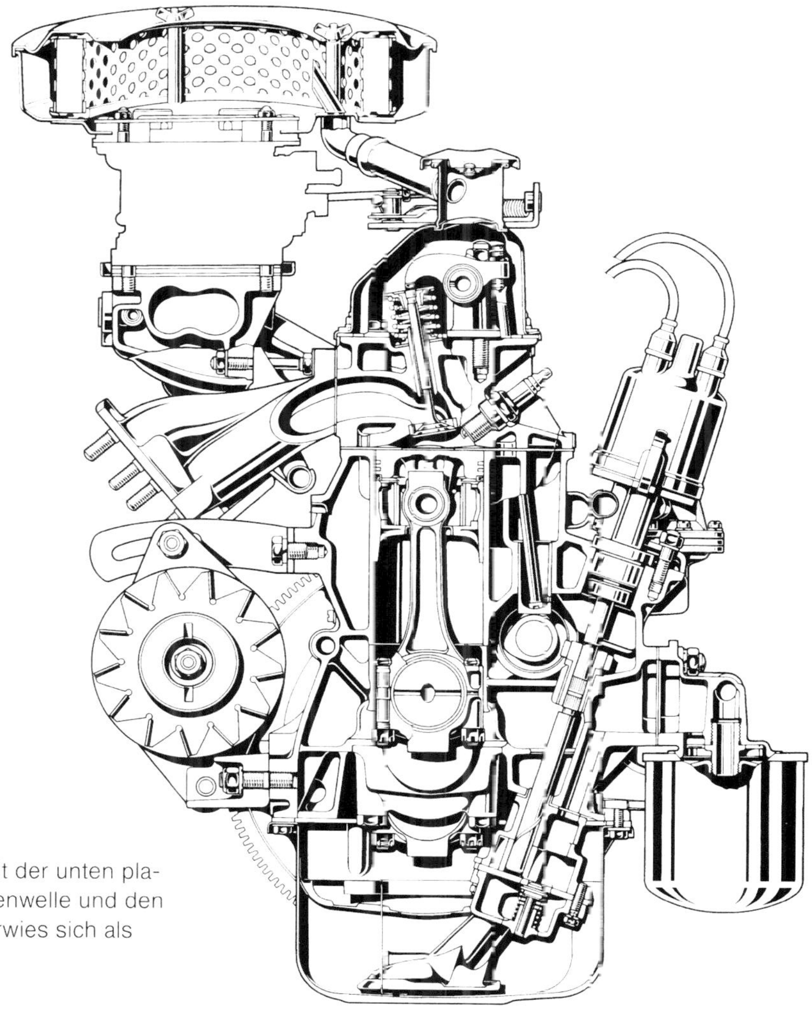

Schon der 1197-ccm-Motor mit der unten plazierten, kettenbetätigten Nockenwelle und den im Kopf hängenden Ventilen erwies sich als erstaunlich drehfreudig.

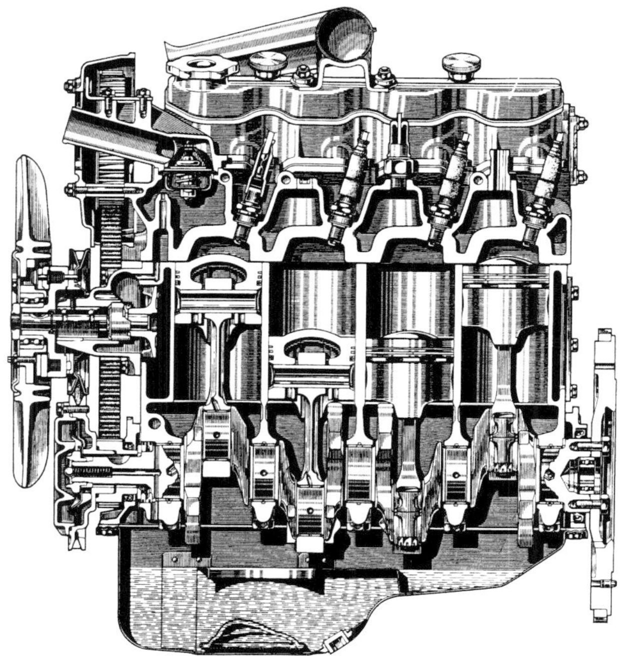

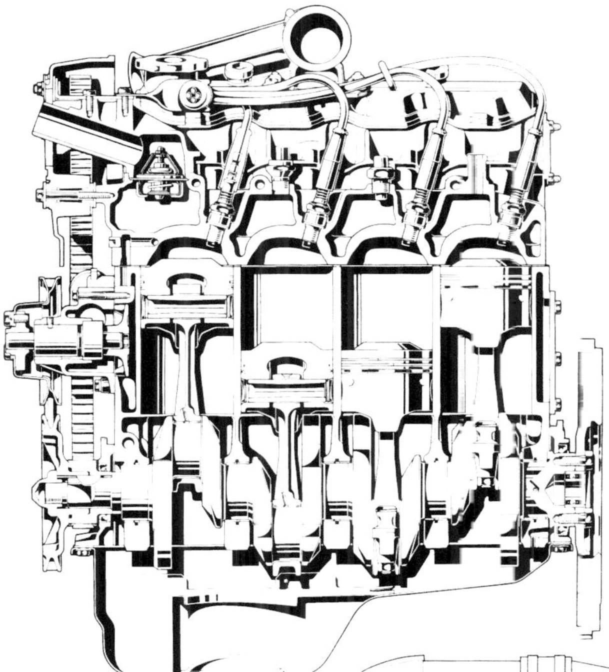

Äußerlich nahezu gleich kommen der 1,6- und der 1,8-Liter-Motor daher. Giacosa war begeistert von der Genialität seines Motorenkonstrukteurs.

So präsentiert sich der erste dohc-Vierzylinder im Detail: Erstmals trieb ein wartungsarmer Zahnriemen die Nockenwellen an.

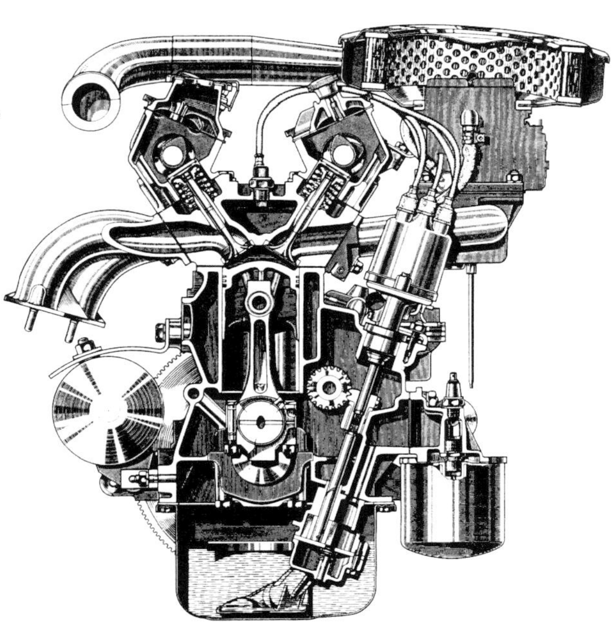

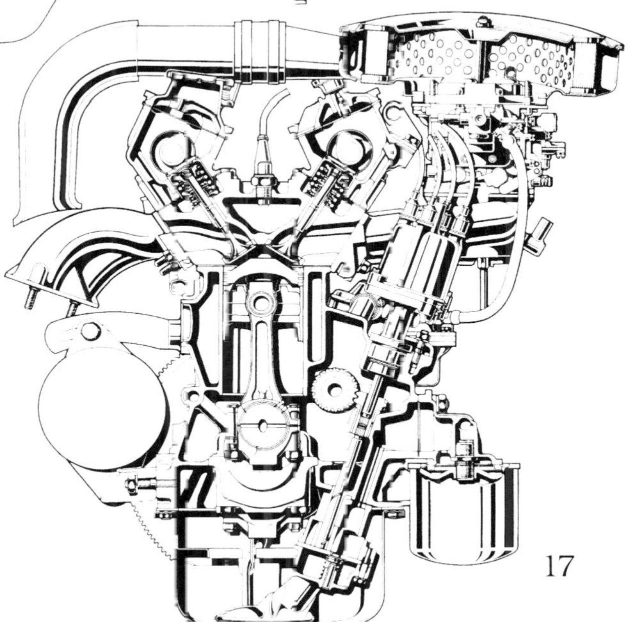

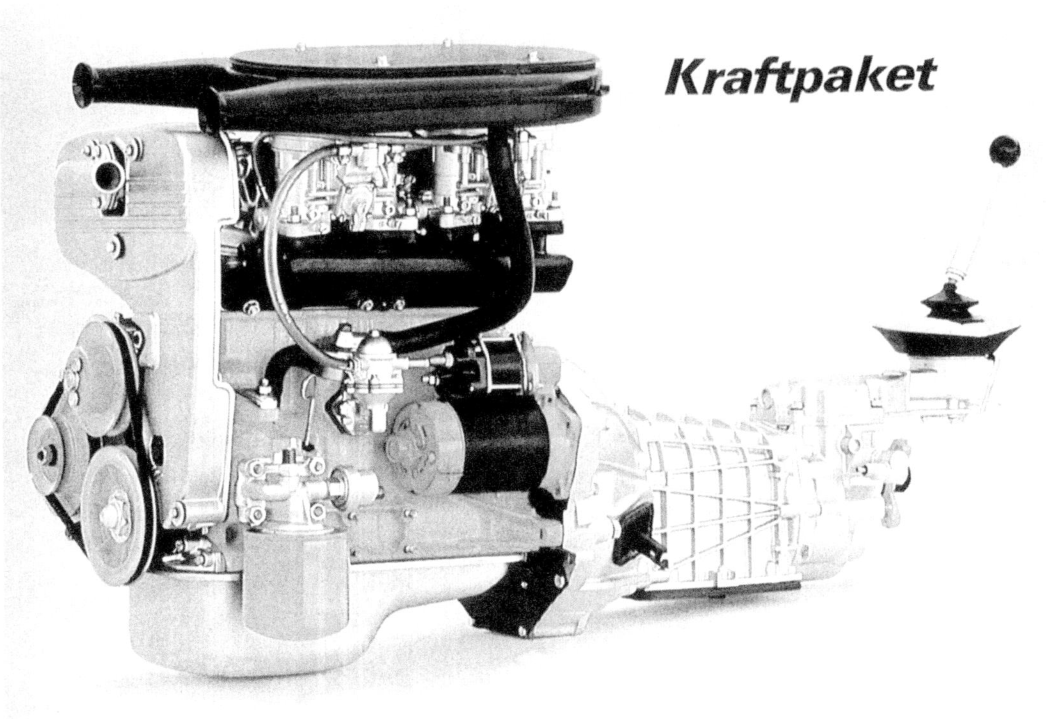

Ende der sechziger Jahre wurde der Spider peu à peu verändert. Es blieb zwar beim 90-PS-Motor, aber wegen der nunmehr durchgehenden Mittelkonsole wanderte der Schaltknüppel weiter ins Wageninnere. Der Getriebehals mußte dafür verlängert werden; der Knüppel wurde einige Zentimeter kürzer.

Es handelte sich hierbei um einen unglaublich drehfreudigen Twincam-Motor, der auf dem konventionellen 124-Gußblock basierte. Die Fiat-Techniker verpaßten ihm einen Hochleistungs-Zylinderkopf aus Leichtmetall mit größeren, im 65-Grad-Winkel V-förmig schräg hängenden Ventilen, längerem Ventilhub und Leichtmetall-Ventildeckel. Die Ventilsteuerung erfolgte via Tassenstößel über zwei obenliegende Nockenwellen; mittig zwischen Ein- und Auslaßventil waren die Zündkerzen plaziert worden. Für einen besseren Nutzungsgrad sorgten die hemisphärischen – also halbkugelförmigen – Brennräume im Zylinderkopf. Die Kolbenböden waren zweifach gewölbt, die Brennkammern hatten eine eher elliptische Form.

Wurde die seitliche Nockenwelle des Fiat 124 noch von einer Steuerkette betätigt, entschied man sich beim dohc-Sportmotor für einen außerhalb des Blocks laufenden, vorn abgedeckten Zahnriemen. Die Turiner wagten sich damit auf absolutes Neuland, sieht man von den deutschen Glas-Konstruktionen und einigen General-Motors-Triebwerken ab. Die heute überall gebräuchlichen Zahnriemen aus temperaturfestem, ölresistentem Kunststoff mit Faserkern haben den großen Vorteil, sich nicht zu dehnen – und damit eine Annäherung von Ventilen und Kolben zu verhindern. Die Laufruhe war bestechend, der Wartungsaufwand minimal.

Und überdies ließ sich der Riemen sehr einfach austauschen, wie es alle 60 000 Kilometer vorgeschrieben war. Um auch die Ventileinstellung zu erleichtern, hatte man auch den Aufbau der Tassenstößel geändert: In den vergrößerten Ventilstößel-Durchmesser wurde oben eine Aussparung eingebracht – und das Ventilspiel konnte fortan durch Distanzstücke am Schaftfuß justiert werden. Aber natürlich mußten auch Fiat respektive seine Kunden bei den ersten Modellen Lehrgeld zahlen: Die Zahnriemen hielten zwar länger als vorgegeben, die Nockenwellen und ihre Lagerung wurden jedoch von Leuten mit nervösem Gasfuß via Zahnriemen über Gebühr beansprucht. Daraufhin mußte die Konstruktion etwas unsensibler ausgelegt werden.

Der Limousinen-Motor war von 73 auf 80 Millimeter Zylinderbohrung vergrößert worden, beim Hub des dohc-Triebwerks blieb es bei nur 71,5 Millimeter. Dies ermöglichte relativ geringe Kolbengeschwindigkeiten selbst bei den zu erwartenden hohen Drehzahlen! Bleifuß-Piloten brauchten sich nicht länger um vorzeitigen Verschleiß zu sorgen: Für den Sport Spider war wirklich viel Aufwand in Sachen Lebensdauer betrieben worden: Überhitzte und überdrehte Maschinen sollten der Vergangenheit angehören. Der fünffach gelagerte Motor beschränkte seinen Öldurst auf etwas über einen halben Liter pro 1000 Kilometer, was seinerzeit ein guter Wert war. Zusätzlich zum Hauptstromfilter besaß das druckumlaufgeschmierte Antriebsaggregat einen Zentrifugal-Ölfilter im Nebenstrom. Und damit der Ventilator zur Wasserkühlung (mit sechs, später sogar 7,5 Liter Wasserumlauf) bei höheren Geschwindigkeiten nicht mitlief, wurde eine elektromagnetische Abschaltautomatik installiert.

Die Leistungsausbeute war überraschend üppig geraten, sofern man dem Wagen richtig die Sporen gab: 90 sehr muntere Pferdchen bei 6500 Umdrehungen machten selbst Alfa-Piloten das Leben schwer. Das maximale Drehmoment lag bei 11 mkg bei 3600 Touren, wobei die Drehmomentkurve erstaunlich flach verlief: Von 2000 bis 6500 U/min standen mindestens 10 mkg zur Verfügung – ein Indiz für ein wahrhaft elastisches Triebwerk! Während die Verdichtung von 8,9 : 1 nur einen Zehntelpunkt höher als bei der Limousine lag, gab's bei der Vergaserbestückung deutliche Unterschiede zwischen Zivil- und Sportmotor: Im Spider verrichtete ein Weber 34 DFH-Fallstrom-Registervergaser mit unterdruckgesteuerter Drosselklappenöffnung der zweiten Stufe seinen Dienst, in der Limousine mußte man sich mit einem 32er Weber-Registervergaser begnügen. Vor allem auf dem Binnenmarkt setzte Fiat auch Solex-Vergaser ein, den die Fans allerdings nie so recht mochten. Angeblockt an den Sportmotor des Spiders war übrigens stets ein vollsynchronisiertes, über einen Mittelschalthebel betätigtes Fünfgang-Getriebe. Eine Viergang-Box gab's wahlweise nur für die 90-PS-Ausführungen des Oben-ohne-Fiat.

Handelte es sich beim 1438-ccm-Vierzylinder (Codebezeichnung 124 AC 000) noch um den aufgebohrten Basis-Motor der Limousine, konnten die Turiner für die nächste Evolutionsstufe ihres Sportmodells erneut den hauseigenen Baukasten bemühen. „Lampredi gelang es tatsächlich, einen Hubraum von 1600 Kubikzentimetern zu erreichen, der eine Leistung von 90 PS entwickelte, die somit über der des alten 1800 Sechszylinders lag", schrieb Giacosa in seinem berühmten Erinnerungsbuch. Jenes 1438-ccm-dohc-Aggregat war dank vergrößerten Hubs auf 1608 ccm (Steuerfomel 1597 ccm) gebracht und 1967 erst einmal dem nagelneuen Fiat 125 eingepflanzt worden! Damit durfte der seit 1959 gebaute kleine Sechszylinder in Pension gehen.

Das so weiterentwickelte Triebwerk kam dann – noch um weitere 20 PS höhergepowert – wiederum dem ab 1970 ausgelieferten, zweiten 124-Sport-Modell (Motoren-Code 125 BC 000) zugute. 110 PS bei vergleichsweise niedrigen 6200 Touren machten diesen Vierzylinder zum erklärten Liebling der Spider-Fans, auch wenn der Drehmomentverlauf steiler als beim 90-PS-Motor ausgefallen war. Außerdem trieb dieser Motor das Versuchscoupé G31 an, das ursprünglich als Primula-Nachfolger vorgesehen war. Giacosa war regelrecht verliebt in diesen 2+2-Sitzer, durfte ihn aber letztlich nicht realisieren.

Insgesamt gab es den Sportmotor in fünf Hubraumversionen mit einer Vielzahl von Leistungsauslegungen gerade für die verschiedenen Exportmärkte. Sein Grundaufbau blieb aber stets der gleiche. Das 1608-ccm-Triebwerk wurde 1972 für eine kurze Interimszeit durch den 1592-ccm-Motor (Code 132 AC 000) ersetzt. Auch die ab 1972 parallel dazu angebotene hubraumstärkere Version, der 1756-ccm-Motor (Code 132 AC 1000), stammt aus der großen Fiat-Limousine. Mit diesem Aggregat wurde der Spitzenwert aller zivilen Spider-Triebwerke erreicht – 118 PS bei 6000 U/min. Konstruktiv waren jedoch Eingriffe vonnöten: Um hier die größeren Kolben unterbringen zu können, mußten die Zylinder etwas weiter voneinander weggerückt werden. Auch die Kurbelwelle, Haupt- und Pleuellager wurden modifiziert. Der noch weiter hochgepowerte 1756-ccm-Motor (Code 132 AC 4000) befeuerte den sportlichsten aller Sport Spider, den mindestens 128 PS starken Fiat 124 Abarth Rally, der gleichfalls ab 1972 gebaut wurde.

Speziell für den nordamerikanischen Markt wurden jeweils schwächere Magerversionen entwickelt, um den scharfen Abgasbestimmungen entsprechen zu können. Nachdem das Leistungsniveau auf völlig unakzeptable Werte unter 80 PS abgesackt war, wurden in den USA einige Spider-Einspritzer mit zusätzlichem IHI-Borg Warner-Turbolader versehen, die maximal 115 PS ermöglichten. Sie basierten auf dem ab 1978 für den US-Markt bereitgestellten 1995-ccm-Motor (Code 132 C 2031), den es anfangs mit Vergaserbestückung, dann später auch mit besagter elektronisch gesteuerter L-Jetronic-Benzineinspritzung gab.

Letztere kam schließlich dem auch bei uns ausgelieferten Spidereuropa zugute, der ab Werk wahlweise mit Dreiwege-Katalysator ausgeliefert wurde: Statt nominell 105 PS schrumpfte die Höchstleistung auf 103 PS. Das in geringer Stückzahl gefertigte Volumex-Modell mit gleichem Hubraum und mechanisch aufgeladen mittels eines Roots-Kompressors stammt übrigens aus dem Lancia Trevi (wobei Lancia gleichzeitig den Delta mit zusätzlichem Garrett-Turbolader im Angebot hatte).

Getreu dem Baukastensystem des Konzerns wurde der Kompressor gleichermaßen im Lancia Trevi und in den Beta-Coupé- und -HPE-Versionen sowie im Fiat Argenta offeriert. Vorher hatte bereits der Renn-Fiat 131 Volumetrico debütiert, der damit als eigentlicher Vorläufer des Spider Volumex gelten darf.

Ein vergleichsweise finsteres Kapitel begann mit dem Einsatz größerer Zweiliter-Triebwerke für den US-Markt. Wegen der dortigen Gesetzgebung wurden sie leistungsmäßig so beschnitten, daß eine Spezialfirma als letztes Mittel gar zum Turbolader griff.

Die traditionsreichste Fertigungsstätte von Pininfarina liegt in Gruglisaco vor den Toren Turins. Links vorn ist der 1972 in Betrieb genommene Windkanal zu sehen.

La Linea italiana

Battista & Sergio Pininfarina

Pininfarina SpA ist das sicher prominenteste Karosseriebau-Unternehmen der letzten fünfzig Jahre. Mehr noch: Die einstige Manufaktur ist längst zu einer hochtechnisierten Denk-Fabrik mit rund zweitausend Mitarbeitern unter der Leitung Sergio Pininfarinas gereift. Heute ist das florierende Unternehmen als Holding ausgebildet: Unter dem Dach der Turiner *Pininfarina SpA* tummeln sich sieben weitgehend unabhängige Unternehmungen im In- und Ausland.

Die traditionsreichste, hervorgegangen aus dem einstigen Karosseriewerk (*Carrozzeria Pininfarina*), ist *Industrie Pininfarina SpA* in Grugliasco und San Giorgio Canavese (zwischen dem Turiner Flughafen und dem Aosta-Tal) mit zusammen 1650 Mitarbeitern. In Grugliasco fertigen sie bis zu 150 Karossen am Tag; hier befindet sich auch der 1972 in Betrieb genommene Windkanal. Jährlich werden bis zu 30 000 Serienfahrzeuge hergestellt. Sehr viel geringer ist der Ausstoß des modernen Werks San Giorgio, wo der Cadillac Allanté entstand und wo einige, vor allem zwölfzylindrige, Ferrari-Modelle realisiert werden. Ein ebenfalls enorm wichtiger Zweig ist das Entwicklungs- und Technologiezentrum (*Pininfarina Studi e Ricerche SPA*) in Cambiano im Südosten von Turin, wo heute 170 handverlesene Kreative und Techniker mit modernster CAD-Technik bis zu 25 eigenständige Prototypen pro Jahr auf die Räder stellen. Chefdesigner ist Lorenzo Ramaciotti.

Die vier anderen Betätigungsfelder laufen als *Pininfarina Extra S.r.l.* (Vermarktung, Accessoires), *Pro-tools S.r.l.* (Maschinen- und Werkzeugbau), *Progetcar S.r.l.* (Industriedesign) sowie *Pininfarina International SA* in Luxemburg. Bei letzterer Firma handelt es sich um ein Investment-Unternehmen, zu dem wiederum *Pininfarina Investments and Trading Ltd.* in London (Handelsunternehmen) und *Pininfarina North America Services Inc.*, Troy (MI), USA (als Serviceunternehmen für die US-Automobilindustrie), gehören. Seit 1991 existiert überdies die Firma *Pininfarina Deutschland*, die sich mit der Werkzeugherstellung und dem Musterbau beschäftigt.

Angefangen hat alles am 22. Mai 1930, als Sergios Vater Battista Farina – von seinen Freunden scherzhaft „Pinin" (der Kleinfüßige) genannt – am Corso Trapini 107 in Turin die *Carrozzeria Pinin Farina Società anonima* gründete und das kleine „f" zu seinem Firmen-Logo erkor. Doch Battista hatte damals schon eine beachtliche Karriere hinter sich gebracht. Der am 2. November 1893 geborene Piemontese aus armem Hause arbeitete bereits als Kind in einer Reparaturwerkstatt, um dann im Jahre 1910 zusammen mit

Battista *Pinin* Farina war ein Macher und Selfmademan, dem freilich nichts in den Schoß gefallen war. Der Erfolg sollte ihm schon sehr bald recht geben.

Einige der größten Schöpfungen Pinin Farinas im werkseigenen Ausstellungssaal: Fiat-Abarth 750 Monoposto, Giulietta Spider, Dino 206 Competizione, Ferrari 308 Studie, Cisitalia 202 (von links nach rechts).

seinen älteren Brüdern die Karosseriewerkstatt *Stabilimenti Farina* am Turiner Corso Tortona aufzumachen. Es handelte sich um eine überaus erfolgreiche Firma, die in ihren besten Zeiten 1000 Karosserien pro Jahr fertigstellte. Battista hatte sich als Naturtalent entpuppt, dessen besonderes Geschick in der Formgestaltung lag. An Selbstbewußtsein fehlte es dem jungen Mann mit den auffallend kleinen Füßen (italienisch: *Piedino*, piemontesisch: *Pinin*) keineswegs: Als Fiat einen Design-Wettbewerb ausschrieb, beteiligte er sich ganz forsch daran. Und tatsächlich wurde sein Fiat Zero-Entwurf auserwählt – und Senator Agnelli himself hörte dem Teenager sehr aufmerksam zu, als dieser seine Meinung in Sachen Design vortrug.

Das Erfolgstrio – Battista, links im Bild Renzo Carli, rechts Sergio Pininfarina – vor dem Alfa Giulietta Spider, mit dem die industrielle Fertigung in Grugliasco begonnen hatte. Ganz rechts die „Namenvetterin", die Schauspielerin Giulietta Masina.

Fortan fuhr der junge Farina seinen eigenen Fiat, konnte aber noch nicht ahnen, daß diese Marke und ihre Ableger einst seine Hauptauftraggeber werden würden! Nach dem Ersten Weltkrieg war Battista in die USA gereist und hatte eine Art Praktikum bei Ford im amerikanischen Automobil-Mekka Detroit absolviert. Die sehr pragmatische Herangehensweise der Amerikaner muß ihn gleichermaßen beeindruckt wie abgestoßen haben: Für Phantasie hatte man dort nicht viel übrig, wenn sie denn nicht genügend abwarf. Anderseits entstanden dort auch vollkommen verrückte Dream Cars, die den jungen Italiener tief beeindruckten. Seit jener Zeit hielt Battista respektive seine Firma engen Kontakt zu den Kollegen in der Neuen Welt, beispielsweise zu den GM-Chefstylisten Harley Earl und Bill Mitchell (und später auch zu Nachfolger Chuck Jordan).

Wieder zurück in Europa war Pinin mit Rennfahrer und Firmenboß Vincenzo Lancia zusammengetroffen. Erst die Bekanntschaft mit diesem Mann ermöglichte ihm schließlich im Jahr 1930 den Schritt in die Selbständigkeit. Er hatte ihm viele Türen geöffnet, ihn mit Leuten bekanntgemacht, die nun zu Battistas Auftraggebern und Kunden wurden. Eine solch intensive Beziehung wie zu Lancia, den manche Biographen gar als einen „Gönner" bezeichnen, hatte er später nur noch mit einem anderen Magnaten: Enzo Ferrari! Ab den dreißiger Jahren entstanden nun in Turin in kleiner Stückzahl Exklusiv-Ausführungen europäischer und amerikanischer Automobile. Ohne Übertreibung ist das, was man heute so gern als *italienische Linienführung* bezeichnet, größtenteils Verdienst von Battista Pinin Farina. Seine mittlerweile 500 Mitstreiter erreichten fast den Ausstoß von *Stabilimenti Farina*: 800 Autos im Jahr entließen sie auf die Straßen. Legendär und epochal waren seine Stromlinien-Schöpfungen auf Basis von Alfa Romeo (1935), Fiat (1935) und Lancia (1937). Die später so berühmt gewordene Trapezform stammt jedoch aus den Fünfzigern und prägte eine ganze Stilepoche, bevor wieder runde, weichere Formen Einzug hielten.

Battistas Firma gilt als Hauskarossier von Ferrari. Hier entsteigt der Maestro einem 275 GTB.

Pinin Farinas größte Zeit brach tatsächlich nach Kriegsende an: Farina entwarf und baute so großartige Autos wie die Cisitalia 202 Grand Sport Berlinetta (die seit 1951 als Kunstobjekt in der Dauerausstellung des New Yorker *Museum of Modern Art* zu sehen ist), den Lancia Aurelia B20 und den Alfa Romeo Giulietta/Giulia Spider. Entstanden von der Aurelia noch knapp 4000 Einheiten, begann mit dem Alfa Spider der fünfziger Jahre Pinin Farinas Weg in die industrielle Fertigung: 10 000 Giulia Spider und 17 000 Giulietta Spider wurden ausgeliefert! Die allerersten waren übrigens 1956 an Maxie Hoffman nach Amerika gegangen, jenem Mann, der zahllose europäische Traumwagen initiiert hatte. Battista zählte bald als ein Garant des italienischen Wirtschaftswunders und wurde zum „Ritter der Arbeit“ geschlagen ... Zahlreiche Hersteller wie Alfa, Fiat, Austin und Peugeot, aber auch BMW, Mercedes und NSU ließen am Corso Trapini arbeiten. Mit den von Pinin Farina karossierten Peugeot 403/404 konnte binnen kurzem die 2,5-Millionen-Stück-Schallmauer durchbrochen werden!

Renzo Carli (links) und Sergio Pininfarina – hier 1971 während des Windkanal-Baus – leiteten gemeinsam die Firma.

1960 trat der Karossier mit extrem windschnittig gestylten Fiat-Abarth-Wettbewerbsfahrzeugen in Erscheinung, die diverse Weltrekorde einfuhren. Noch imageträchtiger aber war die Zusammenarbeit mit Ferrari. Spätestens seit dem Jahr 1957 gilt Pinin Farina als Haus- und Hof-Karossier der legendenumwobenen Firma in Maranello. Schon in den Fünfzigern waren eine Reihe jener heißblütigen Konstruktionen von Battista und seinem Team eingekleidet worden, aber erst mit Pininfarinas 250 GT verteilte der *Commendatore* keine Aufträge mehr an Dritte. Lediglich ein einziges Serienmodell ließ Enzo Ferrari nicht bei Pinin Farina einkleiden: Für den nicht unumstrittenen 308 GT4 erhielt Bertone (Markenzeichen: das kleine „b“) den Zuschlag.

1958 war Farinas Karosseriefirma in den Norden Turins nach Grugliasco gezogen, in die unmittelbare Nachbarschaft besagten Freundes und Konkurrenten Nuccio Bertone, um dort genügend Raum zum Expandieren zu haben. Künftig sollte dort sowohl die Fertigung von Prototypen als auch die Produktion von Fahrzeugserien möglich sein. Battistas wohl wichtigster Mitarbeiter der Nachkriegszeit war sein 1916 geborener Schwiegersohn Renzo Carli. Ein Jahr nach der Hochzeit mit Tochter Gianna hatte der lebensfrohe, nur

In unmittelbarer Nachbarschaft liefen die Karossen für zwei Pininfarina-Schöpfungen vom Band, die jahrelang als erbitterte Konkurrenten galten.

mittelgroße Luftfahrt-Ingenieur und ex-Militär 1948 ins Unternehmen des gestrengen Schwiegervaters gewechselt. „Er verlangte viel von uns", entsann er sich später, „manche hatten deshalb Angst vor ihm. Aber trotz seiner Härte und Strenge war er großzügig gegenüber seinen Mitarbeitern." Denn Battista war zwar zielstrebig, ehrgeizig und überaus willensstark, genoß aber durchaus auch die schönen Seiten des Lebens: „Vorstandssitzungen", so bekannte Carli, „setzte er gern am frühen Sonntagmorgen an, verteilte seine Order und verschwand dann auf den Golfplatz." Seinen Mitarbeitern wäre es nie in den Sinn gekommen, Dienst nach Vorschrift zu schieben – denn Battista, jener respekteinflößende Patriarch alter Schule, merkte bei seiner Rückkehr sofort, wenn etwas nicht seinen Wünschen entsprechend geändert worden war.

Carli war unter anderem zuständig für die Entwicklungen im Designstudio, dem *Reparto Esperienze* an der Via Lesna von Grugliasco. Ein echter, handwerklich beschlagener Gestalter war er keineswegs, wohl aber ein Vor- und Querdenker, der seine Mitarbeiter immer wieder herausforderte und anregte. Unmittelbar nach dem Umzug nach Grugliasco wurden er und sein damals 37jähriger Schwager Sergio Farina als Generaldirektoren mit der Leitung des Unternehmens betraut – der „Alte" wollte künftig mehr aus dem Hintergrund agieren. Ihm gefiel übrigens sein Spitzname so sehr, daß er ihn längst schon als Künstlernamen angenommen hatte. Dies hatte allerdings auch ganz praktische Gründe gehabt: Battista hatte sich oft darüber geärgert, daß seine Firmenbezeichnung aus zwei Namensteilen bestand, die getrennt aufs Blech zu pinnen waren und überdies nie so recht fluchteten (erfuhren deutsche Motor-Journalisten während eines Besuchs bei Sergio). Kraft eines Erlasses von Staatspräsident Giovanni Gronchi bekam der Patriarch seinen Künstlernamen im Jahr 1961 als Familiennamen verliehen – und seitdem heißt die Firma *Pininfarina*. Im sukzessive erweiterten, neuen Werk entstanden unter anderem die besagten Spider auf Giulietta- und Giulia-Basis, die kleinen Fiat-Cabriolets 1100 bis 1600 S, aber auch der Ferrari 250 GT als Coupé und Cabriolet. Die jeweiligen Hersteller lieferten die Bodengruppe an, die hier mit dem Aufbau versehen wurde – dann ging die komplette Rohkarosse zum Einbau der Mechanik ins Werk zurück. Mit den offenen Alfas war Pininfarina erstmals auf größere Stückzahlen gekommen – und hatte daraufhin alle Schritte hin zu industrieller Fertigung unternommen.

Im April 1966 starb der Firmengründer, dem von Charles de Gaulle die Mitgliedschaft in der Ehrenlegion angetragen und der vom Turiner Polytechnikum zum Architekten ehrenhalber ernannt worden war. Noch im Jahr 1966 avancierte der als Ingenieur ausgebildete Sergio offiziell zum Präsidenten des Unternehmens. Anders als sein künstlerisch begabter Vater blieb er stets eher kühler Geschäftsmann und vorsichtig agierender Manager. Bald saß Sergio – inzwischen Vater dreier Sprößlinge – auch im Europa-Parlament und war Chef des italienischen Industrieverbands; außerdem nimmt er einen Lehrauftrag am Turiner Polytechnikum wahr. Und genau wie Battista ist Sergio unterdessen Mitglied der französischen Ehrenlegion und „Ritter der Arbeit". Emotionaler und hemdsärmeliger agierte Carli, der zum Geschäftsführer des Unternehmens aufgestiegen war. Er starb 1994.

1966 beschäftigte das Unternehmen mehr als 1500 Mitarbeiter und sorgte mit gleich drei serienreifen Neuentwicklungen für Furore: dem Fiat Dino Spider, dem Alfa Romeo Duetto – und dem Fiat 124 Sport Spider, dem geschäftlich erfolgreichsten Pininfarina-Modell aller Zeiten. Nebenher fand man stets noch Zeit, auch für diverse andere Auftraggeber zu arbeiten. Ende der sechziger Jahre wurden bis zu 130 Rohkarossen pro Arbeitstag fertiggestellt und anschließend an die Montageorte gebracht.

Wie der Fiat Spider entstand

Die wichtigsten Mitarbeiter des Designstudios Anfang der sechziger Jahre waren Paolo Martin, Leonardo Fioravanti, Filippo Sapino und Tom Tjaarda. Den Chefposten bekleidete Franco Martinengo, der sich seine ersten Sporen noch bei *Stabilimenti Farina* verdient hatte und von 1952 bis 1972 das Pininfarina-Design maßgeblich prägte. Außerdem hatte man stets freie Mitarbeiter, befreundete Künstler (wie Mario Revelli de Beaumont) und Praktikanten im Hause, die mit Ideen nicht hinterm Berg hielten.

Stets waren mehrere Modelle im Entstehen, so daß stilistische Dubletten gar nicht ausbleiben konnten. Ganz offensichtlich sollte dies sogar so sein: Design-Zitate, ausgehend von Oberklasse-Geschöpfen, adeln stets auch die Brot-und-Butter-Kreationen! Und nie formte ein Einzelner das Gesamt-Kunstwerk; Pininfarina bestand auf Teamwork, auch wenn er am Ende das Sagen hatte. Vieles am Spider darf jedoch dem jungen Amerikaner Tom Tjaarda zugeschrieben werden, der von 1960 bis 1965 zum Haus gehörte. Der 1934 geborene Architekt aus Detroit war 1958 auf Einladung der Karosseriefirma Ghia nach Turin gekommen, hatte einige Studien bis hin zu einem Mond-Taxi geschaffen und war dann von Pininfarina abgeworben worden.

Tom Tjaarda (rechts) – hier neben dem neuen Ghia-Chef Alejandro DeTomaso – hatte bei Pininfarina das charakteristische V-Heck gezeichnet, das er später zur eigenen Überraschung beim Fiat 124 Spider wiederfand.

Tom Tjaarda

Das, was Martinengo, Carli und Pininfarina schließlich für gut befanden, wurde von den Designern als 1:5-Holzmodell realisiert. Anschließend erfolgten für ausgewählte Modelle Luftwiderstands-Messungen im Windkanal des Turiner Polytechnikums. Was dann noch Gnade vor den unbestechlichen Augen des „Alten" fand, wurde als 1:1-Master-Model umgesetzt. „Diese *Mascherone* genannte Urform", erinnert sich Tjaarda im Gespräch mit dem österreichischen Motorjournalisten Hans-Karl Lange, „hat man mit Lackfolie überzogen und von allen Seiten beleuchtet, um die Reflexe prüfen zu können. War man damit zufrieden, wurde das Holzgerippe in Sektionen unterteilt. Handwerker hämmerten dann in langwieriger Arbeit die dafür passenden Bleche aus Stahl oder Aluminium." Wobei diese Handarbeit für den Auftraggeber keineswegs teuer war: „Für eine Handvoll Dollar konnte man in Italien alles bekommen", gibt der Amerikaner offen zu, dessen Landsleute damals den Karossiers und Sportwagenbauern die Bude einrannten.

Als erstes durfte Tjaarda bei Pininfarina die Form des Ferrari 330 GT 2+2 Coupés entwerfen. Die Trapezform hatte ausgedient, weiche, sanft gebogene Linien bestimmten fortan das Design. Nur Tjaardas Doppelscheinwerfer gefielen dem Maestro nicht. Ebenfalls 1962 gestaltete der Amerikaner einen Spezialaufbau (*Coupé Speciale*) für den Chevrolet Corvair, bei dem er Stilelemente des 330er Ferrari (Doppelscheinwerfer, große Glasflächen, nach hinten abfallende Gürtellinie) wieder hervorholte. Wichtiger aber war den Amerikanern die Corvette, und darum machte sich Pininfarina mit Volldampf auch an dieses Automobil. Die Turiner Schöpfung namens *Rondine* präsentierte sich schließlich Ende 1963 auf dem Pariser Salon.

Während die Front des futuristisch dreinschauenden Coupés zeitgenössische Alfa- und Fiat-Entwürfe zitiert, gerieten B-Säule und Heck vollkommen ungewohnt: Der polierte Überrollbügel stand geneigt nach hinten und diente gleichzeitig als Scheibenrahmen für die vollversenkbare Heckscheibe. Das Ganze erinnerte freilich ein bißchen an Ford Anglia und Citroën Ami 6 und gefiel dem Patron überhaupt nicht: Er verordnete dem Gefährt eine große Panoramascheibe. Aber es blieb beim „Schwalbenschwanz-Heck" mit den seitlich höherstehenden Kotflügel-Spitzen. Dies hatte übrigens

Erstmals gezeigt wurde die Rondine auf dem Pariser Autombilsalon, Herbst 1963. Die ursprünglich negativ geneigte Heckscheibe war voll versenkbar gestaltet.

Die zweite Rondine-Version kam mit feststehender Panorama-Heckscheibe daher. Der vor kurzem restaurierte Wagen steht nun wieder im Pininfarina-Werk.

Das von Tom Tjaarda erdachte Schwalbenschwanz-Heck kam maßstäblich verkleinert dem Fiat 124 Spider zugute. In ähnlicher Form wurde es viel später auch dem Lancia Gamma Coupé angepaßt.

nicht nur stilistische Gründe, sondern sollte den Luftstrom kanalisieren, um so den Geradeauslauf des Wagens zu verbessern!

Dieses Tjaarda-V-Heck tauchte in den Folgejahren bei den verschiedensten Modellen immer wieder auf – bis hin zum Fiat Dino Spider. Er debütierte im gleichen Jahr wie der Fiat 124 Spider und stahl ihm natürlich erst einmal die Schau. Der Gestalter selbst war überrascht, als er den 124er schließlich vor sich sah: Das Heck war tatsächlich seinen Entwürfen folgend geformt worden; Mittel- und Vorderteil wiesen jedoch einen gegenläufigen Linienfluß auf. „Wer das gemacht hat, kann ich nicht mehr sagen", wunderte sich Tjaarda. Die Front mit den Katzenaugen-ähnlichen Scheinwerfern im Ferrari-Look dürfte allem Anschein nach dem 275 Spider entlehnt worden sein, die geschwungene Seitenpartie mit dem angedeuteten Hüftknick wirkte dagegen irgendwie noch nicht völlig ausgereift. Schöngeister sind sich darüber einig, daß der gleichzeitig fertiggestellte Alfa Spider perfekter ausgefallen ist. Kein Wunder, daß sich Sergio Pininfarina und Renzo Carli wegen des Fiat-Designs in die Haare gerieten! Tom Tjaarda verließ Ende 1965 das Haus, wechselte zu OSI-Fergat und kehrte endlich 1967 zu Ghia zurück. Dann ging er zu Fiat und landete schließlich bei Rayton Fissore. Seit 1985 betreibt er ein eigenes Einmann-Design-Büro in Turin. Übrigens war „sein" Heck 1976 nochmals, nämlich beim Lancia Gamma Coupé, wiederbelebt worden.

Sowohl Fiat als auch Alfa wurden schließlich auf eigenentwickelten Werkzeugen und Maschinen bei Pininfarina in Grugliasco gefertigt: Auch hier lieferten die beiden Hersteller die Bodengruppen, die auf parallel laufenden Bändern mit der Fiat- bzw. Alfa-Karosserie versehen wurden. Doch der Fiat sollte sich als das erfolgreichere Modell entpuppen, als „die beste Mischung aus Design und Vernunft", wie Sergio Pininfarina heute gern zugibt: „Was mir besonders gefiel, war das besondere Raumgefühl, jene *human size*. Das heißt beispielsweise, daß man vom Fahrersitz aus die rechte Tür öffnen kann – möglicherweise für ein junges, hübsches Mädchen", gestand er im Gespräch mit der *Motor-Klassik*. Tatsächlich rettete die Spider-Produktion das Unternehmen über die Wirtschaftskrise im Gefolge der Ölkrise in den siebziger Jahren hinweg. Bis zu seiner Produktionseinstellung 1985 entstand er rund 200 000 mal! Der zuletzt im Werk San Giorgio hergestellte Alfa Spider blieb bis 1993 im Programm und wurde innerhalb von fast 30 Jahren knapp 130 000 mal gebaut.

In den achtziger Jahren hielt die Computertechnik Einzug bei Pininfarina. Bei der Produktion des Spidereuropa kamen modernste Maschinen zur Anwendung.

Serienfahrzeuge und Prototypen von Pininfarina

Alfa Romeo	6 C 1750 GS Cabrio Sport (1931), 8 C 2300 Victoria Berlinetta (1933), 8 C 2300 Berlinetta (1935), 6 C 2300 GT Pescara Berlinetta Aerodinamica (1935), 6 C 2300 B Pescara Berlinetta Aerodinamica (1936), 8 C 2900 B Spider Sport (1939), 6 C 2500 SS Cabrio (1940), 6 C 2500 SS Spider (1947), 6 C 2500 S Berlinetta (1948), 1900 (1950 und 1955), 1900 C Berlinetta (1952), 1900 TI Coupé (1954), Giulietta Spider (1954 und 1961), CC 3000 CM (1956), 6 C 3500 Super Flow Berlinetta (1956), 6 C 2600 Cabrio (1962), Giulia (1962 und 1973), Giulia 1300 (1964 bis 1973), Giulia 1500 (1965), 2000 Spider (1965), 1300 Spider (1966), 1600 Spider Duetto (1966), 1750 Spider (1969), Alfetta Spider Speciale (1972), 2000 US-Spider (1979), 2000 i-Spider (1984), 33 4+4 (1983), 33 Sport Wagon (1984), Vivace Spider/Berlinetta (1986), 164 (1987), Spider 2000 (1990), Spider/GTV Coupé (1994)
Audi	Quattro Quartz Coupé (1981)
Austin	A40 Berlina (1956)
Autobianchi	A 112 Giovani (1973)
Bentley	Coupé (1948), Mark 6 Cabrio (1949), Continental Coupé (1954)
BMC	1800 Berlina Aerodinamica (1967), 1100 Berlina Aerodinamica (1968)
BMW	501 Berlina (1951)
Buick	Lido Coupé (1957)
Cadillac	V16 Torpedo Spider (1931), Cabrio (1954), Starlight Coupé (1959), Brougham Coupé (1961), Jacqueline Coupé (1961), Allanté (1986)
Chevrolet	Corvair Coupé Speciale (1960 und 1962), Corvette Coupé Rondine (1963)
Cisitalia	202 Berlinetta (1947)
Ferrari	212 Inter Cabrio (1952), 375 MM Racing Berlinetta (1953), 375 MM Special Racing Spider (1954), 342 America Coupé (1953), 375 America Sport Berlinetta (1954), Mondial Spider (1954), 375 America Special Coupé (1955), 250 GT Spider (1957), 410 Super America Coupé (1957), 250 GT Berlinetta (1958), 250 GT SWB Berlinetta (1960), 250 GT Berlinetta 2+2 (1961 bis 1963), 250 LM (1963), 250 GT Lusso (1963), 275 GTB Berlinetta (1964), Dino Berlinetta (1965 bis 1966), 365 P Berlinetta (1966/1967), Dino 206 GT (1967), 250 P5 Berlinetta (1968), GTB/4 Daytona Berlinetta (1968), P6 Berlinetta (1968), 246 GTS (1969), 512 S Berlinetta (1969), 365 GTC/4 Berlinetta (1971), GTB 4 BB Berlinetta (1971), 512 BB (1972), 308 GTB Coupé (1975), 400 i (1976), 308 GTS Spider (1977), Mondial 8 Coupé (1980), Pinin (1980), Mondial Cabrio (1984), 288 GTO (1984), 328 GTB/GTS (1985), Testarossa (1984), F 40 (1987), 348 TB/TS (1989), Mythos (1989), 456 GT Berlinetta (1992), 512 TR (1992), 348 Spider (1993), F 512 M (1994), F 355 GTB/GTS (1994), F50 (1995), F 355 Spider (1995)
Fiat	527 S Ardita 6 C 2500 Sports Double Phaeton (1931), Ardita 6 C 2500 Double Phaeton 2+2 (1933), Ardita 6 C 2500 Berlina Aerodinamica (1935), 1500 Guida Interna (1935), 6 C 1500 Berlina Aerodinamica (1936), 6 C 1500 Cabrio (1936 und 1938), 1100/103 TV Berlinetta (1953), 8V Special Sport Coupé (1955), 600 Abarth 750 Berlinetta Monoposto (1957), 1200 Cabrio (1963), 2300 S Lausanne (1963), Abarth Coupé Speciale (1965), 124 Sport Spider (1966), Dino Spider/Coupé (1966), 1500 Cabrio/Coupé (1966), 1600 Cabrio/Coupé (1966), Dino Berlinetta Aerodinamica (1967), Dino 2400 Spider (1969), 130 Coupé (1971), Abarth 124 CSA (1972), 130 Opera Berlina (1974), 130 Maremma Break (1974), 124 Spideramerica (1975 und 1981), Coupé (1994)
Hispano-Suiza	H6 C Coupé/Spider (1930), Coupé de Ville (1932)
Honda	City Cabrio (1984), HP-X Berlinetta (1984), Argenta Vivo (1996)
Isotta Fraschini	8 B Berlina (1930)
Jaguar	XK 120 Coupé (1955), XJ12 (1973), XJ Spider (1978)
Lancia	Dilambda Cabrio (1932), Dilambda Berlina (1932), Artena Sport Berlinetta (1933), Aprilia Berlinetta Aerodinamica (1936), Aprilia Coupé (1936/1937), Aprilia 1350 Cabrio (1936/1938), Astura Cabrio Bocca (1937), Aprilia 1500 Cabrio (1939/1940), Astura Cabrio (1939/1940), Aprilia 1500 Sport Spider (1939), Astura Special Cabrio (1946), Aurelia B20 Coupé (1951 und 1954), Aurelia PF200 Spider (1952), Aurelia B24 Spider (1954), Aurelia B56 Berlina Florida (1955 bis 1957), Appia (1957), Flaminia (1959 bis 1961), Flavia (1969), Gamma Coupé/Berlina (1976), Gamma Spider (1978), 2000 Coupé (1971), Beta Montecarlo Berlinetta/Spider (1975), Gamma Olgia Spider (1978), Gamma Berlina Scala (1980), Gamma Olgiata Break (1982), Rally (1982), Thema Station Wagon (1986), Kappa Station Wagon (1996)
Maserati	A6 1500 Berlinetta (1947/1948)
Mercedes	300 S Coupé (1956), 230 SL Coupé (1964), 300 SEL 6.3 (1970)
Morris	1100 Berlina (1963)
Nash/Nash-Healey	Spider/Coupé (1952), Ambassador Berlina (1955)
NSU	Ro 80 (1971)
Peugeot	403 (1955), 404 Coupé/Cabrio (1962 bis 1968), 504 Berlina/Coupé/Cabrio (1968), 104 Coupé (1973), Peugette Spider (1976), 505 Berlina (1979), 205 (1983), Verve Break (1984), 309 (1985), 205 Cabrio (1985), Griffe 4 Berlinetta (1985), 405 (1987), 405 Station Wagon (1988), 605 (1989), CNR E2 Berlina (1990), 106 (1991), 306 Cabrio (1993)
Pininfarina	Berlina Florida (1955), X Threewheeler Experimental Berlinetta quattro porti (1963), Y Experimental Berlinetta due porti (1963), Sigma Grand Prix F1 Monoposto (1969), 512 S Modulo (1970), CR 25 Berlinetta (1974), Ecos Electric Berlina (1973), 124 Eurospider (1982), Coupé 2+2 (1983), 124 Volumex Spider (1984), (Lancia) Hit Berlinetta (1989), Chronos-GM (1991), Ethos 1 (1992), Ethos 2 (1993), Ethos 3EV (1995), Sing & Song (1996), Eta Beta (1996)
Rolls-Royce	Camargue Coupé (1975)
Talbot	Samba Cabrio (1982)

Unter der Haube der beiden Fiat Dino saß ein Ferrari-inspirierter V6. Der von Pininfarina geformte Spider debütierte genau wie der offene 124er auf dem Turiner Salon 1966. Ein halbes Jahr später kamen parallel das Fiat 124 Coupé sowie das von Bertone gezeichnete Dino Coupé heraus.

Zeitgleich mit dem Coupé hatte Fiat 1965 den 850-Spider-Winzling von Bertone ins Rennen geschickt. Damit war der Cabrio-Markt nach unten abgeschottet. ▶

Dolce Vita

Der erste Fiat 124 Spider

Neunzehnhundertsechsundsechzig: Eine Generation war im Umbruch, alles schien aus den Fugen zu geraten. Alt zu sein war out; die Jugend und ihr Lebensgefühl prägten zunehmend die Gesellschaft. Langhaarige Jünglinge und miniberockte Mädchen rockten zur unbeschwerten Musik der Beatles – und viele tausend Kilometer weiter östlich tobte der Vietnamkrieg. Widersprüchliches auch im öffentlichen Leben: Deutschland quälte sich durch eine innenpolitische Krise, während in Italien mit etwas Verspätung die Wirtschaftswunderzeit angebrochen war. Hier war darum nicht etwa teutonisches Maßhalten, sondern Lebenslust pur angesagt. Auch bei den neuen, knackigen Autos mit dem unverwechselbaren Charme des Latin Lovers.

Fiat hatte den schicken 850er Spider-Winzling von Bertone zum Kampfpreis von 6690 Mark ins Rennen geschickt, und Alfa Romeo – Inbegriff italienischer Sportwagen-Kultur und eigentlich von Fiat so weit entfernt wie bei uns BMW von Opel – fühlte sich veranlaßt, zur Gegenoffensive zu blasen. Gerade noch hatten die Mailänder jungen Leuten aus der Mittelklasse mit dem Giulia Spider den Kopf verdreht. 1570 ccm hatte dessen temperamentvoller dohc-Vierzylinder, der auch den nagelneuen 109-PS-Alfa Duetto beflügeln sollte. „Rundheck-Spider" nannten die deutschen Fans diesen auf dem Genfer Salon 1966 erstmals gezeigten Zweisitzer später, der 1970 zum „Fastback-Spider" mutieren sollte. Als „Graduate Car" galt er

Mit dem Alfa Romeo Duetto war den Mailändern ein ganz großer Wurf gelungen. Auch wenn der Wagen oberhalb des Fiat Spider angesiedelt war, wurde er stets als Konkurrent gesehen.

dagegen im reichen Amerika, wo die hoffnungsvollen Sprößlinge zum bestandenen Abitur (*The Graduate*) mit solch einem Flitzer bedacht wurden. Im gleichnamigen Film mit Dustin Hoffman in der Hauptrolle (bei uns: *Die Reifeprüfung*) spielte der Alfa darum eine im Wortsinne tragende Rolle. Geformt hatte ihn Battista Pininfarina als Quintessenz zahlloser futuristischer Karosseriestudien seit Mitte der fünfziger Jahre.

Unerwarteterweise hatte der Maestro 1965/66 überdies den Fiat-Auftrag erhalten, ein sehr offenes Auto auf Basis des nagelneuen 124-Mittelkläßlers zu kreieren. „Einige Vertreter des Fiat-Managements waren damals bei uns zu Besuch, und einer der Herren sagte: ‚Wenn Sie den 124 Spider übernehmen, haben Sie ein Auto fürs Leben'", entsann sich Sergio Pininfarina vor kurzem in einem Interview mit der *Motor-Klassik*. Die Verärgerung des Turiner Giganten über den neuen Duetto dürfte sich durchaus in Grenzen gehalten haben: Der fast 13 000 Mark teure Flitzer war damals deutlich über dem Offen-Fiat angesiedelt. Als einziger anderer Wettbewerber hatte übrigens Leichtbau-Spezialist *Touring* ernsthaft auf einen Auftrag gehofft und vorab eine viersitzige Cabrio-Version des Fiat 124 auf die Räder gestellt.

Vergeblich: Pininfarina stahl ihm locker die Schau. Im Frühjahr 1966 „erlegten" *Erlkönigjäger* in Italien den mit Spannung erwarteten Sport-Fiat. Die beispielsweise in der italienischen Zeitschrift *Quattroruote* abgebildeten Fotos zeigen den bereits erstaunlich seriennah dreinschauenden Fiat Spider, allerdings getarnt mit einer durchgehenden Sicke mittig längs

Touring brachte 1966 ein viersitziges Cabrio auf Limousinen-Basis heraus, das allerdings nicht in den Fiat-Vertrieb gelangte.

Rechte Seite:
Zwar unscharf, aber ein seltenes Fotodokument, denn nur per Einzelimport gelangte der Italo-Flitzer nach Großbritannien. Dieser frühe AS wurde auf Rechtslenkung umgebaut! Übrigens: Die 124 Sport-Typenkennzeichnung am Heck bestand bei der ersten Spiderserie stets aus verchromten Einzelbuchstaben. Beim Prototyp war ein 124 S-Plättchen angebracht worden.

BLW
44H

Bereits im Frühjahr 1966 veröffentlichten italienische Zeitschriften Erlkönig-Fotos des neuen Fiat 124 Spider. Beachtenswert die runden Blinkleuchten und die Sicke in der Motorhaube.

auf der Motorhaube, runden vorderen Blinkleuchten, einem längs und quer verippten Grill sowie mit vier runden Heckleuchten. Bei der Präsentation des Wagens auf dem 48. Turiner Automobilsalon vom 3. bis 13. November 1966 offenbarten sich eine ganze Reihe von Veränderungen, die ihm allerdings sämtlichst zum Vorteil gereichten. Pech allerdings, daß ihm ausgerechnet auf dieser Messe der ebenfalls von Pininfarina karossierte Fiat Dino Spider mit Ferrari-Zweiliter-V6 den Rang ablief ... Doch für den 124er war eine Kundschaft anvisiert worden, die das Auto vor allem als Zweitwagen ordern würde, möglicherweise für die Frau des Hauses. Und darum war er – nicht zuletzt dank seiner weichen Linienführung – bewußt weniger maskulin als der 23 980 Mark teure Fiat Dino gestylt worden, von dem arbeitstäglich mit 20 Exemplaren ohnehin nur ein Drittel des 124er-Karossenkontingents bei Pininfarina entstehen sollten. Immerhin ging mit dem noblen V6-Exoten aber eine Vereinbarung einher, die Fiat im Jahr 1969 fünfzig Prozent der Ferrari-Anteile zubilligte. Weitere Anteile sollten später dazukommen.

Eigentlich hätte der offene 124er einen phantasievolleren Namen verdient. Doch einen Wettbewerb für eine wirklich gängige Modellbezeichnung – so wie es Alfa beim Duetto getan hatte – schrieb Fiat leider nie aus. So blieb's über alle Generationen hinweg bei der einfallslosen Zahlenkombination: Der erste Spider trug die schlichte Bezeichnung *124* Sport unterm Kofferraumdeckel (ab den hubraumgrößeren Modellen kam hinten rechts die Hubraumangabe *1600* bzw. *1800* dazu). Die Verwandtschaft zum Urmodell sah man dem knapp vier Meter kurzen Ganzstahl-Schönling auf der um 14 Zentimeter verkürzten Limousinen-Bodengruppe keineswegs an – obwohl sich die Turiner kräftig aus dem Großserien-Teileregal bedient hatten. Neu war auf jeden Fall das drehfreudige 1438-ccm-Triebwerk unter der völlig glatten Motorhaube des intern AS genannten Spiders der ersten Generation. Schon der Stoßstangen-Motor der Limousine hatte sich prächtig hochtouren lassen – und mit dem 90 PS starken Spider-dohc-Vierzylinder waren selbst Drehzahlen jenseits des gelben (ab 5500 U/min) und des roten Bereichs (ab 6500 U/min) ungestraft machbar. In Italien fuhr die Werbung von Anfang an auf die tech-

◄ Auf den Werbefotos ist der 124er Spider mit Sebring-Mach1-Spiegel zu sehen. Das Standlicht war übrigens ins Blinkergehäuse integriert worden. ►

nischen Features ab, pries den Wagen gar als „echtes Vollblut". Der renommierten *STYLE auto* (Ausgabe 12) war der Neue Ende 1966 eine siebenseitige Story wert, wo man das Design genau, aber wohlwollend unter die Lupe nahm.

In Deutschland war man zurückhaltender. So zierte der Spider nur zwei Mal den *ams*-Titel (Ausgabe 22/1966 vom 29. Oktober 1966 und 14/1967 vom 8. Juli 1967), und dies auch nur zusammen mit Vergleichsmodellen. Die Stuttgarter Spezialisten nahmen sich übrigens erst 1967 des Autos an – denn der deutsche Importeur konnte im Erstlingsjahr noch kein Testauto zur Verfügung stellen. Pfiffiger stellten sich die Kollegen der *hobby* an, die bereits Ende November 1966 den Neuling in Italien fahren durften. Und hier gab's ausschließlich Lob: „aufwendige Innenausstattung, vorbildlich angeordnete Instrumente, ein ‚schnelles Verdeck', das sich nach Lösen zweier Hebel mit einem Handgriff öffnen läßt, Sportmotor mit Wartungsvorteilen, sauber schaltbares Fünfgang-Getriebe, Bremsen ohne Fading-Tendenz und stoßabsorbierender Lenkungsdämpfer, eindrucksvolle Bodenhaftung und fast neutrales Kurvenverhalten, kerniger Sound – in vielen europäischen Ländern an Leistung und Gegenwert sicher ohne Konkurrenz".

Tatsächlich hatten die Turiner ganze Arbeit geleistet. 920 Kilogramm wog der Spider, wobei knapp 60 Prozent des Gewichts auf der Vorderachse lasteten. Das härter ausgelegte Fahrwerk war zwar verbessert worden, allerdings blieb es bei der trampelnden hinteren Starrachse aus der 124er-Limousine (die wiederum auf die 1100er-Achse zurückging). Genau wie das „alte" 1500er-Cabrio verfügte der Spider übrigens über genau 12 Zentimeter Bodenfreiheit. Und natürlich mußte er sich nicht mit der schmalen 155er-Limousinen-Bereifung begnügen, sondern kam mit 165/13er Gürtelreifen (Pirelli Cinturato, Dunlop SP, Ceat Drive oder Michelin XAS) auf breiten 5-Zoll-Stahlfelgen daher. Federung und Stoßdämpfer wurden darauf abgestimmt, aber prinzipiell sollte es stets bei der bewährten Fahrwerkskonzeption mit vorderer Querlenkerachse (anfangs noch mit kleinen Bremszangen und recht dürftigen Bremsbelägen), von Schubstreben und Panhardstab geführter hinterer Starrachse sowie Schraubenfedern ringsum bleiben. „Übersteuerungstendenzen in engen Kurven" stellten die Tester unisono fest, aber im Fahrverhalten letztlich gutmütiger als der Alfa Spider. Prickelnde Unvernunft gab's eben nur in kleiner Dosierung!

Übernommen von der Limousine waren die hydraulisch betätigten Scheibenbremsen an allen vier Rädern, die jetzt servounterstützt und von einem auf die Hinterräder wirkenden Bremskraftbegrenzer gemäßigt wurden. Ganz neu waren die mittels zweier Kardangelenke geknickte Sicherheits-Lenksäule und die Stoßdämpfer, während das vollsynchronisierte Fünfgang-Getriebe im Prinzip schon im 1500er-Cabrio zu finden war. Später war es aber, so haben die Experten der Firma O&S herausgefunden, weitgehend identisch mit den Schaltboxen von FSO Polski Fiat (Warschau). Volle Drehzahlausnutzung in den einzelnen Gängen (Ausnahme war die als Spar-Gang ausgelegte fünfte

Jede Menge Fahrspaß auf der nach oben offenen Emotions-Skala: Das Revier des Fiat 124 Spider sind die schmalen Landstraßen.

Selbst hartgesottene Alfa-Fans kamen nicht umhin, dem offenen Fiat ein mindestens ebenso gelungenes Styling zuzubilligen. Alle Fotos auf dieser Doppelseite zeigen den 90 PS starken A-Spider.

Der Spider entpuppte sich als Jungbrunnen, in dem man durchaus zu dritt oder zu viert unterwegs sein konnte.

Serienmäßig war der A-Spider mit 165er-Walzen auf 5 J x 13-Stahl-Felgen ausgerüstet. Heute rollen die meisten dieser Fahrzeuge auf breiten 185er Reifen, die auf CD-30-Leichtmetall-Felgen aufgezogen sind.

1968 kamen die ersten Spider über den großen Teich. Sie hatten zwar bereits Stoßstangenhörner, begnügten sich aber noch mit je zwei kleinen Positionsleuchten pro Seite.

Bei übergestülptem Verdeck überrascht der Spider mit den hinteren Dreiecksfenstern, die einen tollen Rundumblick ermöglichen.

In den deutschen Zeitschriften fand das Thema Fiat Spider kaum statt. *hobby* allerdings testete den Neuen bereits Ende 1966.

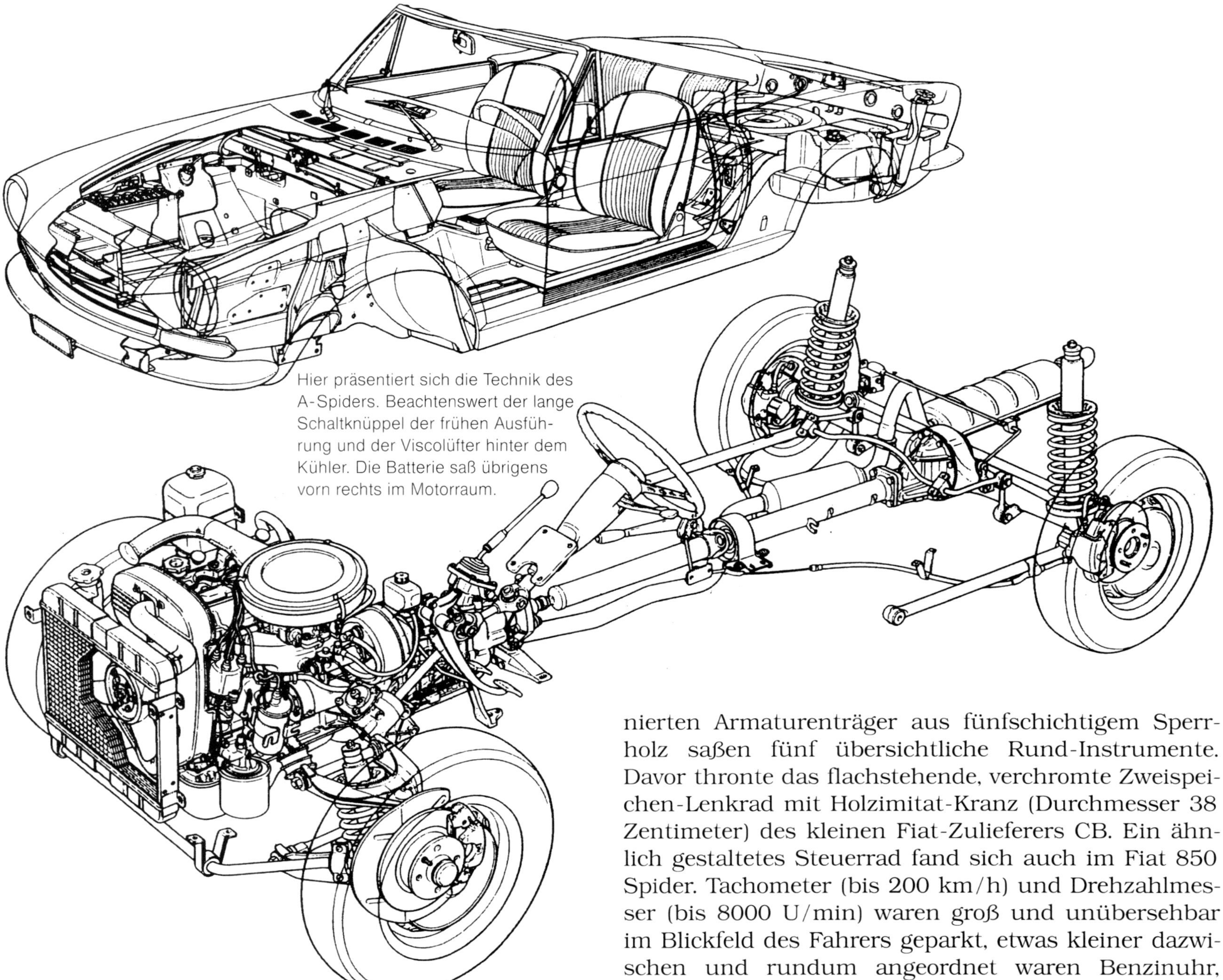

Hier präsentiert sich die Technik des A-Spiders. Beachtenswert der lange Schaltknüppel der frühen Ausführung und der Viscolüfter hinter dem Kühler. Die Batterie saß übrigens vorn rechts im Motorraum.

Schaltstufe) war den Konstrukteuren wichtiger gewesen als pure Motorschonung. Die ersten vier Fahrstufen wiesen einen innenverzahnten, konischen Synchronring auf, während zwischen dem direkt übersetzten vierten und dem drehzahlreduzierten fünften Gang die unverwüstliche Porsche-Synchronisierung ihren Dienst versah. Die Höchstgeschwindigkeit von 170 km/h erreichte man übrigens nur im vierten Gang! Manch Fiat-Kunde verzichtete darum auf die fünfte Fahrstufe. In Italien und auf einigen Exportmärkten wurde in einigen AS/BS-Spidern der Baujahre bis 1970 auf Wunsch und ohne Aufpreis das Vierganggetriebe des 124 Coupé installiert.

Der Innenraum mit den stufenlos kippbaren, sauber abgesteppten und leicht konturierten Schalensitzen bot ein ästhetisches, keineswegs nur auf Funktionalität bedachtes Ambiente. Und war „erstklassig verarbeitet", wie *STYLE auto* verkündete. Im Nußbaum-furnierten Armaturenträger aus fünfschichtigem Sperrholz saßen fünf übersichtliche Rund-Instrumente. Davor thronte das flachstehende, verchromte Zweispeichen-Lenkrad mit Holzimitat-Kranz (Durchmesser 38 Zentimeter) des kleinen Fiat-Zulieferers CB. Ein ähnlich gestaltetes Steuerrad fand sich auch im Fiat 850 Spider. Tachometer (bis 200 km/h) und Drehzahlmesser (bis 8000 U/min) waren groß und unübersehbar im Blickfeld des Fahrers geparkt, etwas kleiner dazwischen und rundum angeordnet waren Benzinuhr, Öldruckmesser und Wassertemperaturanzeiger. Daneben drängten sich die Drehknöpfe für die stufenlos regulierbare Beleuchtung der Armaturen und die Scheibenwischer-Geschwindigkeit sowie die Handbrems- und Warnblink-Kontrolleuchte. Die Scheibenwaschanlage mit Intervallschalter wurde mittels Fußschalter bedient, die Lüftung besorgten drehbare Rosetten auf und unter dem Armaturenbrett. Anfangs kam man, wie beim zeitgleich gebauten Alfa, ohne Mittelkonsole aus. Von Anfang an wurde jedoch – wie schon bei den Cabrio-Vorgängern von Fiat – je ein seitliches Ablagefach unter dem Instrumententräger eingebaut. Das originellste aber waren die vollversenkbaren hinteren Glas-Seitenscheiben, die in geschlossenem Zustand einen viel besseren Rundum-Blick als beispielsweise im Alfa Duetto boten. Beim Aufklappen des Verdecks verschwanden sie in seitlichen Schächten. Nur auf den Werbefotos sorgte ein Sebring-Mach1-Außenspiegel für befriedigende Rück-Sicht, tatsächlich verbaut wurde – allerdings nur für die

Exportmodelle, denn in Italien waren bis Mitte der siebziger Jahre Außenspiegel nicht vorgeschrieben! – ein simpler Zweigelenk-Spiegel mit rundem Glas.

Zur Sonderwunschausstattung gehörten nur das Radio – wahlweise Autovox (ab 225 Mark), Philips-Geräte der gehobenen Preisklasse und Blaupunkt-Radios (über 700 Mark) – und Magnesium-Leichtmetall-Räder für etwa 500 Mark sowie Sicherheitsgurte (Dreipunkt für 65, Zweipunkt für 47,50 Mark). Kopfstützen für die Vordersitze sollten erst ab dem überarbeiteten 90-PS-Modell angeboten werden. Fahrer und Beifahrer konnten sich immerhin am stilvollen Interieur mit glatten, nicht genarbten, aber mit Ziernaht-Imitationen versehenen Kunstleder-Türverkleidungen erfreuen. Den Hinterbänklern blieb dagegen im stürmischen Fahrtwind nur wenig Lebensraum auf der dünn gepolsterten Rückbank, die wegen der hinteren Fenster-Schächte ziemlich eng ausfiel. Das Kunststoff-Verdeck selbst, an dem die Seitenfenster befestigt waren, bestach durch seine Qualität und einfache Handhabung. Hatte man das Softtop mit dem breiten Kunststoff-Heckfenster erst mal geschlossen, reichte die Kopffreiheit hinten aber allenfalls noch für Kinder aus. Im offenen Zustand lag es vor und nicht hinter der Rücksitzlehne – und dadurch verfügte der Spider über einen 180 Liter großen Kofferraum für die zulässigen 40 Kilogramm Gepäckzuladung bei voller Viermann-Besetzung. Darunter war das Ersatzrad plaziert, seitlich links saß der 45-Liter-Tank für den guten Supersprit. Die hintere Kennzeichen-Beleuchtung verbarg sich übrigens in den zwei Stoßstangenecken.

21 801 Exemplare dieser ersten Spider-Version sollten bis zum Juli 1970 die Werkshallen in Turin-Lingotto verlassen, knapp 10 Prozent der späteren Gesamtproduktion bis zum Jahr 1985. Zum Vergleich: Der Alfa Spider lief im gleichen Zeitraum 15 000 mal vom Band. In Italien kostete der 124 Sport Spider nur 1 550 000 Lire (knapp 10 000 Mark). Erst Anfang 1967 wurden die ersten Spider in Deutschland verkauft (Auslieferung ab Mai 1967). Über ein Jahr blieb es bei einem Preis von 10 980 Mark. Damit war der offene Fiat preisgünstiger als die anderen Evergreens vom Schlage des 95-PS-MG B (11 690 Mark und insgesamt 18 Jahre im Programm) und des 109-PS-Alfa Spider (12 980 Mark und summa summarum 27 Jahre in der Fertigung). Das Glas 1300 GT Cabrio lag mit stolzen 13 350 Mark preislich noch deutlich darüber. Der unmittelbare 124-Spider-Vorgänger, das 1500 Cabrio, hatte zuletzt 9980 Mark gekostet. Als aufpreispflichtiges Extra gab's für rund einen Tausender ein Hardtop mit Panoramafenster von Pininfarina, das ohne Ausbau des Softtops montierbar war. Es paßte auch für alle weiteren Baureihen; allerdings wurde es nur selten geordert. Das Duetto-Hardtop kostete 1966 dagegen üppige 1450 Mark! Kostenpflichtige Sonderlackierungen wurden seinerzeit noch nicht offeriert; den Spider gab's in Rot, Dunkelrot, Weiß, Orange, Gelb, Dunkelgrün, Mittelblau, Dunkelblau und Schwarz (ab 1969 auch in Positanogelb).

1967/68 hatte tröpfchenweise der Export in die USA begonnen, wo anfangs noch weitgehend unveränderte Modelle offeriert wurden. Lediglich die in Europa nicht erhältlichen Stoßstangenhörner und die Meilentachos (bis 120 mph) wurden angebaut. Die Nachfrage war enorm, und schließlich wurden fast 11 000 Spider der allerersten Ausführung abgesetzt – die Hälfte der gesamten AS-Produktion! *Road & Track* 7/68 bezeichnete den schicken Italiener als preiswertesten Sportwagen in der 1,5-Liter-Klasse; *Sports Car World* 8/69 billigte ihm sogar das Fazit „Sexy soft top" zu. Immerhin stieg mit dem erfolgreichen US-Export die Produktion steil an: Von 5500 (1967) auf rund 8000 (1968). Ein

Cockpit des taufrischen A-Spiders: fünf Rundinstrumente (von links nach rechts: Benzinanzeige, Tacho bis 200 km/h, Öldruckmesser, Drehzahlmesser bis 8000 U/min, Wasserthermometer), langer Schaltknüppel ohne Mittelkonsole, Lenkrad mit verchromten Speichen, filigrane Armstütze, Scheibenrahmen-Ecken oben abgerundet und Sonnenblenden mit Chrom-Eckchen.

Mit großem Panorama-Heckfenster war das Pininfarina-Hardtop versehen. Wenn die Befestigungspunkte entsprechend installiert werden, paßt es vielleicht auch auf den Spidereuropa – man müßte es einfach mal probieren!

Auf diesem Pressebild aus den sechziger Jahren zeigt sich der 124 Spider sozusagen in authentischer, naturreiner Form. ▶

FIAT

Jahr später waren bereits fast 12 000 Einheiten erreicht! Nach Großbritannien wurde das Auto offiziell nie exportiert – wenngleich sogar deutsche Verkaufsprospekte die Rechtslenkung als Extra in Aussicht gestellt hatten. 1968 gelangten einige AS über Holland zur Fiat-Vertriebsfirma *Radbourne Racing* in Wimbledon bei London. Mindestens einer davon wurde von Radbourne zum Rechtslenker umgebaut. Weitere RHD-Modifikationen fertigte die britische Firma IKL. Auch in Australien sollen Rechtslenker angelandet worden sein.

„Der Fiat ist nicht mehr so geradlinig und stilrein wie sein Vorgänger, das 1500 Cabrio. Aber man hat erstaunlich viel Platz darin – mehr als im Alfa, denn der Fiat ist ein 2/2-Sitzer", hatte *auto, motor und sport* Mitte 1967 in ihrem bereits erwähnten Titel-Vergleichstest zwischen Alfa Duetto, Triumph TR4A und Fiat Spider herausgefunden. „Als der Fiat Spider herauskam, haben viele Leute gesagt: Jetzt geht es Alfa an den Kragen. Zwei Nockenwellen, Fünfgang-Getriebe – und das so billig! Aber Alfa kann seinen Kragen behalten. Der Fiat ist nicht schlecht, aber er ist noch lange kein Alfa. Das beginnt schon mit dem Kaltstartverhalten. Egal wie man den Choke herauszieht oder hereinschiebt – der Fiat-Motor ist zunächst mal unwillig. Ganz im Gegensatz zum Alfa, der immer gleich rund läuft. Es geht weiter mit dem Gasgeben. Dem Fiat haben sie wieder so einen Register-Vergaser verpaßt, der entweder nichts oder alles hereinläßt", holperte der Tester weiter durch die deutsche Sprache. Bereits zuvor hatte ein anderer *ams*-Kurztest Unzulänglichkeiten beim Warmstart (Dampfblasenbildung in den Benzinleitungen im Motorraum!) konstatiert.

Ganz offensichtlich hatte man dem Alfa-begeisterten *ams*-Mann ein Montagsauto angedreht: „Aber drehen tut er gut und gern. Dem Zahnriemen auf den Nockenwellenritzeln macht dies nichts aus. Aber schön wär's, wenn er auch unten herum ein bißchen mehr drin hätte. Er hat auch so ein fisseliges Ventilgeräusch, das man gerade bei einem ohc-Motor nicht erwartet." Kritik gab's auch an Getriebe und Lenkung. „Aber in Kurven ist der Fiat ein Wunder an Gutmütigkeit. Es versagen all die Begriffe von Unter- und Übersteuern – er tut weder noch. Er ist wie die Schweiz: unbeirrt neutral. Das macht ihm nicht mal der Alfa nach." Das Fahrwerk fand Gnade vor den Augen des Testers, nur hatte sich das Heck als zu leicht und damit zu nervös erwiesen. Überschwengliches Lob erfuhr wenigstens das Verdeck, getadelt wurde am Ende noch die keineswegs ergonomische Gestaltung von Vordersitzen und Pedalerie. Das Fazit war dennoch positiv: „Der Fiat ist äußerlich beinahe attraktiver als der Alfa und liegt im Preis erheblich günstiger. Er ist hervorragend fahrsicher, und auch konstruktiv hat er mit seinem Zweinockenwellen-Motor und dem Fünfgang-Getriebe gute Voraussetzungen zu bieten."

Prove su strada, ein italienisches Fachblatt, ging noch viel mehr ins Detail. Alles, alles wurde untersucht und bewertet. Bestnoten bekamen der Motor, dabei insbesondere Höchstgeschwindigkeit (mit gemessenen 173,665 km/h) und Beschleunigungsvermögen, die Bremsen und ihr Bremsverhalten, das Steigungsvermögen, das Sichtfeld nach vorn einschließlich der Scheibenwischerfunktion. Gut schnitten Straßenlage, Komfort, Kraftübertragung (Kupplung und Getriebe), Lenkung, Wasserdichtigkeit, Instrumentierung, Sitzpo-

Immer noch mit nur fünf Rundinstrumenten, aber jetzt mit hochgezogener Mittelkonsole und kurzem Schaltknüppel: 1968 begann die Serie-2-Fertigung des 1438-ccm-Modells. Noch war das Gaspedal rechteckig ausgeformt, und noch gehörten Kopfstützen nicht zum Lieferumfang. Ab dem BS1 saß eine Zeituhr über dem Wasserthermometer.

◄ Wabengrill und glatte Motorhaube: So lief Ende der sechziger Jahre das Zwischenmodell mit 1438-ccm-Motor vom Pininfarina-Montageband. Auf den benachbarten Bändern entstanden der offene Peugeot 504 (links) und das Lancia Flavia 2000 Coupé.

Das letzte Stündlein für den Spider hatte noch lange nicht geschlagen: Gerade der BS1 gilt als potentester Vertreter der Spaßauto-Zunft.

Längere und höhere Rückleuchten mit integrierten Rückscheinwerfern lösten die kleinen AS/BS-Lichter ab. Die Nummernschildbeleuchtung verbirgt sich in den zwei Stoßstangenecken. Gut zu sehen: Links ist die Hubraumkennzeichnung festgepinnt.

Geschwärzte Lenkradspeichen, schwarze Instrumenten-Einfassungen, vor allem der Einsatz von nunmehr sechs Uhren kennzeichneten den neuen BS1. Die Armlehne fiel weniger filigran als beim AS aus.

Eigentlich hätte eine Einzelhutze genügt, denn der Vergasertrakt saß nur auf der Fahrerseite.

Ganz rechts:
Bis zum 1800er-Modell beibehalten wurde die gute alte, außen angebrachte Klinke.

sition, Verarbeitung und nutzbarer Raum ab. Und als nur durchschnittlich entpuppten sich Wartungs- und Reparaturaufwand sowie Kraftstoffverbrauch (minimal 8 l/100 km, maximal 15 l/100 km).

AS-Spider der zweiten Serie und BS-Spider

Fiat, wo man noch heute reuevoll über damalige Fertigungsmängel sinniert, nahm derlei Kritik aus dem Ausland zumindest für den Spider sehr ernst: Fast jeder Schwachpunkt wurde ausgemerzt. Schließlich hatte auch Alfa Romeo einen Schritt voll hinein in das von Fiat beanspruchte Marktsegment gemacht und 1968 für knapp 11 000 Mark den Duetto Junior 1300 lanciert! Zunächst wurde der Fiat Spider in der bisherigen 90-PS-Ausstattung mit einem neuen Kühlergesicht (anstelle der waagerechten Chromstreben befand sich nun der künftig die Spider-Front prägende Waben-Kühlergrill) optisch aufgewertet. Mechanik und Motor blieben gleich, der Ursprungspreis war sogar – wegen des Alfa Junior – gesenkt worden. Die Motorhaube des Interimsmodells (immer noch als AS bezeichnet) behielt die glatte Form, die später so charakteristischen Höcker sollten erst mit der Einführung des 1,6-Liter-Motors kommen.

Gänzlich neu war die Mittelkonsole, die eine veränderte Position des Schaltknüppels mit sich brachte: Er wanderte ins Wageninnere, wobei der Getriebehals entsprechend verlängert wurde. Neu war auch die Zeituhr – als sechstes, erst zum Ende der A-Spider-Zeit eingebautes, Rundinstrument – unten rechts im Armaturenbrett. Das von vielen Testern und Enthusiasten vermißte Ölthermometer wurde jedoch auch künftig nicht angeboten. 1969/70 wichen die bislang senkrecht angeordneten, chromgefaßten AS-Armaturen schrägstehenden, schwarz eingefaßten Uhren. Grund dafür waren die US-Sicherheitsbestimmungen, die blendende Teile verboten. Von nun an bis 1978 gab's das gelochte Lenkrad nur noch in geschwärztem Outfit. Optional waren Kopfstützen; ab 1969 gehörten sie zur Serienausstattung der Exportmodelle. Gleichzeitig wurden die bis dahin schmalen Rücklichter durch die bis zum Typ CS1 beibehaltene, breite Heckbeleuchtung mit integriertem Rückscheinwerfer ersetzt.

Das Wichtigste aber war der Einsatz der verbesserten hinteren Starrachse des stärkeren Fiat 124 Special ab September 1968: Vier Längslenker und ein Panhardstab sorgten für eine bessere Achsführung, der bisherige kleine Stabilisator konnte entfallen. Und hatte es sich bisher um ein starres Rohr mit innenliegender Kardanachse gehandelt, kam nunmehr eine rotierende Kardanachse ohne Mantel zum Einsatz. Der Differentialkopf war in beiden Ausführungen sehr einfach herausziehbar. Diese neue Hinterachs-Konstruktion sollte dem Spider übrigens bis 1978, als die CS1-Herstellung endete, erhalten bleiben. Für die 1438-ccm-Versionen geändert wurde übrigens auch die Vorderachse, die mit einer stärkeren Bremsanlage bei ansonsten gleichem Achskörper versehen war.

Bis zur Produktionsumstellung auf den stärkeren BS1 im Juli 1970 war die Bedeutung des nordamerikanischen Marktes sprunghaft gewachsen. Jahr für Jahr stieg die Exportrate weiter an, reichte aber noch nicht an die vom Alfa Spider mit jährlich bis zu 10 000 über den Großen Teich verschifften Exemplaren heran. Fiat verbaute darum mehr und mehr US-spezifische Teile wie die vorderen seitlichen Positionsleuchten; hinten kamen später ebensolche, aber rotstrahlende Viereckleuchten hinzu. Stärkere Stoßfänger gab es anfangs jedoch noch nicht.

Peu à peu verwandelte sich der 90 PS starke AS zum BS, der zwar sämtliche Goodies des neuen 1,6-Liter-Modells aufzuweisen hatte – aber weiter mit der „alten" 1438-ccm-Maschine leben mußte. Für die neue, leistungsstärkere gab's Lieferengpässe! Vielleicht mußten aber auch die alten Motoren erst mal „abverkauft" werden ... 10 526 solcher Soft-BS entstanden insgesamt. Rein äußerlich tut man sich bei der Identifizierung schwer, weil es den BS mit glatter Motorhaube oder mit der Höcker-Haube des BS1 gab. Selbst die ursprünglich gesteckte Kardanwelle des AS fand sich gelegentlich im BS und sogar im BS1 wieder.

Der Fiat 124 Spider AS und seine Konkurrenten im Sprint-Vergleich (1967)

	124 Spider AS	Alfa Duetto Spider	MG B 1800	TR 4A
Motorleistung (PS)	90	109	95	100
Beschleunigung (s)				
0– 80 km/h	8,2	8,0	9,4	8,0
0–100 km/h	12,4	11,9	14,9	12,1
0–120 km/h	18,4	16,6	22,5	16,9
0–140 km/h	28,0	23,7	34,1	24,0
Höchstgeschw. (km/h)	170	185	170	170
Preis (DM)	10 980,–	12 980,–	11 690,–	14 400,–

Tutto perfetto

Das 1,6- und das 1,8-Liter-Modell

Alfa war also mit seinem 87 PS starken 1300er Junior in Fiat-Gefilde eingebrochen und hatte gleich noch den 1750er Veloce mit 115 PS dazugepackt. Die Turiner reagierten darauf unmißverständlich wie im wirklichen Leben – mit sofortiger Aufrüstung! Dem Zwischenmodell mit dem 1438-ccm-Motor (AS 2. Serie bzw. BS) folgte offiziell ab Juli 1970 eine hubraumstärkere Version. Erstmals präsentiert worden war sie als Krönung des letzten Arbeitsjahrs von Dante Giacosa auf dem Turiner Salon im November 1969. Hier handelte es sich aber keineswegs um eine spezielle Spider-Neuentwicklung, sondern um das 1608 ccm große Triebwerk des neuen Fiat 125 Special. Und das konnte sich sehen lassen: Zum einen brachte der mit zwei Doppelvergasern bestückte dohc-Vierzylinder nunmehr stolze 110 PS, zum anderen lieferte er das Mehr an Drehmoment, das die Tester stets eingefordert hatten: ein Viertel mehr Durchzugskraft als beim bisherigen Spider...

Äußerlich erkennbar war der Neue an den zwei Buckeln (sehr respektlos *Small Tits* genannt) auf der Motorhaube, den seitlichen Schweller-Chromzierleisten sowie am Wabengrill, das ja bereits dem Interimsmodell spendiert worden war. Dazu kamen einige

Der BS1 – mit Wabengrill und zwei kleinen Motorhauben-Buckeln – debütierte im Juli 1970. Dahinter das jetzt mit Doppelscheinwerfern versehene 124 Coupé.

Die US-Version des CS1 hatte nach den Werksferien 1974 die sogenannten Gummiboot-Stoßstangen erhalten. Sie nehmen die vorderen Blinker auf, hinten sind sie erstmals einteilig. Beachtenswert: das Kühlergitter nach AS/CSA-Muster, die hintere Nummernschild-Beleuchtung links und rechts vom Number-plate sowie das schmale Rücklicht.

Änderungen, die nur dem Fachmann ins Auge fallen: Halogen-Einfachscheinwerfer, längere und breitere Rückleuchten mit integrierten Rückscheinwerfern und die Hubraum-Kennzeichnung *1600* hinten links, ovalförmiger Außenspiegel mit tropfenförmigem Fuß (nur Exportmodelle!), Tacho bis 220 km/h und elektrische Zeituhr im Cockpit oberhalb des Wasserthermometers – ansonsten sah's aus wie im 1969er Modell. Alle anderen Evolutionsschritte hatten sich unter dem Blech vollzogen. Beim parallel gebauten Coupé tat sich äußerlich noch viel mehr; es vollzog ansonsten alle technischen Evolutionsschritte des Spiders stets getreulich mit.

Grund für die Motorhauben-Buckel waren die hochbauenden Doppelvergaser auf der Fahrerseite. Aus kosmetischen (oder lustbetonten?) Gründen wölbten sich nun gleich zwei Rundungen vor dem Angesicht des Fahrers, und alle fanden's gut. Der deutlich höher verdichtete Motor mit nunmehr quadratischem Bohrung-Hub-Verhältnis verfügte über eine neue Kurbelwelle sowie über einen gründlich überarbeiteten Ansaug- und Abgas-Trakt. Zweifellos eine Verbesserung waren die zwei 40er Fallstrom-Doppelvergaser von Weber oder Solex, die den Registervergaser des Vormodells erst einmal ersetzten. Allerdings waren damit – neben den Buckeln – weitere Modifikationen notwendig. Wegen des großen Ansaugkrümmers mußte der Zündverteiler vom Zylinderblock auf den rechten Nockenwellen-Kasten verlegt werden. Auspuffanlage mitsamt des Krümmers und Luftfilter waren modifiziert worden; ein größerer Kühler mit Kupferelementen und vorgeschaltetem Elektrolüfter hielt Einzug.

Noch bis Mitte 1972 gab's in Deutschland parallel zum neuen 110-PS-Modell (BS1) die 1438-ccm-Version mit einem Registervergaser (BS), die sich äußerlich nicht vom leistungsstärkeren Modell unterschied

Neu war der Außenspiegel
mit ovalem Sichtfeld
und tropfenförmigem Fuß.

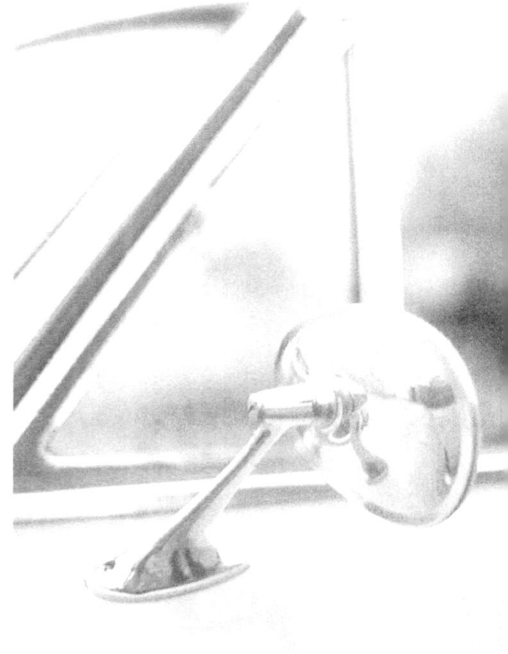

Abbildung unten:
Mit den Fastback-Varianten 1300 Junior und 1750 Veloce erklärte Alfa den Turinern den Krieg.

(sieht man von der Typenkennzeichnung und dem anders markierten Drehzahlmesser ab). Dann und wann wurden jedoch auch die weniger imageträchtigen Versionen ohne die Motorhauben-Buckel ausgeliefert. Keine Frage, daß die allermeisten Kunden lieber einen halben Tausender drauflegten und die stärkere Spider-Ausführung orderten: 1970 kostete sie moderate 11 400 Mark und wurde in der Folgezeit nur unwesentlich teurer. Allerdings war zu diesem Zeitpunkt der US-Markt bereits Lieblingskunde der Italiener – nur ein knappes Drittel des Exportvolumens für Amerika fand seine Abnehmer in Europa. Kein Wunder, daß die Händler in der Alten Welt das Nachsehen hatten und zeitweise nur 1438-ccm-BS geliefert bekamen. Dazu kamen Dauerstreiks bei Fiat, die exportträchtige Modelle wie die 124/125 Special-Limousinen und die

Spontan und willig reagiert der agile 110-PS-Motor auf jeden Gasstoß. Der Spurt von 0 auf Tempo 100 in zehn Sekunden ist noch heute ein guter Wert.

Sportmodelle 124 Coupé/Spider ganz besonders betrafen. Fiat ging damals einer Menge Kunden verlustig, die für derlei hausgemachte Probleme überhaupt kein Verständnis hatten. Sie legten wutentbrannt einige Scheine drauf und orderten andere offene Spaßmacher wie den VW-Porsche 914 (12 000 Mark), den Triumph Spitfire Mk4 (9800 Mark), das BMW 1600 Cabrio (13 200 Mark) oder den erwähnten Alfa.

Wer warten konnte, brauchte dies nicht zu bereuen. Bekam er doch einen wirklich preiswerten Evergreen, der auch im fünften Produktionsjahr kein bißchen bejahrt wirkte. Das Fünfgang-Getriebe gehörte selbstverständlich weiterhin zur Serienausstattung. Jetzt war es günstiger übersetzt als beim AS: Das Loch zwischen dem zweiten und dritten Gang war verschwunden, während der Sprung vom vierten zum fünften Gang etwas größer geworden war. In diesem früheren Schongang stand jetzt schon ab 2000 Touren genügend Dampf zur Verfügung. Wer wollte, konnte also durchaus schaltfaul unterwegs sein, und „untenherum" war dennoch Drehmoment vorhanden.

Die Tester waren begeistert über die füllige, sportmotorentypische Drehmomentkurve. Denn einen Rennmotor hatte niemand erwartet, wohl aber ein elastisches, belastbares Triebwerk für den Alltagsverkehr. Das eben auch mal – ohne Verzögerung wie bisher – losgaloppiert, wenn den Fahrer der Hafer sticht ... 180 km/h sind noch heute ein guter Wert, und der Spurt von 0 auf Tempo 100 in zehn Sekunden kann sich nach wie vor sehen lassen. Daß bei zunehmender Drehzahl auch der Sound etwas härter wurde, war klar und wurde nur von Pharisäern bemängelt. Die *ams* wartete gar mit einem Kompliment auf: „Im Ton erinnert dieser Motor ein wenig an den des BMW 2002 ti. Allein wegen der guten Motoreigenschaften ist dieses Auto auch einem weniger versierten Fahrer zu empfehlen!" Bei einem 1971er Vergleichstest gegen den Alfa Spider, den VW-Porsche und den Matra 530 LX lobte die *ams* überdies die Verwindungssteife des Spiders: „... überraschend der Fiat, dessen Karosserie selbst bei gröbsten Unebenheiten beispielhaft ruhig bleibt und der dort auch bei schnellster Fahrt nur ein geringfügiges Zittern des Armaturenbretts aufwies."

Das Fahrwerk war weitgehend das gleiche geblieben wie beim AS der zweiten Serie: Die Hinterachse mit Parallelschubstreben, aber ohne Querstabilisator gehörte ja von nun an eh zur kontinuierlichen Spider-Ausstattung. Die Vorderachse erfuhr – übrigens nur beim BS1 – einige Veränderungen: So mußte der Motorachsträger wegen des hochbauenden Vergasertrakts etwas tiefergelegt werden. Und da ja der 1600er-Motor an Gewicht zugelegt hatte, wurde u.a. beim um 1 Millimeter verkürzten vorderen Stabilisator gespart. Den gewohnt gutmütigen Fahreigenschaften tat dies keinen Abbruch, im Gegenteil. Daß der Wagen in engen, schnell umrundeten Kehren über die Vorderräder schob und nicht etwa mit dem Heck wedelte, konnte angesichts des gut abgestimmten Fahrwerks kaum überraschen. Nur daß die Bremsen zwar giftig reagierten, aber dennoch zu weich waren, blieb ein Kritikpunkt.

Der Normalkunde freute sich statt dessen an den Verbesserungen im Innenraum. Beispielsweise am nunmehr zweistufigen Scheibenwischer (Intervall- und Dauerbetrieb) mit elektrischer Pumpe. Der kurze Schaltknüppel hatte schon im BS begeistert, besser konnte man es kaum erwarten! Serienmäßig waren im BS1 die aufsteckbaren Kopfstützen, und es blieb beim geschwärzten Zweispeichen-Lenkrad im Holzimitat-

Halogen-Einfachscheinwerfer bestimmten weiterhin die Front des Turiner Evergreens.

Das war die Kundschaft, die sich Fiat erträumte: Gepflegte, sportive junge und junggebliebene Vertreter des gehobenen Bürgertums – und dabei bevorzugt holde Weiblichkeiten. ►

Auch in der Werbung für artnahe Produkte bediente man sich nun gern des offenen Schönlings.

Look. Wegen der spezifischen Konstruktion der Schnecken-Rollen-Lenkung verharrte es auch fürderhin in jener flachen Stellung, die zu einer froschmäßigen Sitzposition zwang und schon im Vormodell für viel Kritik gesorgt hatte. Sie verhallte ungehört, eine Änderung während der laufenden Produktion hätte sich für Fiat nicht gelohnt ... Die Qual der Wahl hatte der willige Käufer nur bei den Farben: Der Spider war serienmäßig in Grandprix-Rot, Positanogelb, Weiß, Coloradogelb, Dunkelgrün, Vincablau, Mittelblau, Französischblau und Schwarz zu haben. 1972 kamen Orientgelb und Flaschengrün dazu. Als häufig geordertes Extra galten Magnesium-Felgen für 300 Mark; anfangs wurden auch Elektron-Felgen für 500 Mark offeriert.

Im Herbst 1971 hatte sich der BS1-Preis auf knapp 12000 Mark eingependelt. Für den leistungsmäßig kastrierten 1300er-Alfa-Spider mußten zur gleichen Zeit bereits 13000 Mark lockergemacht werden, der 1750er Spider kam auf rund 16000 Mark. Gute Chancen also für den Fiat, der aufgrund seines günstigen Preis-Leistungs-Verhältnisses haushoch überzeugte. Doch strengere Abgasbestimmungen im Vorfeld der Ölkrise veranlaßten im Oktober 1971 den Heilbronner Importeur, nur noch eine abgemagerte Motorenversion auszuliefern. Künftig sollte der Spider (und das Coupé) nur noch mit dem 100 PS starken 1608-ccm-Vierzylinder des Fiat 125 Special ausgestattet sein. Die Preise blieben allerdings die gleichen wie bei der bisherigen 110-PS-Version – mit der Begründung, daß bei der letzten Preiserhöhung am 11. Oktober 1971 die Preise in Deutschland nur unwesentlich angehoben worden seien. Doch auch Alfa mußte entsprechend reagieren: Ab 1972 wagte man sich mit der auf 104 PS abgemagerten 1,6-Liter-Sparversion auf den Markt.

Nur noch ein kleiner 34er Fallstrom-Registervergaser von Weber oder Solex besorgte künftig die Gemischaufbereitung des 1,6-Liters, die Verdichtung des Motors war von 9,8:1 auf 8,8:1 gesunken. Und das maximale Drehmoment von vormals 14 ging auf 13 mkg bei 4000 Umdrehungen zurück. Noch schwächer kamen allerdings die nach Amerika exportierten Spider daher, die sich von Anfang an mit 36er Vergasern, einer Verdichtung von höchstens 8,45:1 und teilweise mit einem Auspuff mit geringem Querschnitt begnügen mußten. Wegen der verschärften Abgasgesetzgebung gerade im sonnigen Kalifornien erreichten sie günstigstenfalls 94 PS. Dafür stieg jedoch der Benzinverbrauch, was freilich in den USA kein sonderliches Problem darstellte.

Doch die hohe Zeit des 1608-ccm-Aggregats war ohnehin begrenzt – sein Nachfolger sollte das nagelneue Fiat-132-Triebwerk werden. Im September 1972 endete darum die Produktion der bisherigen 1,6-Liter-Sport-Modelle; vom Spider waren bis dahin fast 30000 Exemplare fertiggestellt worden. Der just neueröffnete Windkanal bei Pininfarina wurde für den Spider jedoch nicht mehr bemüht: Beim offenen Modell ging es nur noch um eine möglichst kostenneutrale Weiterentwicklung. Zunächst bekam der Spider (und das Coupé) ab September 1972 bis Juli 1973 den fast bau-

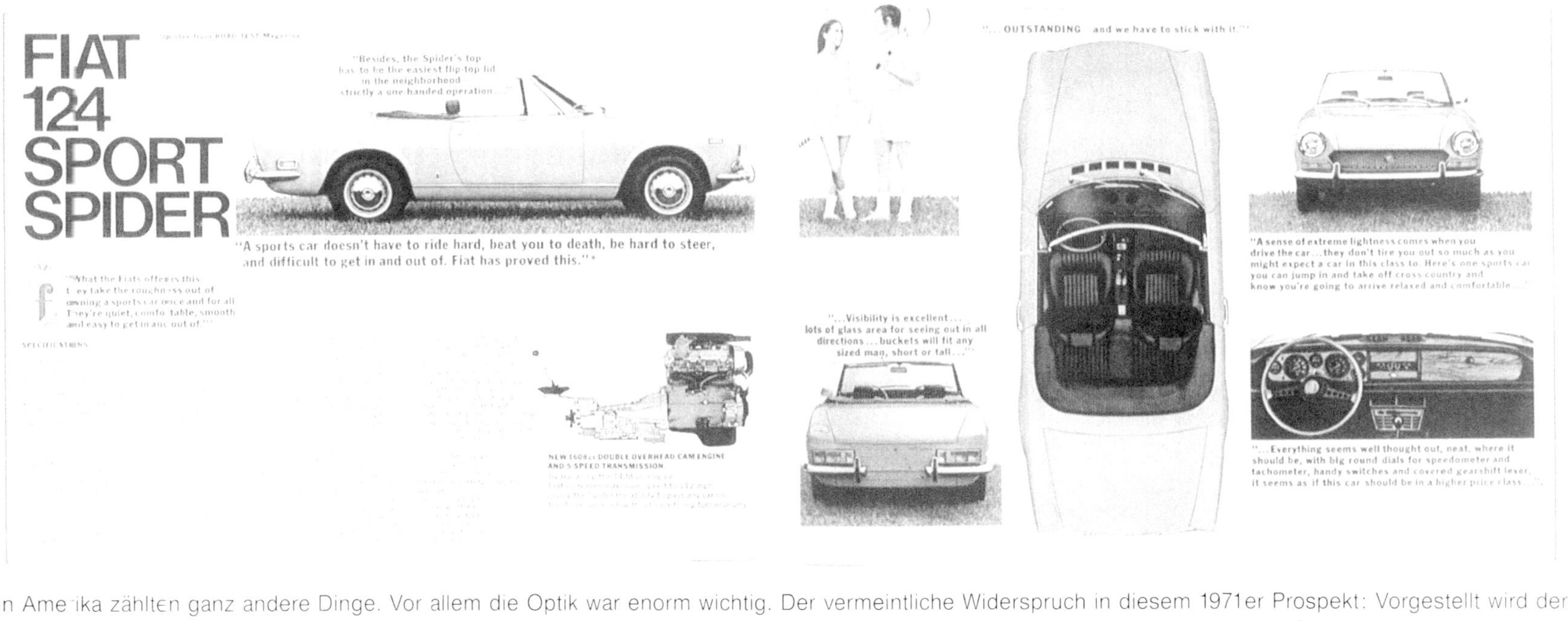

In Amerika zählten ganz andere Dinge. Vor allem die Optik war enorm wichtig. Der vermeintliche Widerspruch in diesem 1971er Prospekt: Vorgestellt wird der 1608-ccm-Motor; die Haube kommt aber im buckellosen BS-Look daher – weil nur ein flachbauender Registervergaser darunter saß!

Spider light: Im Juni 1972 war im SPIEGEL diese Reklameseite zu sehen. Eine 21er-Schachtel Zigaretten kostete damals noch 1,90 Mark!

gleichen 1592-ccm-Motor des Fiat 132. Hauptunterschied dürfte der geringfügig verkleinerte Hub gewesen sein. Die nunmehr CS genannte 124-Spider-Version mit Fünfgang-Getriebe kam jetzt auf 108 PS bei 6000 Touren. Doch sollte dies wiederum nur ein Zwischenschritt hin zum nächstgrößeren Modell sein. Denn mittlerweile war die 1800er Rally-Ausführung fertig, deren Antriebsaggregat schon aus Kostengründen auch den zivileren Modellen zugedacht sein sollte. Vom 108-PS-Interimsmodell wurden immerhin 10 730 Stück gebaut. Über drei Viertel davon gingen, allerdings noch weiter leistungsreduziert, über den Großen Teich.

Die Achtzehnhunderter

Im Blätterwald rauschte es: Es sei bald Schluß mit dem 124er Spider, der künftig von einem bereits fertig-entwickelten, etwas kleineren Fiat-Modell abgelöst werden würde. Schon in Ausgabe 25/1971 hatte die hochseriöse *mot* gemeldet: „Der Fiat 128 Spider wird bis Ende 1972 mit Sicherheit den jetzigen 850 Spider und den 124 Spider ablösen. Die Bertone-Karosserie mit Überrollbügel wird derzeit von Fiat nochmals für erhöhte Aufprallsicherheit entsprechend den künftigen US-Vorschriften überarbeitet." Gemeint war der schließlich ab 1973 gebaute X 1/9, der übrigens tatsächlich den offenen 850er ersetzte. Aber Fiat konnte es sich angesichts der schwierigen wirtschaftlichen Verhältnisse in Europa gar nicht leisten, ein neues Modell in mehreren Motorenausstattungen zu forcieren. Und gerade in den USA ebbte die Ölkrise genau so schnell ab, wie sie gekommen war.

So setzte Turin weiter auf Bewährtes und spendierte dem offenen 124er einen erneuerten Antrieb: Der Fiat 132, von dem ja bereits der 1592-ccm-Vierzylinder des CS gestammt hatte, lieferte den 1,8-Liter-Motor für die folgende Spider-Generation zu, die im Sommer 1972 lanciert wurde. Doch anders als das gleichfalls hochgerüstete Coupé behielt der CS1 sein gewohntes Outfit. Klitzekleine Veränderungen hielten Einzug, beispielsweise vergrößerte Stoßstangen-Durchführungen in der Karosserie, das Fixieren der Hubraumbezeichnungen auf einer durchgehend schwarzen Tafel, veränderte Instrumente: Der Tacho reichte auch beim 1756-ccm-Modell bis Tempo 220, der Drehzahlmesser endete nicht mehr bei 8000, sondern bei 9000 Umdrehungen (US-Modell: 140 mph und 8000 rpm) und wies andere Markierungen für den gelben und roten Bereich auf. Aber dies waren wirklich Kleinigkeiten, die nur absolute Experten registrieren. Sie wissen auch, daß einige BS1 mit dem 9000-U/min-Tourenzähler ausgeliefert worden sind…

Außerdem gab es auch jetzt wieder Mischformen. Denn parallel nebeneinander her liefen nun, genau wie dies vorher beim AS/BS geschehen war, zwei Versionen mit verschiedenem Hubraum vom Band. Bis Sommer 1973 blieb der 108-PS-Motor im Programm, daneben

Neu im 1800er-Modell waren der Tacho (bis 220 km/h) und der Drehzahlmesser (bis 9000 U/min).

Nur absolute Spezialisten erkennen hier den CS1 – an der Hubraumkennzeichnung auf einer kleinen, schwarzunterlegten Platte.

wurde die 1,8-Liter-Ausführung angeboten. Sie schlug mit sehr stolzen 13 500 Mark zu Buche: Solch einen Preissprung nach vorne hatte es noch nie gegeben! Unter der weiterhin mit den kleinen Buckeln gezierten Haube werkelte der erstmals für den Abarth Rally verwendete, etwas abgemagerte Kurzhuber. Nochmals überarbeitet worden war das engabgestufte Fünfgang-Getriebe, wobei weiterhin gegen Sonderwunsch die Viergang-Box bestellt werden konnte. Die Gemischaufbereitung besorgte nun – angeblich aus Emissionsgründen – wieder ein einfacher Registervergaser mit separater Öffnung der zweiten Drosselklappe. Und dies ermöglichte wiederum den Einsatz der bereits bekannten Vorderachs-Konstruktion.

Der aktuelle Vierzylinder leistete zwar 118 PS (und damit nominell lediglich zehn Pferdestärken weniger als der Rally), aber die meisten 1800er erbrachten diese Leistung nicht! Dennoch, das Auto erreichte eine höhere Endgeschwindigkeit von mehr als 180 km/h. Allerdings nur mit längerem Anlauf – die Beschleunigung war nicht besser als die der vorherigen 110-PS-Version! Ein spürbarer Vorwärtsschub setzte ab 3500

Zumindest in den USA gehörte Air-condition selbstverständlich zu den aufpreispflichtigen Extras auch für den Spider.

Umdrehungen ein, dann verlor der Motor spontan jede Müdigkeit und drehte turbinengleich hoch. Bei höherem Tempo, also jenseits von 5500 Touren, war dies mit viel Geräusch verbunden: Schließlich wurden bei Tempo 100 im fünften Gang schon 4000 Umdrehungen erreicht! Fiat hielt übrigens auch an den giftigen, schwer dosierbaren Bremsen fest. Und die Handbremse blieb bis zuletzt unbefriedigend.

Doch wen interessierte dies schon wirklich. „Die Sonne im Nacken, das Rauschen des Fahrtwinds in den Ohren, die Massage des Luftstroms in den Haaren – das ist das Autofahren, das sich vom Transport unterscheidet. Und gerade die Massenmotorisierung braucht eine Elite. Zu dieser Elite gehören der Fiat 124 Sport Spider und seine Fahrer", lockte die Werbung 1973. Und bei einem so emotionsgeladenen Sympathieträger, dies war die Botschaft, war die Technik eher nebensächlich. So wurde jetzt auch – auf Sonderwunsch – eine elektronische Zündanlage angeboten, die jedoch kaum Zuspruch fand. Der Preis des offenen Klassikers stieg übrigens ungebremst weiter: Im Frühjahr kostet er bereits 14 250 Mark! Extras wurden – bis auf die 300 Mark teuren Magnesium-Felgen – kaum noch offeriert. Serienmäßig zu haben waren folgende Farben: Rot, Weiß, Coloradogelb, Orientgelb, Flaschengrün und Französischblau; 1975 kamen Hellblau, Dunkelblau und Dunkelgrün hinzu. Das Interesse am Oben-ohne-Fiat aber hatte längst nachgelassen.

Die Geschäfte gingen nicht mehr gut in Europa, wo offene Autos ins Hintertreffen gerieten und die große Zeit der Henkelkörbchen-Cabrios unmittelbar bevorstand. 1974 waren nur noch rund 800 Spider für die Alte Welt gefertigt worden, während die sage und schreibe zwanzigfache Menge nach Amerika verschifft wurde! In dieser Zahl stecken auch einige wenige 1800er CS1, die nach Japan (Verkaufsende dort 1976) verbracht wurden. Überdies hatte ja Fiat inzwischen den X 1/9 mit Targa-Dach im Programm, der von 1973 bis 1981 in Lingotto gebaut wurde. Der Spider erlebte darum einen „offenen Produktions-Auslauf“ für den europäischen Markt: Offiziell endete der Verkauf hier im Sommer 1974 nach rund 22 000 abgesetzten Einheiten. In Wirklichkeit wurde der Spider noch einige Monate weiter angeboten.

Alle Bemühungen galten dem Wohlbefinden der Amerikaner in diesem 2+2-Sitzer. Denn der CS1 war – für amerikanische Verhältnisse – ein sehr preisgünstiges Auto. „The finest all-around convertible money can buy“ (das preisgünstigste Cabrio überhaupt), hatte *Car & Driver* geschrieben. Technische Features waren letztlich nebensächlich, mehr Anklang fand das gelungene Pininfarina-Design. Das allerdings nach Kräften verwässert wurde: Schon seit 1974 wurde der Wagen wegen geltender gesetzlicher Bestimmungen zum Gummiboot umgewandelt: Massive Sicherheits-Stoßstangen mit stoßabsorbierenden Halterungen, sogenannte „Energy absorbing bumpers“, sollten bei Rempeleien schützen. Vorher hatte es nur zusätzliche Stoßstangenhörner gegeben, die freilich auch immer weiter ausuferten – bis hin zu den riesigen *Maryland*-Hörnern des Jahres 1973, die offensichtlich vom TR6 stammten. Angaben zur Motorleistung wurden in offiziellen US-Verkaufsprospekten übrigens gar nicht mehr gemacht.

Im Mai 1975 lief bei Pininfarina die 100 000. Karosse für den 124er Spider vom Band! Die Tagesproduktion lag inzwischen bei 75 bis 80 Stück, ein Spitzenwert, der nur 1979 noch übertroffen werden sollte. Ein geschwärzter Kühlergrill – ähnlich dem der allerersten Spider-Serie oder auch des CSA – kam wieder in Mode, ansonsten blieb alles beim alten. Bis auf den Motor, der weiter abgemagert wurde: Hatte er 1974 noch 93 PS auf die Kurbelwelle gewuchtet, waren es zwei Jahre später nur noch schwächliche 86 SAE-PS! Dies konnte selbst bei den Amerikanern nicht lange gutgehen. Nach rund 70 000 CS1-Spidern endete vor den Werksferien 1978 die Produktion – um anschließend mit neuer Motorisierung fortgesetzt zu werden.

Hauptabnehmer des CS1 war der amerikanische Markt, wo fast drei Viertel der 1,8-Liter-Flitzer anlandeten.

Wer unbedingt wollte, konnte seinerzeit auch in Europa jene schwächlichen Autos bekommen: Clevere Fiat-Händler besorgten sie direkt beim Hersteller. Viele waren es nicht, die diese Chance nutzten – schon wegen des Preises, der bei über 15 000 Mark lag.

Der 100 000ste Fiat 124 Spider verließ im Mai 1975 die Fertigungshallen von Pininfarina.

So richtig zur Sache geht's bei Drehzahlen oberhalb von 3000 Touren – dann ist der rote Bereich im Nu erreicht!

Werbung für den CSA in der Auto Sprint im Juni 1973: „Schön anzusehen. Schön zu fahren" lockt die Anzeige.

Vom Skorpion gestochen

Der Fiat 124 Abarth Spider

Turin, Ende 1967: In der Fiat-Führungsetage knisterte es, ein Donnerwetter war im Anzuge. Wieder einmal hatte es ein vorwitziger junger Spund gewagt, laut über einen werksunterstützten Einsatz des Sport Spider im Motorsport nachzudenken! Motorsportliches Engagement, das wußte man, kostete viel und zahlte sich – wenn überhaupt – erst auf lange Sicht aus. Darum hatte Professor Valetta im Vorfeld der 124er-Entwicklung sogar bei der Motorenausstattung für Limousine und Spider ein paar Fallstricke gelegt. Es

Karl (Carlo) Abarth lebte für den Motorsport. Das große Geld brachten nicht Wettbewerbsautos, sondern Zubehörteile wie die Abarth-Auspuffanlagen.

Viel zu gern hätte der Maestro auch in der großen Klasse das Feld dominiert! Hier posiert er in einem 3000er Spider von 1968, neben ihm seine junge Frau Anneliese.

war ganz und gar kein Zufall, daß die Limousine mit einem Hubraum von 1197 ccm sehr ungünstig zwischen den damals gängigen 1150- und 1300-ccm-Hubraumklassen für den Motorsport angesiedelt war. Mehr noch: Wegen seines 1438-ccm-Motors konnte der Sport Spider nicht mehr in der 1300er Klasse antreten, hatte aber wenig Chancen in der nächstgrößeren 1600er Klasse!

Daß dennoch fünf Jahre später ein spezielles Rallye-Auto auf Fiat 124 Spider-Basis entstand, mußte da wie ein kleines Wunder wirken. Die Entscheidung dafür fiel aus dreierlei Gründen: Da war zum einen der ungebrochene Wille einiger Privatiers, auch mit technisch unterlegenen Fiats auf die Rallye-Pisten zu gehen – was in der Schaffung eines inoffiziellen Werksteams mündete. Zum anderen schickten Anfang der siebziger Jahre selbst Brot-und-Butter-Firmen wie Opel und Ford hochpotente Rallye-Versionen ihrer kleinen Volumenmodelle in den Wettbewerb – und sorgten für aufsehenerregende Auftritte. Und schließlich war 1971 mit der Firma Abarth einer der leistungsfähigsten Tuner der fünfziger und sechziger Jahre unter die Fittiche des Konzern genommen worden.

Jener *Carlo* Abarth, geboren als Sohn einer Südtiroler Familie am 15. November 1908 in Wien und vor dem Krieg ein erfolgreicher Motorrad-Rennfahrer, galt und gilt als Synonym für schnelle Fiats, beflügelte aber auch Autos der Marken Simca und Porsche. Er entwickelte schließlich sogar völlig eigene Wettbewerbsfahrzeuge unter seinem Namen – bis hin zum Sechsliter-Zwölfzylinder. Für Aufsehen hatte er bereits 1947 gesorgt, als er auch dank seiner guten Beziehungen zu Landsmann Rudolf Hruska zum Rennleiter von Cisitalia (wo auch Dante Giacosa tätig gewesen war!) avanciert war. Zusammen mit Amando Scagliarini übernahm er 1949 die marode Firma, deren Know-how künftig das wichtigste Kapital für die Scuderia Abarth darstellte. Zwei Jahrzehnte lang war der Maestro dann in Sachen Wettbewerbstuning aktiv gewesen, und vor allem seine sauschnellen Derivate auf Basis des Fiat 500 und 600 schrieben Rennsport-Geschichte. Weit über 200 verschiedene Auto-Konstruktionen – sehr viele davon mit hochtourigen *Bialbero*-Triebwerken (dohc) – stammten von ihm. Aber irgendwann muß er die Nase vollgehabt haben vom ständigen Streß. Denn Karl Abarth war ein diktatorischer Choleriker, der sich am liebsten um alles selbst kümmerte, seine bis zu 600 Mitarbeiter schier zum Wahnsinn trieb mit dem unbedingten Drang nach Exaktheit und Perfektion. Sein selbstgewähltes Logo, nämlich sein Sternzeichen Skorpion, spricht für sich.

Abarths Liebe galt allein dem Rennsport, den er sich nur durch den Verkauf seiner legendär-giftigen Auspuffanlagen und der Tuning-Kits vor allem für gängige Fiat-Modelle leisten konnte. Weltklasse-Leute fuhren für ihn – von Bruce McLaren über Umberto Maglioli bis Hans Hermann. Aber der siebenfache Marken-Weltmeister litt darunter, eigentlich nur in den kleinen Hubraumklassen erfolgreich gewesen zu sein – sein Streben nach Höherem (beispielsweise Ferrari den Doppelauspuff zu zeigen) war von wenig Erfolg gekrönt. Als er dann, 1965, die junge Kärntnerin Anneliese kennengelernt hatte, tat er etwas ganz und gar Unschickliches: Er ließ sich scheiden, um die attraktive Frau heiraten zu können, und bot – nach mörderischen Dauerstreiks der Belegschaft – sein Lebenswerk am Turiner Corso Marche dem Fiat-Giganten an.

Am 1. August 1971 ging seine Firma an Agnellis Unternehmen über, um anschließend zum Hort der Fiat- bzw. später der Lancia-Rennabteilung zu werden. Was künftig unter dem Namen Abarth vermarktet wurde, hatte mit Carlo nichts mehr zu tun – er hielt sich aus allem heraus (auch wenn er offiziell bis 1974 als Berater engagiert war). Vielleicht auch deshalb, weil er im Vertragswerk mit Fiat vergessen hatte, den Verbleib seiner Werksrenner abzuklären. Die und einen Großteil des technischen Bestandes wurden kurzerhand von Enzo Osella übernommen, der 1989 zusammen mit Anneliese Abarth versuchte, die Einliter-Barchetta 1000 SP neu aufzulegen. Die Rechte daran lagen jedoch bei Fiat, und dort lehnte man dieses Ansinnen ab. Karl Abarth war zu diesem Zeitpunkt schon zehn Jahre tot: Er starb am 24. Oktober 1979 in Wien.

Generaldirektor von Abarth war Anfang der siebziger Jahre der legendäre Motorenpapst Aurelio Lampredi geworden. Verantwortlich für alle Sport-Aktivitäten des Abarth-Unternehmens war jedoch Gianfranco Squazzini, der neben Ingenieur Fernando Russo Technik-Chef der Fiat-Pkw-Abteilung blieb. Ihm – und nicht etwa Carlo Abarth – oblag es nun, Ende 1971/Anfang 1972, den Fiat 124 Sport Spider zum Rallye-Auto zu machen – dabei aber keinesfalls zu hohe

Abgespeckt und technisch optimiert trat der Fiat Abarth 124 Rally auf die Bühne – mit neuer hinterer Einzelrad-Aufhängung und modifizierter Vorderachse und vielen weiteren Innovationen.

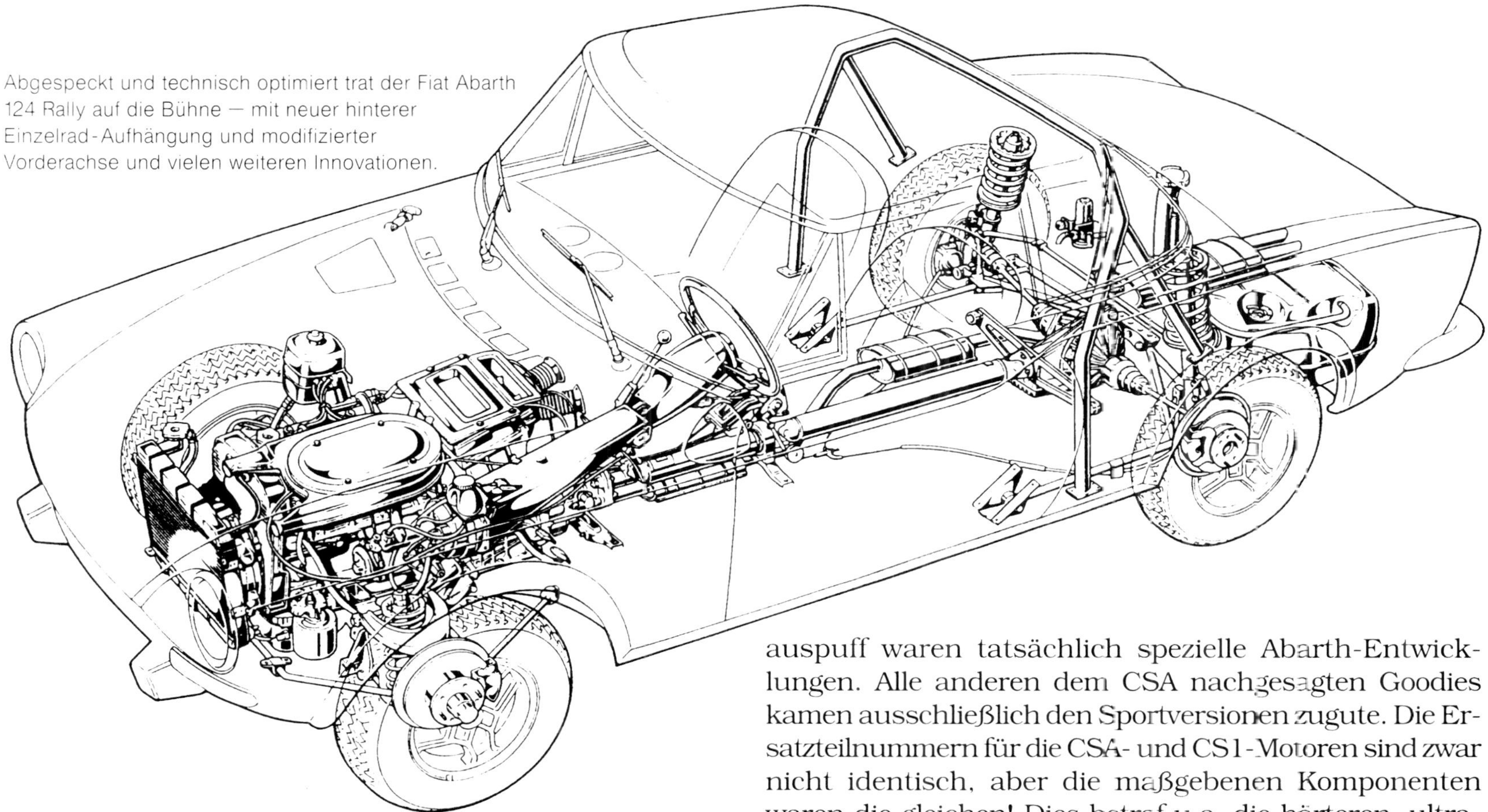

Kosten zu verursachen. Denn längst schon hatte die Konzerntochter Lancia eigene, überaus potente Fahrzeuge zu bieten – bis hin zum 1970 erstmals präsentierten Bertone Stratos Prototyp. Die Entwicklung dieses Fahrzeugs war in Vor-Fiat-Zeiten vom *Rally* Team-Chef Cesare Fiorio gestartet worden. Unklar war jetzt, welche Division später tatsächlich die Lorbeeren für den Fiat-Konzern zu erringen hatte. Zum anderen mußte die Seriennähe gewährleistet bleiben, um werbewirksam den Absatz der zivilen Fiats zu befördern. Und außerdem sollte das Fahrzeug aus Homologationsgründen von Privatkunden gekauft werden. An ein nagelneues, mit Millionen-Aufwand entwickeltes Hightech-Auto im alten Spider-Look war also keineswegs gedacht – vielmehr sollte der CSA (C-Spider Abarth), so die interne Codierung, Vorläufer der dritten Spider-Generation sein. Immerhin war klar, daß die Abarth-Tüftler unter Leitung von Ingenieur Mario Colucci in drei Bereichen tätig sein würden: am Motor, am Fahrwerk und an der Karosserie.

Die Abarth-Straßenversion

Beim Triebwerk des Neuen sollte es sich um den 1756 ccm großen Vierzylinder des Fiat 132 handeln, der im Herbst 1972 auch dem Spider der dritten Hubraum-Evolutionsstufe (CS1) zugute kommen sollte. Vorteil dieses neuen Kurzhubers war vor allem seine Drehfreudigkeit. Genau wie später beim CS1 lag die Verdichtung bei 9,8 : 1. Allerdings wurde der CS1/CC1-34er-Registervergaser durch zwei 44-IDF-Weber-Doppelvergaser ersetzt. Fächer-Krümmer und Doppelauspuff waren tatsächlich spezielle Abarth-Entwicklungen. Alle anderen dem CSA nachgesagten Goodies kamen ausschließlich den Sportversionen zugute. Die Ersatzteilnummern für die CSA- und CS1-Motoren sind zwar nicht identisch, aber die maßgebenen Komponenten waren die gleichen! Dies betraf u.a. die härteren, ultraleichten Titan-Pleuel – auf den Einsatz dieses standfesten Materials deutet dann unter anderem die Teilenummer im Ersatzteilkatalog hin (die sich grundsätzlich von der des normalen Spider-Motors unterscheidet). Ebenfalls nur bei den getunten Wettbewerbsversionen wies der Leichtmetall-Zylinderkopf vergrößerte Ansaugkanäle, größere Ventile und härtere Ventilfedern auf; die Nockenwellen hatten ein schärferes Profil.

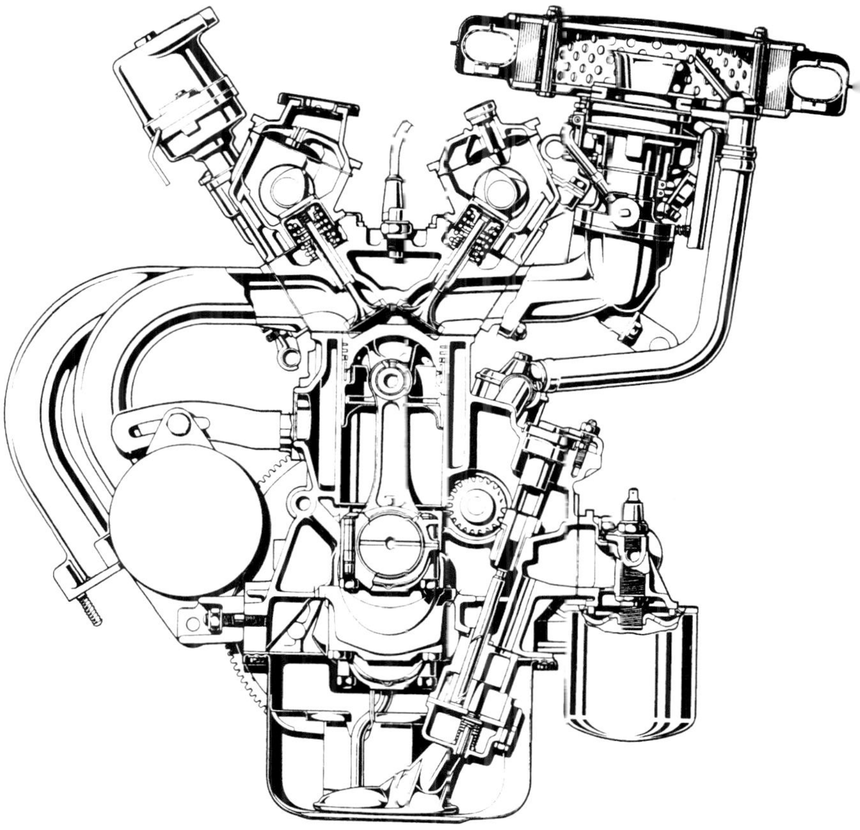

Eine elektrische Benzinpumpe beliefert die zwei 44er Weber-Doppelvergaser. Sie beatmen den 1756-ccm-Motor, der überdies einen Fächerkrümmer erhalten hat.

Up, up and away:
Der spartanische Abarth Rally war keineswegs zum gemütlichen Promenieren gedacht – und war darum ab Werk beispielsweise nie mit einem Radio ausgerüstet!

Immerhin: 128 PS bei 6200 Umdrehungen wuchtete bereits die Straßenversion auf die fünffach gelagerte Kurbelwelle, und es war absehbar, daß die Wettbewerbsversionen locker auf mindestens 165 PS kommen würden. Mehr als 190 km/h erreichten die Testfahrzeuge in der zivilen Ausführung, binnen knapp neun Sekunden war die 100-km/h-Marke überschritten. Als Durchschnitts-Testverbrauch wurden vergleichsweise moderate 13 Liter/100 km gemessen. Basis für dieses wahrlich potente Triebwerk mit einer Literleistung von 72,9 PS/Liter waren stets speziell ausgewählte Motoren der 132er-Baureihe (132 AB 1A 0 und 132 AC 1 000), deren Leistung nach oben hin streute.

Das synchronisierte Fünfgang-Getriebe stammte aus dem gut bestückten Fiat-Baukasten. Ein enger abgestuftes Getriebe war nur den Rennausführungen zugedacht. Homologiert werden sollte schließlich das 3,667-2,10-1,361-1,00-0,881-Getriebe (Rückwärtsgang 3,526 : 1), während als Extra eine 2,724-1,857-1,351-1,00-0,84-Schaltbox (Rückwärtsgang 2,806 : 1) zu haben war. Außerdem wurde zusätzlich zur serienmäßigen 4,3 : 1-Achsantriebs-Übersetzung ein auf 5,375 : 1 verkürztes Antriebs-Differential homologiert. Testfahrer bemängelten aber, daß zwischen dem dritten und vierten Gang ein Drehzahlloch klaffte und der vierte zu eng am fünften Gang lag. Optimalen Durchzug durfte man erst ab 5200 Umdrehungen erwarten: höhertouriges Fahren war also durchaus angesagt. Maximal 7000 Umdrehungen waren drin (was einer Geschwindigkeit von etwa 190 km/h entsprach), der rote Bereich begann bei 6400 Touren.

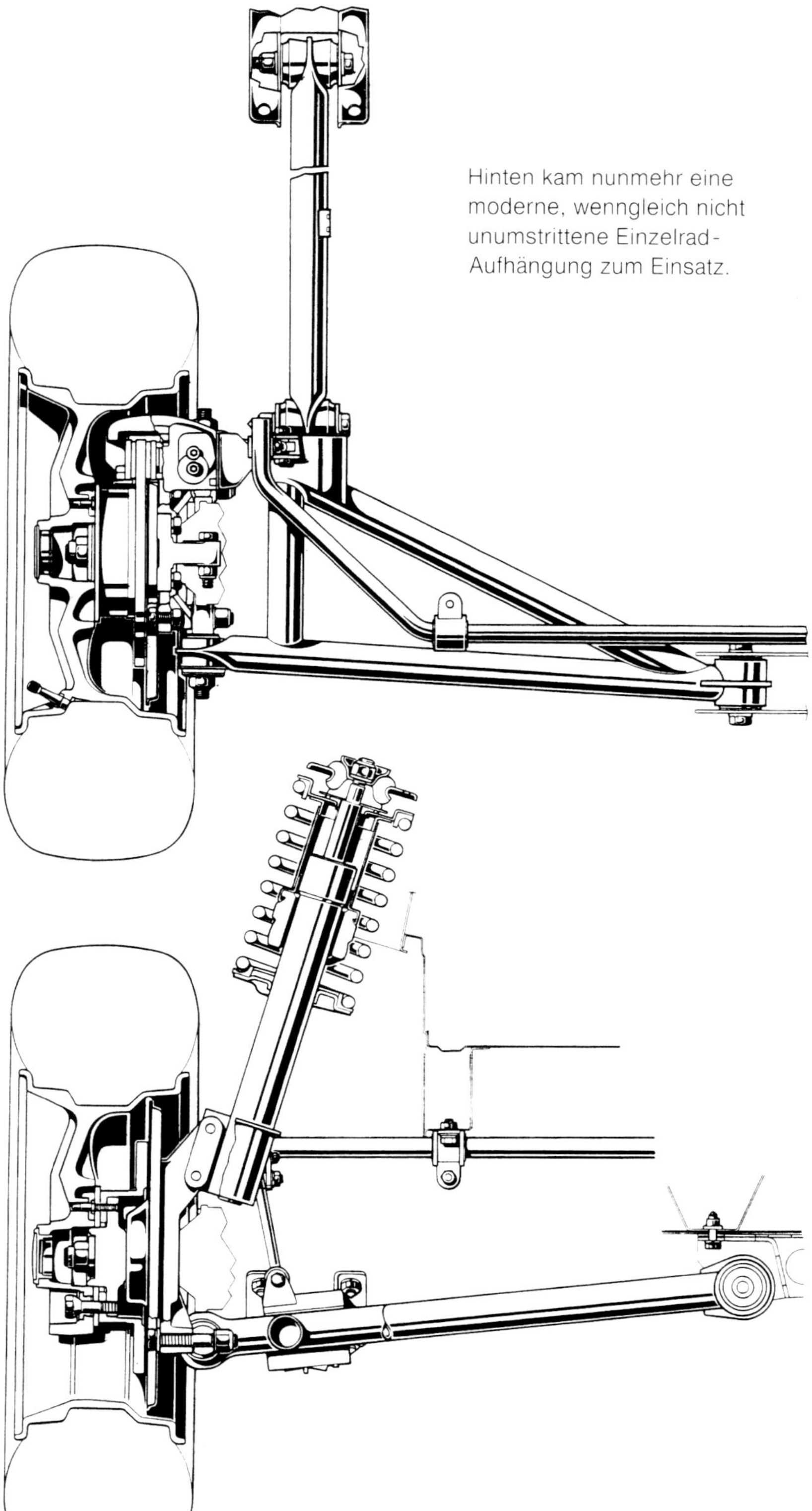

Hinten kam nunmehr eine moderne, wenngleich nicht unumstrittene Einzelrad-Aufhängung zum Einsatz.

Die zweite Evolutions-Ebene betraf das Fahrwerk, das deutlich höheren Anforderungen zu entsprechen hatte. Die bekannte hintere Spider-Starrachse mußte weichen. Stattdessen gab's hier die vom Fiat 130, aber auch von solchen Flitzern wie vom Lotus Elite her bekannte Einzelrad-Aufhängung: Zwei robuste Querlenker und McPherson-Federbeine (Schraubenfedern und verlängerte, härtere Stoßdämpfer in vergrößerten Domen) mit langen Reaktions-Schubstreben (an der Querachse verschweißt und hinten in der Mitte des Wagenbodens angelenkt), dazu ein Querstabilisator. Unumstritten war die Einzelrad-Aufhängung freilich nicht, auch wenn sie die ungefederten Massen verringerte und das Differential höherbrachte: Alte Rallye-Hasen hielten stets eine solide, schwere Starrachse für geländetauglicher. Die seitlichen Antriebswellen des CSA entsprachen übrigens denen des Porsche 911.

Tief und breit wirkte der Wagen nicht nur – er war es auch: Die Spurweite war vorn um 7 Zentimeter, hinten um knapp 10 Zentimeter gewachsen. Das Differential, dessen Tellerrad aus verschiedenen Fächern des Fiat-Baukastens stammt (2300 Coupé mit 10/39, 1800 Limousine bis 1968 mit 10/43, 241-Lieferwagen mit extrem kurzer Übersetzung, ideal für Bergrennen), wurde nunmehr an drei Befestigungspunkten an der Karosserie gehalten. Aus dem Baukasten bediente man sich auch für die hinteren Radlager: Sie verrichteten ansonsten vorn im Lancia Beta ihren Dienst. Die Bendix-Scheibenbremsen waren dagegen unwesentlich überarbeitet worden. Verbessert wurde überdies die vordere Querlenker-Konstruktion – dank zusätzlicher Schubstreben zum unteren Trapez-Querlenker und eines Querstabilisators. Die hintere Einzelrad-Aufhängung sowie das CSA-Differential wurden übrigens auch als Abarth-Kit auf dem freien Markt angeboten – einige davon fanden sich in den siegreichen SEAT 1430-Wettbewerbs-Limousinen wieder.

Und schließlich wurde die bekannte Spider-Karosserie in Sachen Leichtbau und Steifigkeit optimiert. Zum einen ging es um konsequenten Leichtbau: Gelochte Heckabschlußblende innen, mattschwarz lackierte, von Zusatz-Verschlüssen gehaltene Motor- und Kofferraumhaube aus Fiberglas, Gummihörner anstelle von Stoßstangen, Türaußenhäute, Schwellerverkleidungen und Kotflügelecken hinten aus Aluminium, extrem leichter Innenspiegel, dazu spartanische Gewichtseinsparungen im Innenraum (keine Rückbank, keine Sonnenblenden, keine Mittel- und Radiokonsole, kein Handschuhfachdeckel, Aluminium-Armaturenbrett, abgespeckte Tür-Innenverkleidungen, gelochte Türscharniere aus anderem Material, leichtere Teppiche, keine Ausstellfenster, vereinfachter Fenster-Hebemechanismus). Der Haltegriff auf der Fahrerseite stammt übrigens aus dem Fiat 500, die hintere Nummernschild-Beleuchtung vom Fiat X1/9. Dazu gab's einen Tank-Schnellverschluß (wie beim Fiat 850 Spider) mit kurzer, direkter Zuleitung zum Tankbehälter, Leder-Sportlenkrad Abarth Typ Lusso sowie serienmäßig ganz normale 124 Spider- bzw. 128-Coupé-Sitze. Die meisten Käufer orderten jedoch die optional erhältlichen Cordsamt-bezogenen Fusina-Schalensitze mit Vierpunkt-Gurten. Die Veglia-Borletti-Instrumentierung blieb die dagegen die gleiche wie im Spider.

Zu drei Vierteln kompensiert wurden die rund 100 Kilogramm Gewichtsersparnis allerdings, neben dem Mehrgewicht durch die aufwendige hintere Einzelrad-Aufhängung, durch das mittels vierer Klemmen und vierer Schrauben befestigte Hardtop und den Überrollbügel. Das Fiberglas-Hardtop – ohne Regenrinne, aber mit Perspex-Heckscheibe – fiel leichter als das Dach für den Serien-Spider aus und war mit speziellem geteertem Leinenstoff aus Indien bezogen. Es ließ sich nach Lösen der vier Klemmverschlüsse und der hinteren Schrauben problemlos abnehmen, war also keineswegs untrennbar mit der Karosserie verbunden. Manche CSA-Eigner nutzen sommers ein Klappverdeck, das mit drei Schrauben an der Rückwand und zwei weiteren hinter den Türen fixiert ist – die Hauptverschraubpunkte sind identisch mit den Befestigungen des Hardtops.

Im März 1972 war der Prototyp während des Genfer Automobilsalons auf dem Pininfarina-Stand als Fiat 124 *Sport Rally* ausgestellt: Ein rotschwarzer Spider mit Hardtop, schon auf den ersten Blick breiter, tiefer und schneller als der Serien-Spider. Vermutlich saß hier noch ein 1,6-Liter-Motor unter der Haube ... Auf dem Turiner Salon im November 1972 stand der Rally dann dekorativ inmitten vierer Monoposti auf dem Abarth-Arreal. „Halbstark" höhnte ein deutsches Revolverblatt – aber ein Auto wie der Abarth Rally mußte eben so breitbeinig daherkommen. Hinten und vorn waren Kunststoff-Kotflügelverbreiterungen angebracht worden, um die breiten Schlappen, Pirelli-CN36-Niederquerschnitts-Gürtelreifen (185/70 VR 13), mit den 5 1/2 Zoll-Magnesium-Felgen von Cromodora (CD 30) unterzubringen. Anders als die Serienversion,

So nüchtern war der Innenraum ausgestattet – man beachte den winzigen Tür-Haltegriff! Die Schalensitze waren nur gegen Aufpreis zu erhalten.

Aluminium-Armaturenbrett mit Veglia-Borletti-Instrumentierung – der Drehzahlmesser reicht übrigens nur bis 8000 Touren. Der Handschuhfachdeckel wurde eingespart.

Unter den Kotflügelverbreiterungen kauern breite Pirellis auf $5^1/_2$-Zoll-CD30-Felgen.

die in Turin bereits unter der richtigen Typenbezeichnung *Fiat Abarth 124 Rally* (CSA) gezeigt wurde, fehlten beim Prototyp das seitliche Abarth-Logo nebst der Typenbezeichnung sowie die vorderen Lüftungsschlitze unter den Blinkern. Dafür hatten seine Schalensessel rotbezogene Sitzflächen.

Lackiert wurden die Autos mit den auffällig mattschwarzen Flächen in der Grundfarbe nur in Weiß (Code 212), Rot (152) und Hellblau (480). Die allermeisten CSA gingen weißlackiert an die Kundschaft, gefolgt von der rot-schwarzen Version. Von der hellblauen Ausführung sollen nur 60 Einheiten ausgeliefert worden sein. Die Farben veränderten sich später, beispielsweise fiel das Rot heller und leuchtender aus. Schrillere Kombinationen wie Mattrot-Giftgelbgrün blieben den Rennausführungen vorbehalten. Genau wie jene Wettbewerbsautos, die in der Gruppe 3 oder 4 starten wollten, war der CSA in der zivilen Stradale-Version gleichermaßen ein Kompromiß. Denn dafür mußten erst einmal Käufer gefunden werden. Also mußte trotz des eigentlichen Zwecks, nämlich der Homologation für den Rennsport, ein gewisses Maß an Komfort beibehalten bleiben. Wobei die Weiterverarbeitung des zivilen CSA zur werkshochgerüsteten Rennausführung (*Vettura uffiziale*) natürlich noch einiges mehr an Aufwand erforderte.

Der CSA wurde auf einem Extraband direkt bei Fiat montiert, wobei Abarth die Hinterrad-Aufhängung und die mäßig getunten Motoren beisteuerte und Pininfarina die Karossen zulieferte, die teilweise erleichtert und teilweise verstärkt wurden. Sicher ist sicher: Sämtliche hoch beanspruchten Punktschweißungen wurden nachgeschweißt. Zumindest anfangs testeten Abarth-Spezialisten im Anschluß die fertigen Wagen und besorgten das Finish. Die vielzitierten Corsa-Ausführungen hat es so nie gegeben; hier handelte es sich immer um „zivile" CSA, die – unter Verwendung von Abarth-Tuningteilen – hochgerüstet werden konnten. Lediglich die 50 bis 70 Automobile, die während der drei offiziellen Renn-Jahre von der Fiat-Sportabteilung weltweit eingesetzt wurden, sind nochmals im Abarth-Werk in der Corso Marche 71 überarbeitet worden.

Das Angebot an homologierten Teilen, die den Aufbau von Wettbewerbsversionen ermöglichten, ließ kaum Wünsche offen. Hier ein kurzer Einblick in das Abarth-Lieferprogramm: Vordere Streben für die Umrüstung der Überroll-Bügel zu -Käfigen, verstärktes Fahrwerk, mit besseren Schubstreben, stärkeren Federn für die Dämpfer, rollengelagerte Stoßdämpfer-Aufnahme, Corte & Cosso-Dämpfer, 7x13-Alufelgen (bei Cromodora zu bestellen), 68-Liter-Tank, Tank-Unterbodenschutz, geradeverzahntes Renngetriebe (über Colotti zu beziehen), bessere Antriebswellen und Sperrdifferential (optional auch für den Serien-CSA zu haben), noch größere Kotflügelverbreiterungen, größere Ölwanne aus Aluminium und Ölwannenschutz, Vier-in-eins-Krümmer und Rennauspuff, wirksamere Halterungen und Verstärkungen für Getriebeaufhängung und Kardanwelle, regulierbare Bremspumpe, kombinierter Wasser-Öl-Kühler, mechanischer Kühlerlüfter, offene Luftfilter und abgespecktes Schwungrad. Und so weiter und so fort. Von Leistungssteigerungen mittels schärferer Nockenwellen, geschmiedeten Kolben, Titan-Pleueln, natriumgekühlten Ventilen und größerer 48er-Weber-Vergaser (ab 1974, aber nicht von Abarth, sondern direkt über Weber zu beziehen) mal ganz zu schweigen ...

Die ersten 128-PS-Wagen liefen ab September 1972 vom Stapel. Im November 1972 wurden die Homologationsanträge an die FIA eingereicht, die besagten, daß von September bis November 1972 exakt 500 CSA-Exemplare hergestellt worden seien. Tatsächlich fertiggeworden sind höchstens ein Dutzend Wagen, die übrigens sämtlichst in den Rallye-Werkseinsatz gingen. Doch genau so tricksten auch alle anderen Hersteller, und so kniffen die FIA-Kommissare sämtliche Augen zu und erteilten zum 1. Januar 1973 die Homologation für die Gruppe 4 (Gran Turismo Speciale = Spezial-GT). Gruppe-4-Wagen durften nahezu alle möglichen Leistungssteigerungen und Karosserieveränderungen aufweisen - sie konnten ohne weiteres 50 bis 75 Prozent mehr Leistung erreichen als die Basisversion. „Innerhalb von zwölf Monaten", also bis September 1973, waren schließlich – so die offizielle Lesart – die erforderlichen 1000 Stück produziert, die den Gruppe-3-Homologationsregeln entsprachen: Das entsprechende FIA-Papier wurde zum 1. Januar 1974 erteilt. Recherchen des Abarth-124-Registers R.A.R.E. lassen aufgrund verschiedener Detail-Unterschiede nur den Schluß zu, daß insgesamt drei leicht voneinander differierende CSA-Serien gefertigt und ausgeliefert wurden.

Nach nur drei Jahren endete die 124-Abarth-Produktion, weil Fiat das Interesse an diesem Auto verloren hatte und mit dem Modell 131 bereits einen neuen Hoffnungsträger im Visier hatte. Von 1972 bis 1975 sollen genau 1013 Abarth-124er entstanden sein (was sich zeitlich mit den Homologations-Angaben beißt, die von nur einem Jahr Produktionsdauer sprechen). Es ist jedoch nicht auszuschließen, daß alle CSA bis zum November 1973 fertig wurden und erst später ausgeliefert und zugelassen wurden. Recherchen des Registro Italiano Abarth lassen sogar vermuten, daß höchstens 950 CSA fertiggeworden worden sind. Offiziell sind jedoch 995 CSA dokumentiert, ergänzt von 17 Gruppe-4-Fahrzeugen. Angeblich nach 1975 fertiggestellte Abarth Rally wurden ganz sicher erst lange nach dem eigentlichen Produktionsende zugelassen. Echte Fälschungen sind derzeit eher unwahrscheinlich, da der Umbau eines BS1 oder CS1 immense Kosten nach sich zieht, die über dem heutigen Liebhaberwert des CSA liegen dürften.

Der 124 Rally hält, was Signet und Name versprechen: Sportlichkeit pur, Individualität und schiere Kraft kennzeichnen den Homologations-Spider.

Abb. links:
Eine elektrische Benzinpumpe beliefert die zwei 44er Weber-Doppelvergaser. Sie beatmen den 1756-ccm-Motor, der überdies einen Fächerkrümmer erhalten hat.

Von 1971 bis 1974 setzte die holländische Autobahnpolizei Driebergen Temposündern mit dem schnellen Abarth Rally nach.

Beim Prototyp fehlten die drei vorderen Lufteinlässe unter den Blinkern und dem Grill. Ebenfalls noch nicht angebracht war die Fiat Abarth-Kennzeichnung unter dem Spiegel.

Vertrieben wurden die CSA zuerst nur in Italien, wo damals rund 17.000 Mark anzulegen waren – rund ein Drittel mehr als für den 11.600 Mark teuren CS1. Rund 400 Exemplare blieben in Nordost-Italien (Venetien, Südtirol, Trentin und Friaul). Das ganz große Geschäft waren sie allerdings für Fiat nie, auch wenn dafür zumindest in italienischen Zeitschriften kräftig die Werbetrommel gerührt wurde. Mit anheizenden Sprüchen wie „Con una macchina come questa, chi vuole può ‚correre'" (etwa: Jeder, der es will, kann mit so einem Auto schnell wie ein Rennfahrer unterwegs sein) oder „Su richiesta la Abarth metterà a disposizione della Clientela un allestimento speciale per l'impiego agonistico" (etwa: Optional kann die Firma Abarth alle nur denkbaren Tuningteile für Wettbewerbszwecke zur Verfügung stellen) appellierten die Fiat-Werbestrategen an das Kind im Manne.

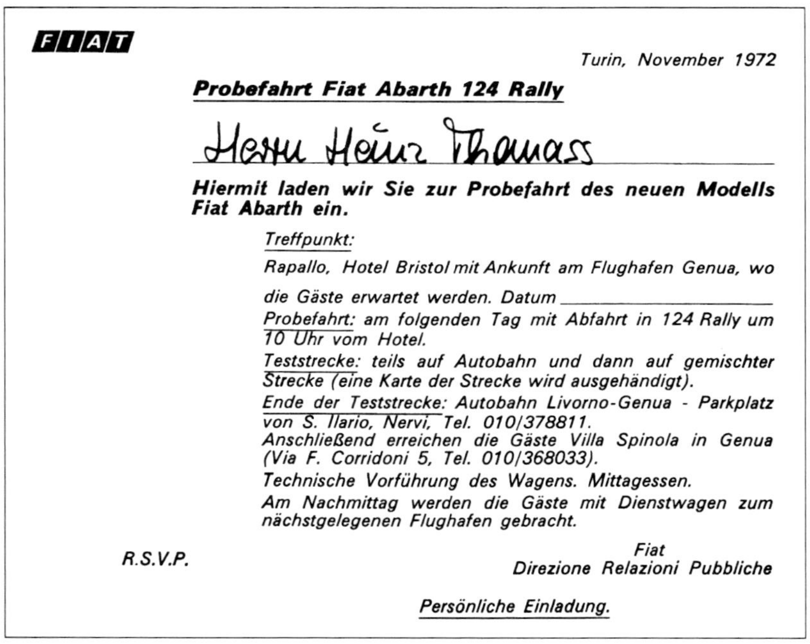

FIAT

Turin, November 1972

Probefahrt Fiat Abarth 124 Rally

Herrn Heinz Thomass

Hiermit laden wir Sie zur Probefahrt des neuen Modells Fiat Abarth ein.

Treffpunkt:
Rapallo, Hotel Bristol mit Ankunft am Flughafen Genua, wo die Gäste erwartet werden. Datum ____________
Probefahrt: am folgenden Tag mit Abfahrt in 124 Rally um 10 Uhr vom Hotel.
Teststrecke: teils auf Autobahn und dann auf gemischter Strecke (eine Karte der Strecke wird ausgehändigt).
Ende der Teststrecke: Autobahn Livorno-Genua - Parkplatz von S. Ilario, Nervi, Tel. 010/378811.
Anschließend erreichen die Gäste Villa Spinola in Genua (Via F. Corridoni 5, Tel. 010/368033).
Technische Vorführung des Wagens. Mittagessen.
Am Nachmittag werden die Gäste mit Dienstwagen zum nächstgelegenen Flughafen gebracht.

R.S.V.P.

Fiat
Direzione Relazioni Pubbliche

Persönliche Einladung.

Einem ausgewählten Kreis von Journalisten präsentiert wurde das neue Modell im November 1972 in und um Rapallo.

In Deutschland standen die zivilen Abarth-Spider ab 13. September 1973 mit 19.950 Mark, danach mit 20.950 Mark in der Preisliste und war damit rund sechs große Scheine teurer als der Normal-Spider. Ab 1974 veräußerte bei uns der Heilbronner Fiat-Importeur exakt 18 Zivil-Exemplare. Immerhin war im Jahr zuvor eine 24seitige Bedienungsanleitung in deutscher Sprache gedruckt worden – was vermuten läßt, daß man sich viel mehr Absatz bei den Teutonen erwünscht hatte! Der offizielle Verkauf endete jedenfalls am 29. Juli 1974. Weitere Exportländer waren die Schweiz sowie die Benelux-Staaten. Drei der schnellen 128-PS-Geschosse (vermutlich Fahrgestellnummern 69744 bis 69746) dienten der holländischen Autobahn-Polizei Driebergen bei der Jagd auf Temposünder als fahrbare Untersätze. Über ihren Verbleib ist nichts bekannt.

Niemals wurden CSA nach Großbritannien exportiert, auch rechtsgelenkte Abarth Spider gab es also niemals ab Werk. Und ebenfalls nie ging der CSA offiziell nach den USA, weil ansonsten dort entsprechende staatlich überwachte Crashtests und Abgas-Untersuchungsreihen der *Environmental Protection Association* (EPA) hätten durchgeführt werden müssen. Bei der avisierten Stückzahl von 50 bzw. 100 Exemplaren lohnte dies nicht. Dennoch gelangten mindestens zwei CSA in die neue Welt: Einen hatte ein US-G.I. aus Vicenza nach Kalifornien überführt, den anderen fuhr ein New Yorker Polizist. Drei Abarth-Spider (bekannt sind nur: Chassis 63037 und 69742) liefen zwischenzeitlich in Nigeria, mindestens einer davon steht heute wieder in Europa.

Heute gilt der CSA als gesuchtes Liebhaberstück, von denen sich die meisten – nämlich allerhöchstens 250 – in Italien befinden. Dann folgt schon Deutsch-

Rotbezogene Sitzflächen dominierten das Innenleben des Prototyps. ►

land mit mindestens 75 CSA (die meisten davon ab 1983/84 aus Italien importiert), während anderswo weit weniger existieren: Beispielsweise der Fiat Twin Cam Club in Großbritannien vermeldet ganze sieben Zivil-CSA auf der Insel!

Seit Januar 1996 rückt Fiat den Namen Abarth, der nach dem Modell 131 und dem Ritmo nicht mehr als Zusatzbezeichnung für eine Sportversion verwendet worden war, wieder stärker ins Blickfeld. Allerdings vermarkten die Turiner damit nunmehr keine kompletten Automobile, sondern lediglich eine Produktlinie sportlichen Zubehörs von Felgen, Spoilern und Schwellern bis hin zu Lenkrädern, Schaltknauf und Auspuff. Auch dies gab es bereits – auf eine Abarth-Barchetta müssen die Fans wohl noch warten. Immerhin gibt's mittlerweile Umrüst-Kits für den Cinquecento-Rallye-Cup. In Italien wurde sogar ein Komplettfahrzeug *Cinquecento Abarth* vorgestellt.

Probegalopp mit dem 124 Rally

Der erste Eindruck trügt. Ein ganz normaler Spider scheint da vor uns zu stehen, wenn man von seinem aggressiv zurechtgemachten, sehr auffälligen Outfit absieht. Lediglich das übergestülpte Hardtop findet sich bei den gewohnten Oben-ohne-Gefährten nur äußerst selten. Ein Blick in den Kofferraum mit der auffällig gelochten Rückwand – trotz der Einzelrad-Aufhängung ist hier fast genauso viel Platz wie im „normalen" Spider. Das Einsteigen geschieht unspektakulär und ohne Verrenkungen; man rutscht keineswegs in die keineswegs zu harten Schalensessel, sondern setzt sich sehr zivil hinein. Dann fällt die aluminiumsverkleidete Tür ins Schloß, mit einem hohlen Klang: Das ist Leichtbau, der selbst auf die Geräuschdämmung verzichtet.

Erste Überraschung: Selbst ein 1,90-Meter-Teutone hat genügend Platz unterm Dach, auch wenn er die Kopfstütze überragt. Hinten befindet sich eine kleine Gepäckablage, darüber – unmittelbar unterm Dach – breitet sich der massive Überrollbügel aus. Das lederbezogene, kleine Dreispeichen-Lenkrad von *Momo* mit 35 Zentimetern Durchmesser kommt uns bekannt vor: Es saß auch im ersten A 112 und im 131 Abarth und liegt prächtig in der Hand. Tacho und Drehzahlmesser sind direkt im Blickfeld plaziert. Dazwischen und drumherum gruppieren sich vier weitere Rundinstrumente, die Auskunft über Wassertemperatur, Öldruck, Tankinhalt und Tageszeit geben (aber vom Lenkrad zumindest teilweise verdeckt werden). In unserem Fahrzeug, einem 1975er CSA, sitzt allerdings anstelle der Uhr ein Ölthermometer aus dem Fiat Dino im Aluminium-Cockpit.

Eine Schlüsseldrehung, und der Motor erwacht dumpf grollend zum Leben. Das Schlürfen der zwei

Einsatz der holländischen Autobahnpolizei Driebergen mit dem Abarth Rally.

Doppelvergaser ist deutlich zu hören: Unter der Haube tummeln sich jede Menge Pferdchen, die sich nach den Sporen sehnen. Der keineswegs extrem kurze Mittelschalthebel läßt sich willig in die erste Gangstufe der vollsynchronisierten Fünfgang-H-Schaltung (Rückwärtsgang rechts hinten, mit leichtem Druck auf den Schalthebel) schieben, dann kann man die Kupplung kommen lassen. Übermäßig viel Fußkraft ist dafür nicht erforderlich. Die Pedale sind übrigens keineswegs gelocht wie bei den in Rennen eingesetzten Autos. Doch wer bei längerer Fahrt eine Abstellmöglichkeit für den Kupplungsfuß sucht, muß sich mit dem Radhaus begnügen. Dank kurzer Schaltwege fliegen die nächsten Gänge förmlich hinein, die Geschwindigkeitsbereiche zwischendurch sind sehr klein. Schon bei Drehzahlen oberhalb von 2000 U/min geht's flott zur Sache, auch wenn der Motor etwas rauh klingt. Endlich, nach zehn, zwölf Kilometern Fahrt, hat die Öltemperatur die erforderlichen 60 bis 70 Grad erreicht – nun darf Gas gegeben werden!

Und siehe da – bei deutlich über 4000 Umdrehungen beginnt der Motor ein wahres Leistungs-Inferno loszutreten, entwickelt einen kernigen Sound und einen ebenso beeindruckenden Vorwärtsschub. Auf den Geraden kann man ihn schon mal bis fast 7000 Touren drehen lassen, auf der Autobahn erreicht der Renner fast das Ende der erstaunlich exakten Tacho-Anzeige; 190 km/h werden es sein. Allerdings sollte das Lenkrad stets gut im Griff behalten werden, kleinere Korrekturen sind wegen des nervösen Laufes unumgänglich. Kurven umrundet der Wagen trotz seiner breiten Schlappen erstaunlich gutmütig und fahrstabil, in engen Kehren muß dagegen kräftig korrigiert werden. Die Schalensessel bieten dabei einen guten Seitenhalt. Die Scheiben-Bremsen enttäuschen, schon nach einigen scharfen Bergab-Passagen verspüren wir ein deutliches Fading (weshalb einige bayerische CSA-Fans derzeit den Einsatz der ersten Uno-Turbo-Bremsen testen). Tückisch reagiert der CSA vor allem bei unebener oder gar schlecht befestigter Straße – dann springt und tänzelt er, versetzt er nach der Seite. Das kurveninnere Hinterrad dreht – sofern die optional

Augen zu und durch: Ein schneller Ritt im CSA entschädigt für alles Ungemach der schnöden Welt.

Das Hardtop war niemals fest verschweißt! Problemlos läßt sich der CSA zum sommerlichen Spaßmobil umrüsten.

Deutlich wird hier die breite Spur des bärenstarken Sportmodells. Ein Sperrdifferential gab's nur gegen Aufpreis.

Der CSA war das einzige 124er Modell ohne Stoßfänger. Die geschwärzte Motorhaube wurde später von vielen Spider-Besitzern imitiert.

Das dreispeichige Abarth-Lenkrad liegt bestens in der Hand. Der motorsportbegeisterte Besitzer dieses Autos rüstete ein Ölthermometer nach.

erhältliche Differentialsperre fehlt – schon mal durch. Glücklicherweise ist die Lenkung so exakt ausgelegt, daß sich der Abarth-Spider relativ problemlos bändigen läßt, wenn man einigermaßen Traute hat.

Sehr hart gefedert ist er, fällt nach einigen Probe-Kilometern auf. Nicht verbergen lassen sich die Verwindungsversuche der Karosserie, das bei niedriger Geschwindigkeit genau identifizierbare Klappern und Rumpeln. Bei höherem Tempo wird eh jede Konversation unmöglich; Leichtbau und Antriebsauslegung fordern eben ihren Preis! Ein Radio wäre in diesem Auto ganz sicher eine nutzlose Investition... Erstaunlicherweise hat sich die Temperaturanzeige kaum gerührt, obwohl wir streckenweise kräftig Gas gegeben haben – thermische Probleme scheinen also eher die Ausnahme zu sein. Wobei der Wagen sich auch durchaus gemütlich fahren läßt, leise grollend, aber bei niedrigen Drehzahlen wenig Elastizität bietet: Im fünften Gang in der Stadt zu fahren ist zwar möglich, macht aber keinerlei Spaß. Von einem kompromißlosen Renner zu sprechen wäre maßlos übertrieben; als faszinierender Zwitter für Sport und Spaß ist der CSA schon wegen seines hohen Auffälligkeitswertes wahrlich ideal. Zu viel Kraftstoff hat er sich übrigens keineswegs genehmigt: Mit zwölf Litern Superplus bleifrei pro 100 Kilometer waren wir dabei!

Im September 1972 wurden die Homologationsanträge eingereicht; zum 1. Januar 1974 bestätigte die FIA die 1000er Auflage.

Omologazione F.I.A. N°. 3059

Gruppo 3
Vettura GRAN TURISMO DI SERIE

AUTOMOBILE CLUB D'ITALIA
COMMISSIONE SPORTIVA AUTOMOBILISTICA ITALIANA
FEDERATION INTERNATIONALE DE L'AUTOMOBILE

Scheda di Omologazione
secondo l'allegato J al Codice Sportivo Internazionale

Casa costruttrice FIAT — Modello Abarth 124 Rally
N° di serie: autotelaio 124CSA — Costruttore FIAT
motore 132AC.4 — Costruttore FIAT
Cilindrata motore 1756 cm³ 107.158 cu.in
La costruzione del modello descritto nella presente scheda è iniziata a settembre 1972 e la serie minima di 1000 esemplari identici e conformi alle caratteristiche qui riportate, è stata raggiunta a fine agosto 1973
Omologazione valida dal 1/1 1974 Lista 74/1
La scheda si compone di 37 pagine

• Foto A

Il modello descritto su questa scheda è stato oggetto delle seguenti estensioni d'omologazione:

VARIANTI

Data	Omolog. N°	Lista
1/1/74	1/1V	74/1
1/1/74	2/2V	74/1
1/1/74	3/3V	74/1
1/1/74	4/4V	74/1
1/3/74	5/5V	74/1
1/4/74	6/6V	74/4
1/7/74	8/7V	74/7
1/7/74	9/8V	74/7
1/10/74	10/9V	74/10
1/1/75	11/10V	75/1
1/1/75	12/11V	75/7

EVOLUZIONI NORMALI DEL TIPO

Data	Omolog. N°	Lista
1/4/74	7/1E	74/4
1/7/75	13/2E	75/7

Timbro e firma della C.S.A.I.
Timbro e firma della F.I.A.

La perforazione CSAI è l'unica garanzia di conformità di ogni foglio all'originale approvato dalla [illegible]
CSAI

FEDERATION INTERNATIONALE DE L'AUTOMOBILE

Stark, schnell, leicht – der Abarth Spider überzeugt mit wahrhaft sportlichen Talenten.

Sportiva da corsa

Die Vollgas-Einsätze des Fiat Spider

Trotz wenig Gegenliebe seitens Fiat setzten – zumindest in Italien – viele Privat-Rallyefahrer von Anfang an auf die preisgünstige, robuste Limousine 124 N und später auf den 124 Special T und den 125 Special, mit denen sie in der Gruppe 1 (Serien-Tourenwagen, binnen zwölf Monaten mindestens 5000mal gebaut und für vier Personen zugelassen) rannten. Für Spider-Piloten blieb die seriennahe Gruppe 3 (Serien-GTs), die eine Jahresproduktion von mindestens 1000 Fahrzeugen voraussetzte. Die inzwischen verjüngte Führungsriege bei Fiat sah diese Entwicklung mit gemischten Gefühlen – vor allem, wenn die Porsches, Renault Gordinis und neuerdings auch die bärenstarken Alpine-Kunststoff-Flundern den Turiner Wagen bei jeder sich bietenden Gelegenheit ihre Überlegenheit demonstrierten. Überdies hatte Fiat nach 1969 mit den werksunterstützten Lancia Fulvias selbst ein heißes Eisen im Feuer. Dennoch: 1968 hatte das Spider-Team Berselli/Brizi bei der Rallye Villa d'Este im Rahmen der italienischen Meisterschaft gesiegt – mit einem auf 110 PS hochgepushten AS-Spider.

Das wirkte überzeugend, und so half Fiat ab 1969 einigen erfolgversprechenden Privatteams mit Knowhow, Spezialzubehör und Tuningteilen. Dank polierter Ein- und Auslaßkanäle, überarbeiteter Brennräume und Hochleistungs-Zündanlagen brachten die Wagen so bis zu einem Viertel mehr Leistung als die Serienausführungen. Allerdings wurden diese Fahrzeuge erbarmungslos zerschlissen und überlebten kaum eine Saison: Siegeschancen hatten sie angesichts ihrer Minderleistung nur bei solch brutaler Fahrweise. Die vielen Service-Wagen, die im Gefolge der Wettbewerbs-Fiats auftraten, wurden in zeitgenössischen Sportberichten immer wieder spöttischen Untertons erwähnt.

1970 wurde schließlich ein inoffizielles „Werksteam" ins Leben gerufen, beschwichtigend „Rennfahrer-Kunden-Team" *(Gruppo clienti-piloti)* genannt. Doch jedem aufmerksamen Beobachter mußte auffallen, daß schon bei der Rallye Monte Carlo jenes Jahres die vermeintlichen vier Privat-Spider mit durchnumerierten Turiner Nummernschildern starteten. Auch die vier teilnehmenden 125-Limousinen, gefahren von Ceccato, Bisulli, Smania und Sonda, kamen mit fortlaufend numerierten Kennzeichen daher. Die Piloten waren sämtlichst alte Haudegen aus dem Fiat-Umfeld, die in den folgenden Jahren immer wieder in Erscheinung treten sollten. Als einziger Ausländer mischte im Folgejahr der damals 32jährige Schwede Hakan Lindberg mit, Test-Ingenieur beim Reifenhersteller Pirelli und nebenbei einer der besten Piloten jener Zeit. Tatsächlich setzten sich die Fiat-Renner schon 1970 an die Spitze der italienischen

Hakan Lindberg war einer der beherztesten Fiat-Piloten der Vor-CSA-Zeit. Bei der Rallye Monte Carlo 1971 wuchtete er den Hardtop-BS1 auf Platz 7.

Folgende Doppelseite:
Schlechtes Bild, aber seltenes Motiv: Links ein Serien-CSA mit nachgerüsteter Gruppe-4-Haube, daneben Aléns Siegerfahrzeug bei der TAP 1975. In der Mitte ein Volumex und hinten ein weiterer Serien-CSA

Kleines Bild rechts:
Rallye-Europameister des Jahres 1975 wurden Maurizio Verini/Francesco Rossetti. Ebenfalls in der Dauerausstellung des Centro Storico in Turin zu sehen ist der Fiat 131 Abarth, der anschließend zu Meisterehren kam.

Kleines Bild links:
Seit Oktober 1974 kam der neue Vierventilkopf zum Einsatz, hier in Aléns Siegerwagen von der TAP 1975.

VI 876043

Alitalia
FIAT ABARTH
PIRELLI
55

Im Hauptberuf war der 1939 geborene Schwede Lindberg Testingenieur bei Pirelli.

Rallye-Meisterschaft: Die 125er Limousinen dominierten die Gruppen 1 und 2 (frisierte Wagen der Gruppe 1, als Spezial-Tourenwagen bezeichnet), in den Folgejahren peu a peu ersetzt durch die 124 Special T und die 1,3-Liter-128 Sport Coupés. Die 1400er und 1600er Spider (ab Mitte 1970) waren die Favoriten der Gruppen 3 und 4 (Spezial-GTs). „Fetzendachbomber" hießen die anfangs mit Softtop startenden Spider bei den Fans; erst mit dem Einsatz des BS1 stülpten die Piloten statt der Flatterverdecks solidere Pininfarina-Hardtops über.

An den Start gehen sollten fortan erfolgreiche Profifahrer (die ersten waren Paganelli/Russo; Trombotto/Bossola; Rubbieri/Cavriani und Rattazzi/Fassat) und vermögende Privatiers wie Alcide Paganelli, für die das Werksteam *Squadra Rally* gebildet wurde. Neben der Service-Unterstützung standen die technischen Verbesserungen an den Autos im Vordergrund: Das geradeverzahnte Colotti-Renngetriebe, das Sperrdifferential, Ölkühler sowie leistungssteigernde Maßnahmen am 1,6-Liter-Motor, die dank der erhöhten Verdichtung von 10,5:1 und 44er Weber-Vergaser bis zu 155 PS bei 7000 Touren ermöglichten. Exakt jene Leistung brachten damals auch die sehr viel leichteren 1,6-Liter-Alpines auf die Hinterachse. Als maximales Drehmoment wurden 23 mkg bei 6000 U/min erreicht. Selbstverständlich war gleichzeitig kräftig abgespeckt worden: Der BS1 kam trotz Hardtop im Renntrimm noch unter die serienmäßigen 960 Kilogramm Leergewicht. In der Folgezeit wurde der Spider speziell für den Renneinsatz weiterentwickelt, immer im Rahmen der Gruppe-4-Bedingungen.

Schon beim ersten offiziellen Einsatz, der RAC Rallye 1970, belegte ein BS1 hinter der Lancia Fulvia Harry Kallströms den zweiten Platz. Und Alcide Paganelli/Domenico Russo, Zweite der 1971er Österreichischen Alpenfahrt, wurden mit ihm Italienische Meister. Ja, 1971 setzte sich der positive Trend fort: Luciano Trombotto/Maurizio Enrico wurden Zweite in der Italienischen Meisterschaft. Lindberg/Andreasson kamen bei der Rallye Monte Carlo immerhin auf den siebten Platz, nachdem sie die vielbeachtete Bestzeit bei der gefürchteten Burzet-Prüfung markiert hatten: „In einem halsbrecherischen Duell wurde Alpine-Pilot Andruet vom schwedischen Draufgänger überholt ... es soll das erste Mal gewesen sein, daß sich Andruet solches gefallen lassen mußte!", berichtet Monte-Chronist Bernhard Brägger über den maßlos verärgerten Europa-Meister von 1970. Enorm wichtig war auch die Akropolis-Rallye, bei der Ceccato Vierter nach zwei Alpine-Renaults und einer Lancia Fulvia wurde.

Zu einem „richtigen" Werksteam bekannte sich Fiat aber erst ab 1971, nachdem die Fulvia langsam aber sicher an ihre technischen Grenzen zu geraten drohte. Außerdem sorgten zu diesem Zeitpunkt sogar Massenhersteller wie Opel (mit Kadett und Ascona) und Ford (mit dem Escort) für viel Publicity im Rallyesport. Und die mit viel Einsatz gefahrenen Fiats avancierten zu Lieblingen des Publikums, vor allem des einheimischen, das sicher über die dominierenden Alpine A 110 maßlos verärgert war. Darum gab es in Turin Ende 1971 endlich Grünes Licht für ein konkurrenzfähigeres Wettbewerbsmodell – den Fiat Abarth 124 Rally.

Bis die ersten Wagen einsetzbar waren, sollte noch fast ein ganzes Jahr vergehen. Aber im Laufe des Jahres 1972 räumten die hochgepowerten Fiat 124 Sport Spider mit dem 1,6-Liter-Motor weiter ab: Elf Siege und fünf zweite Plätze bei 21 international ausgetragenen Rallyes! Am Ende des Jahres konnten der 27jährige Raffaele „Lele" Pinto (heute PR-Manager bei Fiat) und sein 24jähriger „Co" Gino Macaluso schließlich sogar die Europäische Fahrermeisterschaft und den Mitropa-Cup für sich entscheiden. Fiat kam – nach Lancia, aber vor Porsche – auf den zweiten Rang in der internationalen Markenwertung! Dieser Bewertungsmodus fußte auf den verworrenen FIA-Richtlinien, welche die eigentlich unattraktive Marken-Europameisterschaft weiter favorisierte. Erst 1973 wurde die Marken-Weltmeisterschaft (wobei diese Läufe wiederum meist nicht als EM-Läufe zählten!) eingeführt, eine Fahrer-Weltmeisterschaft gab's erst ab 1979.

Einzelsiege wurden 1972 bei der Akropolis Rallye durch Hakan Lindberg/Helmut Eisendle (dies war gleichzeitig der erste, wenngleich umstrittene, Fiat-124-Erfolg bei einem WM-Rennen), bei der Rallye Costa Brava, der Österreichischen Alpenfahrt, der Semperit Rallye, der Polen Rallye, der Jugoslawien Rallye, der Tausend Minuten Rallye und der Hessen Rallye herausgefahren. Souveräne Sieger waren die 124er auch bei der Elba Rallye, der Vierregionen Rallye und

Noch ein 1600er, diesmal bei der Akropolis Rallye 1972.

Abbildungen folgende Doppelseite:
Bei Klassikerrallyes sind heute zunehmend die schnellen Fiats zu finden. Links ein Gruppe-4-Wagen bei der 1993er Tour de France und rechts ein ehemaliger Gruppe-3-CSA des Ceccato-Teams aus Schio bei der 1996er Auflage des Traditionsrennens. Er rannte ursprünglich in der Europameisterschaft und wurde später zum Gruppe-4-Renner (hier mit 1976er Lackierung) umgerüstet.

FIAT
FIAT ABARTH
X213

OLIOFIAT
189
BOSS
FIAT
ABARTH
Z-43339

Die Nachwuchsfahrer Pinto/Macaluso – hier bei der 1000 Minuten Rallye – wurden Europameister des Jahres 1972.

der Rallye San Marino. Und bei der Rallye San Remo belegten die Spider den dritten, vierten und fünften Platz. Fiat-Chef Giovanni Agnelli höchstpersönlich war so angetan von dieser Erfolgsserie, daß er Grünes Licht für noch mehr Engagement der Sportabteilung signalisierte. Als Teamchef wurde der damals wahrscheinlich beste Copilot der Welt, der Schwede Gunnar Häggbom, verpflichtet. Anläßlich des Gewinns der 1972er Europa-Meisterschaft durch Pinto/Macaluso gab die Turiner Presseabteilung darum ein 16seitiges Schwarzweiß-Pamphlet heraus, daß ausführlich alle Triumphe in Wort und Bild widergab. Denn es war das erste Mal, daß ein rein italienisches Team auf einem italienischen Wagen Europameister wurde.

Der CSA im Renneinsatz

Im Oktober 1972 waren die nagelneuen, anfangs 165 PS starken Abarth-Rennversionen einsatzbereit. Homologiert wurden sie freilich erst zum Jahresende. Seine Rallye-Premiere beging der CSA unter Alcide Paganelli/Domenico „Nini" Russo bei der TAP Rallye Portugal in der Prototypenklasse (Gruppe 5). Eine defekte Benzinpumpe warf sie auf den fünften Platz zurück. Gegenüber den Zivil-Ausführungen war an den auf 950 Kilo abgestrippten Rennern unendlich viel getan worden. „Getunt und verbessert" hieß es so schön in den Homologations-Bestimmungen der Gruppe 4 (500 Exemplare). Das bedeutete: Leistungssteigernde Zylinderköpfe und Motorblöcke einschließlich größerer Ventile und härterer Ventilsitzfedern waren genau so legal, wie spezielle Kurbel- und Nokkenwellen; Schmiersystem, Gemischaufbereitung und Auspuffgestaltung unterlagen nur wenigen Zwängen.

Die Verdichtung stieg mittels höherer, geschmiedeter Kolben auf bis zu 12,5 : 1, der ohnehin außerordentlich standfeste Kurbeltrieb wurde leichtgängiger; man griff zu stabilen Titanpleueln. Dem Wasserkühler gesellte sich ein Ölkühler zu, die Ölwanne wurde vergrößert und die Leistung der Ölpumpe gesteigert. Die ohnehin schon „scharfen" Nockenwellen wichen noch „schärferen", die Ansaugkanäle wurden vergrößert, hohle oder natriumgekühlte Ventile kamen zum Einsatz. Alles in allem wurden so schließlich Motorleistungen von rund 165 PS bei 7200 U/min realisiert – dies bedeutete 5,2 kg/PS Leistungsgewicht statt 7,4 kg/PS beim Serien-Abarth. Die übermächtigen 1,8-Liter-Alpine-Rivalen hatten sich allerdings just aufs gleiche Leistungsniveau „hochgemendelt".

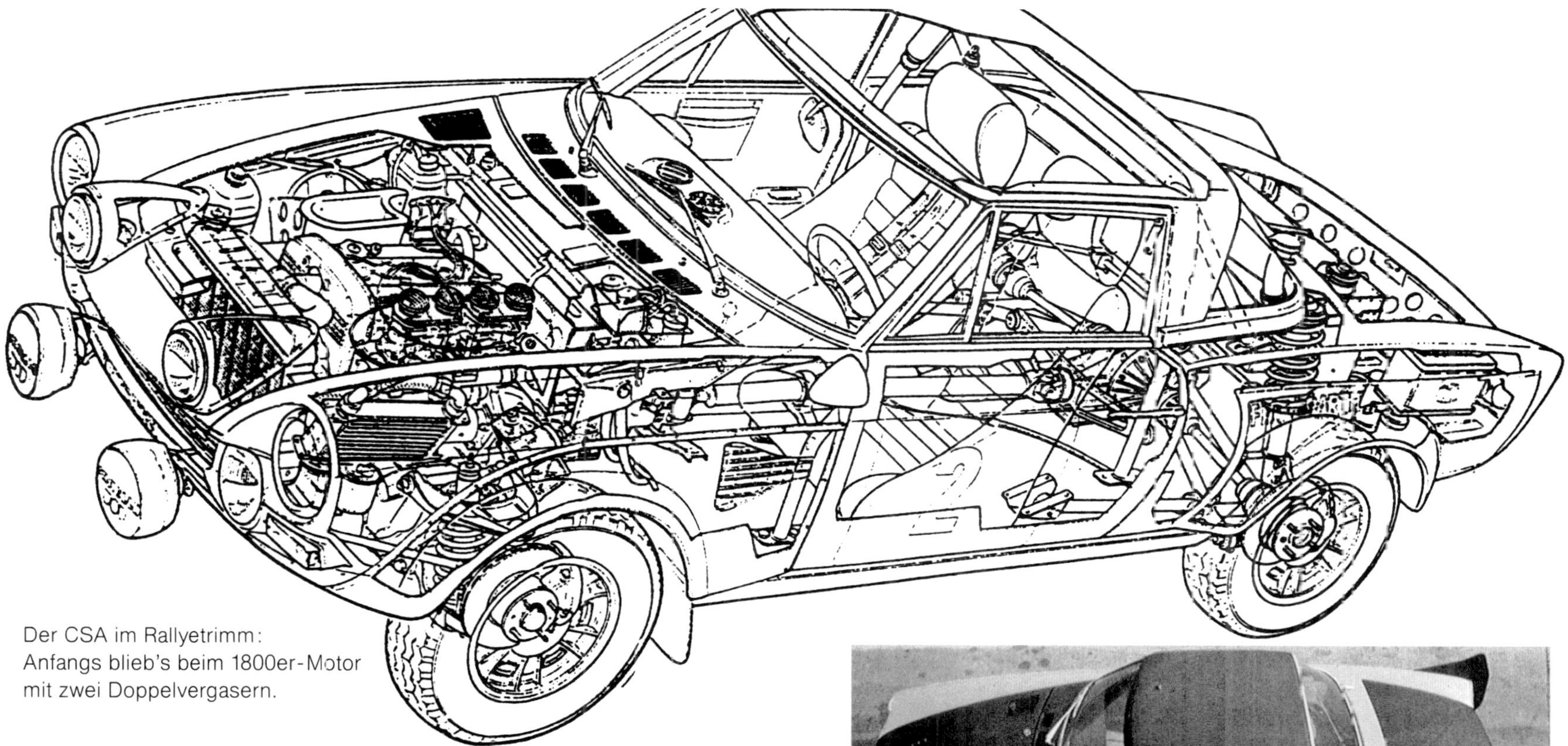

Der CSA im Rallyetrimm:
Anfangs blieb's beim 1800er-Motor
mit zwei Doppelvergasern.

Nur Fliegen ist schöner: Mit solch aerodynamischen
Hilfsmitteln präsentierte sich der Gruppe-5-Abarth mit dem
250 PS starken Zweiliter-Motor aus dem Abarth-Osella.

Schwarzes Hardtop im Winter (und weißes im Sommer):
So ging der CSA bei der 1973er Monte auf die Piste.

Ab Juli 1978 produzierte Pininfarina die Zweiliter-Modelle für den amerikanischen Markt. Zu erkennen sind sie auf den ersten Blick an den versenkten Türspangen. Die großen Buckel auf der Motorhaube gelten gleichfalls als Indiz für die Zweiliterära.

Wiederum von *Colotti* stammte das unsynchronisierte, äußerst robuste, aber feinabgestufte CCC-Fünfganggetriebe (CCC = Cambio da Corsa Colotti) – denn auch die Getriebewahl war durch die FIA freigestellt: Es mußten allerdings 100 Stück homologiert werden. Die H-Schaltung war rennmäßig ausgelegt: Der erste Gang saß ganz unten links, auf einer Ebene mit dem Rückwärtsgang. Ebenfalls von Colotti kam das Sperrdifferential für 25- bis 100prozentige Sperrung. Noch ein Unterschied zum Straßen-CSA: Die Schneckenlenkung war mit 12:1 statt 16,4:1 viel direkter ausgelegt, die Vorderachse wurde weiter modifiziert. Und das Hardtop bestand – im Gegensatz zum zivilen CSA – aus hauchdünnem Fiberglas. Im Innern tat sich nicht so viel; im abgespeckten Alu-Armaturenbrett saß allerdings nur der Drehzahlmesser, umgeben von vier kleineren Rundinstrumenten.

Natürlich waren auch die Kotflügel-Verbreiterungen noch üppiger ausgefallen. Ein halbes Jahr später experimentierte Abarth mit noch viel skurrileren Aerodynamik-Hilfsmitteln: Die breit ausgestellten Spoiler in Verlängerung der Kotflügel-Verbreiterungen im Heckbereich wirkten wie Fledermausflügel... Außerdem wurde auf der Rennstrecke von Casale versuchsweise ein 250 PS starker Zweiliter-Abarth-Motor aus dem Rennsportwagen Abarth-Osella 2000 installiert. Angeregt von Abarth-Testfahrer Giorgio Pianta (heute Alfa-Rennleiter in der ITC) und realisiert von Ingenieur Piero Jacoponi wurde das Fahrzeug Mitte 1973 fertiggestellt und erfolgreich mit noch ausladenderem Heck-Flügelwerk beim 1973er Giro d'Italia eingesetzt. Obwohl es keine weiteren Einsätze gab, war diese Kombination keineswegs zufällig zustandegekommen: Schon bei einer Pressekonferenz Ende 1972 hatte Projektleiter Gianfranco Squazzini nicht nur den neuen CSA angekündigt, sondern auch die zukünftige Zusammenarbeit mit dem Osella-Rennteam in Aussicht gestellt. Man hoffte, 1973 in der Sportprototypen-Klasse der Zweiliter-Wagen der Konkurrenz den Auspuff zu zeigen – beließ es aber bei dieser Absichtserklärung.

Ab Januar jenes Jahres gingen statt dessen vier Werksmannschaften mit dem robusten Gruppe-4-Abarth ins Rennen. Das ganze Jahr 1973 über blieb

Donatella Tominz war nicht nur überaus attraktiv, sondern gewann auch von 1972 bis 1974 alljährlich die Damen-Europameisterschaft.

Waldegaard hatte bei der 1973er Marokko-Rallye ziemlich viel Pech und wurde nur Sechster.

ihre Farbgebung die gleiche: rote Grundfarbe, mattschwarze Hauben, schwarze Kotflügel-Verbreiterungen, sommers weißes Dach (sonst schwarzes Hardtop) und weiße Seitenstreifen. Erstmals eingesetzt wurden sie gleich bei der 42. Rallye Monte Carlo. Mit dabei waren von nun an einige der skandinavischen Weltklasse-Piloten wie Björn Waldegaard und Rauno Aaltonen, die man als hochdotierte Freelancer eingekauft hatte. Bei der *Monte* fuhren die Fiat-Teams gegen härteste Konkurrenz – nämlich gegen die Vorjahrssieger, die Lancia Fulvia 1600 HF, und die Renault Alpines. Aber der Einsatz war ein einziges Disaster: Björn Waldegaard schied früh aus, Paganellis Wagen zerschellte an einer Mauer, Raffaele Pinto/Pietro Bernacchini wurden nur Siebente. Auch bei der Schweden-Rallye wurden keine Schlagzeilen geschrieben: Lindberg/Andreasson kamen lediglich auf den fünften Rang. Und im Mai bei der Marokko-Rallye erwies sich das 124-Abarth-Fahrwerk als nicht ausreichend, und Waldegaard/Sager wurden nur Sechste.

Glücklicherweise konnte 1973 auch einiger Lorbeer errungen werden. Höhepunkt war, als Achim Warmbold und Jean Todt (der heutige Ferrari-Rennleiter in der Formel 1) als erste von drei „überlebenden" Equipes bei der harten Polen Rallye ins Ziel kamen: 62 Teams waren ausgefallen... Aaltonen/Turvey belegten bei der Akropolis-Rallye den zweiten Platz, Lindberg/Hertz wurden Vierte. Verrini/Torriani kamen bei der Rallye San Remo auf den zweiten Rang, weitere drei Fiat-Teams folgten ihnen auf dem Fuße. Achim Warmbold erreichte bei der Tausend Seen Rallye allerdings nur den achten Platz. Und die Krönung: 1973 wurde

Fiat Vize-Markenweltmeister – diesmal nach Alpine-Renault und vor Ford, Volvo und Saab. Nicht zu vergessen die Damen-Europameisterschaft, wo die früheren Porsche-911-Treterinnen Donatella Tominz/Lucia Mamolo („Squaw") auf Fiat das Rennen machten.

Aufrüstung für eine gute Sache

Direktor der Fiat-Motorenentwicklung und – ab 1976 – Abarth-Generaldirektor war Aurelio Lampredi, der gleichzeitig das bis dahin größte Rallye-Team aller Zeiten befehligte und dabei von Rennleiter Giovanni Maruffi unterstützt wurde. Sein engster Mitarbeiter, Ingenieur Fernando Russo (nicht zu verwechseln mit Rallye-Co Domenico Russo), der unter der Leitung von Ingenieur Gianfranco Squazzini die Rallye-Abteilung mitaufgebaut hatte, bereitete für 1974 sage und schreibe 28 Werksfahrzeuge vor. Die Farbgebung hatte sich jetzt etwas geändert: Mattrote Grundfarbe, gelbgrüne Kotflügel-Verbreiterungen und entsprechende Dachkränze.

Nach ihrer Freigabe vollführten die CSAs fortan eine Art Ringelspiel: Einige rannten beim Training, andere im Rallye-Einsatz, die restlichen wurden entweder gerade instandgesetzt oder versuchsweise mit Verbesserungen versehen. Der Personalaufwand war vergleichsweise hoch: 34 spezialisierte Fiat-Mechaniker arbeiteten in vier Extra-Abteilungen (Motor, Elektrik, Mechanik und Karosserie) nur für den Abarth Rally. Sie betreuten auch die Gruppe-1-Limousinen, die bei der italienischen Landesmeisterschaft mitfuhren, wo Fiat seit Jahren so erfolgreich war. Sieben Profi- und zeitweise mehrere Gast-Teams wurden engagiert – alles in allem belief sich allein der fixe Aufwand für die Fiat-Rallyeabteilung (also noch ohne Entwicklungskosten!) auf umgerechnet 4 Millionen Mark jährlich.

1974 kam die nächste Auflage des Werks-CSA – mit dem neuen, um 2 Millimeter auf 1839 ccm aufgebohrten Vierzylinder (Verdichtung 10,7 : 1, zwei Ventile pro Zylinder). In diesem nur noch 900 Kilo leichten Auto erreichte er immerhin 170 PS, dann 180 PS bei 7000 Touren! Erstmals eingesetzt wurde der so erstarkte CSA im März 1974 bei der Rallye San Remo. Alle Werksfahrzeuge besaßen vorgebaute Halogen-Zusatzscheinwerfer und riesige Carello-Weitstrahler im Kühlergrill (darum die kleineren Blinklichter vorn!), Überroll-Käfige, Plexiglas-Türseitenscheiben und einen geschweißten 68-Liter-Alu-Renntank hinten links. Die Batterie wanderte nur bei den Flitzern der Gruppe 4 in den Kofferraum; für die seriennahe Gruppe 3 war dies nicht gestattet.

Stoßdämpfer und Federn waren in der Gruppe 4 (stark veränderte Versionen auf Basis von Gruppe-3-Wagen oder 500 mal jährlich fertiggestellte Zweisitzer) nach Belieben veränderbar. Verstärkte – wenngleich extra zu homologierende – Bremsen waren erlaubt. Und auch die geringfügige Leistungssteigerung war ohne weiteres nachvollziehbar: Die Bestimmungen für die Wagen-Kategorie ließen ja nicht nur die „Ausmerzung der Testblattdifferenzen" zu, sondern erlaubten überdies das Polieren der Ein- und Auslässe, das Nacharbeiten der Brennräume, das Feinwuchten der Kurbelwelle, den Einsatz besonderer Schmiede-Kolben sowie größerer Vergaserdüsen und einer Hochleistungs-Zündanlage.

Im März 1974 (die Monte und die Schweden-Rallye 1974 waren wegen der weltweiten Ölkrise ausgefallen)

Abb. rechte Seite oben: Aaltonen/Easter kamen bei der RAC Rallye 1974 auf den zwölften Platz. Die beiden anderen CSA schnitten noch schlechter ab.

Abb. rechte Seite: Die beiden Finnen Alén/Kivimäki – hier nach der Tausend Seen Rallye 1974 – brachten die Gruppe-4-Werksrenner sehr oft auf die vorderen Plätze.

Links: Es hätte alles so schön werden können: Drei Werksteams starteten bei der East African Safari Rallye 1974, am Ende sprang gerade ein zehnter Platz heraus.

kamen diese leistungsstärkeren Gruppe-4-Abarth bei der strapaziösen TAP Rallye Portugal über 2000 Kilometer auf die Plätze Eins bis Drei: Pinto/Bernacchini vor den Teamkollegen Paganelli/Russo und Alén/Kivimäki. Rennleiter Taruffi konnte sich die Hände reiben – der Name Fiat tauchte immer und immer wieder in den Sportnachrichten auf. „Die drei Fiat-Teams umkreisten den Toyota-Piloten Ove Andersson wie einen Spielball", hieß es beispielsweise in der *ams*, „ohne daß sich der Schwede wirklich effektvoll wehren konnte." Beflügelnd hatte dabei sicher gewirkt, daß mit dem erst 23jährigen Markku Alén einer der talentierten „Fliegenden Finnen" zum Turiner Riesen gewechselt war. Allerdings hatte die Konzernschwester Lancia inzwischen ihren völlig überlegenen Stratos aus der Taufe gehoben – was in der Folgezeit zu einer schizophrenen Doppelstrategie führte.

Zweite Plätze wurden bei der Rallye San Remo (Bisulli/Rosetti) und der *Press on Regardless* (POR) – sinngemäß: Gasdurchtreten ohne Gnade – in den USA (Alén/Aho) belegt. Ein dritter Platz sprang bei der Tausend Seen Rallye (Alén/Kivimäki) heraus. Einzelsieger bei der San Martino di Castrozza wurden Bacchelli/ Scabini. Weniger erfolgreich war die Teilnahme Björn Waldegaards mit einem 124er Abarth bei der Marokko-Rallye, und auch der andere Afrika-Auftritt endete nicht wunschgemäß: Mit drei Werksteams starteten die Turiner bei der East African Safari Rallye 1974 – die Autos geschützt mit martialischem Rammschutz und mächtigen, dann jedoch nicht eingesetzten Steinschlaggittern vor der Frontscheibe. Am Ende kam der Kenianer Robin Ulyate gerade auf den zehnten Platz.

Rallye racing hatte Gelegenheit, den aktuellen Wagen zu testen und war begeistert: „Dieser Fiat ist keineswegs ein PS-strotzender Haufen Blech, sondern so etwas wie ein Pferd, das sich im Gelände auskennt!" Stellvertretend für andere Gazetten hatte das Vollgas-Blatt seine bisherige Zurückhaltung aufgegeben und orakelte gar: „Nach einer und einer halben Saison kann man getrost den früheren Leistungsrückstand vergessen: Fiat ist auf dem besten Wege, Rallye-Weltmeister des Jahres 1974 zu werden."

Doch auch 1974 belegte Fiat bei der Marken-WM hinter Lancia (diesmal mit dem Stratos) wieder nur den zweiten Platz, schob sich damit aber vor Ford, Toyota und Alpine Renault. Und wiederum verhalf der 124 Rally zum italienischen Meister-Titel, den sich die Herren Verini und Macaluso verdient hatten. Und in der Damen-Wertung standen erneut die Signorine Tominz/Mamolo oben in der Liste. Noch taten die 124er Rally, immer weiter aufgerüstet, in der Hand von Privatfahrern weiter brav ihren Dienst. Allerdings tauchten sie Ende der Siebziger gelegentlich gar zu Dumpingpreisen an gänzlich unerwarteten Stellen wie in Polen auf: Hier waren einst einige CSA als lorbeerheischende Dauerleihgaben an Polski-Fiat gegeben worden – ihre Wege verloren sich anschließend.

Sicher: Die Gruppe-4- und die Gruppe-3-Homologation waren längst erfüllt, und andere Fiat-Stars – allen voran der 131 Abarth – standen ja bereits in den Startlöchern. Dominierend war ohnehin der Lancia Stratos, jene legendäre Rennflunder, die mehrfach Weltmeister wurde. Die italienische Nobelmarke Lancia war im Oktober 1969 im Fiat-Konzern aufgegangen, und von daher war die Entscheidung zugunsten des moderneren Fahrzeugs nur folgerichtig. Außerdem war der Fiat X 1/9 als Abarth 019 Prototipo 2000 rennfertig gemacht worden, der mit dem 1839-ccm-Vierventiler des 124 Rally von 1975 daherkam, aber zugunsten des 131 Abarth fallengelassen wurde. Und auch der Lancia A 112 Abarth scharrte schon mal mit den Reifen, auch wenn er schließlich nie werksunterstützt wurde. Ganz klar: Konkurrenz im eigenen Hause belebt zwar das Geschäft, kann aber auch zu einem Schlußstrich führen.

Abgesang aus vollen Rohren

Einzel-Homologierungen erfolgten vor und auch nach der Produktionseinstellung. Bis 1976 wurde tatsächlich nahezu alles verändert, was das Reglement eben noch zuließ (wobei beispielsweise die 50 mal hergestellte Motorhaube mit den zwei Zusatzscheinwerfern und Lufteinlässen, die bei Renneinsätzen meist erst nachts zum Einsatz kam, schon 1975 eingesetzt wurde). Wichtigste Maßnahme war aber zweifelsohne

Abb. diese Seite: Für den Renneinsatz galt ein genau ausgeklügeltes Rotationsprinzip. Hier wird bereits an den Vierventilern gearbeitet.

Abb. links unten: Mikkola/Todt – hier noch mit dem CSA mit mittelgroßen hinteren Lufteinlässen – wurden Zweite bei der Rallye Monte Carlo 1975.

der Abarth-Vierventilkopf, der auch im Lancia Beta-Werksrenner und im besagten Abarth 019 eingesetzt werden sollte. Er war zwar bereits im März 1974 FIA-homologiert worden, kam aber erst im Oktober 1974 bei der Ronde Cévenole unter Pinto/Bernacchini zum Einsatz – und landete auf Platz vier.

Das mit 11:1 verdichtete Triebwerk mit noch größeren Ansaugquerschnitten und verbesserter Feinwuchtung von Kurbel- und Ventiltrieb erreichte in Verbindung mit den Weber-Doppelvergasern 48 IDF stolze 205 PS bei 8000 Umdrehungen! Beeindruckend war auch der flache Drehmomentverlauf: 18,5 mkg bei 3500 U/min; 21,2 mkg bei 4200; 23,3 bei 5000; 25,3 mkg bei 6000 und schließlich maximal 26,9 mkg bei 6600 U/min! Neu waren das Abarth- statt des Colotti-Fünfgangetriebes (Abarth-Untersetzungen 2,706 – 1,973 – 1,551 – 1,238 – 1,0) und die Borg & Beck-Kupplung.

Die Leistungsspitze markierten schließlich die 16ventiligen Zweiliter-Einspritzer von 1975. Mit der mechanischen Kugelfischer-Einspritzanlage – die erstmals schon Ende 1973 getestet wurde und damals zu einer Leistungssteigerung auf 190 PS verholfen hatte – und übergroßen Ansaugtrichtern kamen diese 124er-Hochleistungsversionen auf 210 bis 215 PS. Zusätzliche Lufteinlässe und ein anders gestaltetes Armaturenbrett ließen dieses Auto aus der „Masse" der Abarth Rally herausstechen – wobei die Farben der Wettbewerbsautos identisch mit denen des Jahres 1974 waren. Erstmals eingesetzt wurde der so erstarkte CSA durch das siegreiche Team Verini/Russo bei der Rallye San Remo im Oktober 1975. Der

anschließend folgende achte Platz bei der RAC Rallye durch das gleiche Team war natürlich kein Ruhmesblatt.

Ende des Jahres schwang sich der bei einigen Rallyes startende 16-Ventiler gar bis zu 210 PS bei 8000 Touren auf! *Rallye racing* empfand dieses Aggregat als deutlich kultivierter als den früheren Acht-Ventiler. Überhaupt diente das 124er-Chassis nun vor allem als Versuchsträger für diverse Fiat-131-Aggregate. Aber auch die Schwachpunkte kamen klar zum Vorschein: Zu oft überhitzende Stoßdämpfer und Bremsen sowie die Beschränkung des Fahrwerk-Tunings durch die hintere Einzelrad-Aufhängung, die ein weiteres Tieferlegen unmöglich machte. Ende 1974/Anfang 1975 bekamen die Werks-Renner hinten sogar Doppel-Stoßdämpfer spendiert, erkennbar an

Technische Schmakazie am Siegerwagen der TAP Rallye Portugal 1975: zwei hintere Stoßdämpfer!

Abb. unten: Quertreiber: Vierventilkopf und Kraftstoffeinspritzung beflügelten auch den Werks-CSA (links), mit dem Alén bei der San Remo Rallye 1975 mitfuhr; mit Olio Fiat-Lakkierung (rechts) starteten Verini/Rossi bei der Rallye Monte Carlo 1976, kamen aber nur auf Platz 15.

den noch weiter herausgezogenen Kotflügeln mit den großen Lufteinlässen.

1975 hatte der Wahnsinn im Hause Fiat seinen Höhepunkt erreicht: Sandro Munari (früher auf der Fulvia erfolgreich) und Mario Manucci siegten bei der nun wieder ausgetragenen Rallye Monte Carlo auf dem kompromißlosen 240 PS starken Gruppe-4-Stratos vor Mikkola/Todt (vier Minuten Rückstand auf den überlegenen Sieger), Alén/Kivimäki und Bacchelli/Scabini, alle auf dem 205 bis 210 PS starken 16-Ventiler-Abarth Rally. Erstmals hatten hier einige Rennställe – darunter Fiat – Funkverbindungen zwischen Team und Besatzung eingerichtet. Aber: Gleichzeitig auf zwei heißblütige Rennpferde zweier Marken zu setzen, hätte die Turiner normalerweise 1,25 Millionen kosten müssen, wobei lediglich eine halbe Million davon auf Lancia entfiel. Diese Kosten trug jedoch Hauptsponsor Alitalia. Eigentlich hätte man inzwischen auch erkennen müssen, daß der Einsatz seriennaher Wagen wie des 131 anstelle des abgehobenen Stratos dem Absatz förderlicher gewesen wäre... Zunächst fusionierten also die Rennabteilungen von Fiat und Lancia, die *Squadra Rally* fiel unter die Regie von Cesare Fiorio.

Die Marschrichtung war vollkommen klar: Von 1976 bis 1981 bestimmten tatsächlich die von Bertone gestalteten und von Abarth präparierten 210 bis 230 PS starken Limousinen das Rallye-Geschehen. 1977, 1978 und 1980 kamen sie gar zu Weltmeisterehren.

Doch auch die letzten Einsätze des 124ers im Jahr 1975 brachte einige bemerkenswerte Erfolge: Bei der TAP Rallye Portugal (Markku Alén/Illka Kivimäki und Hannu Mikkola/Jean Todt auf den Plätzen Eins und Zwei), und bei der Rallye San Remo (Zweite wurden Verini/Rossetti mit der inzwischen ausgereiften Einspritzung hinter Waldegaards Stratos). Und bei der Stuttgart-Lyon-Charbonnières gingen beide ersten Plätze an Fiat: Maurizio Verini und Fulvio Bachelli hatten das Rennen gemacht. Aber am Ende langte es doch nur zum zweiten Platz in der Marken-Wertung; Lancia lag vorn, Alpine Renault folgte dahinter auf dem dritten Platz. Immerhin, Maurizio Verini/Francesco Rossetti wurden Europameister – mit Siegen bei der Costa Brava, der Stuttgart-Lyon-Charbonnieres, der Firestone-Rallye, der Jugoslawien- und Polen-Rallye. Und Cambiaghi/Sanfront konnten sich im Glanze des italienischen Meister-Titels sonnen.

Viel gerätselt wurde über das zukünftige Einsatzfahrzeug des Fiat-Konzerns: *auto, motor und sport* sagte dem bis zu 220 PS starken Abarth 019 Prototipo 2000 eine große Zukunft voraus, während eingefleischte Spider-Piloten am „herrlich driftenden 124 Abarth" (O-Ton Markku Alén) festhalten wollten. Doch das Werksengagement für den 124er endete im März 1976 und ging nahtlos über an den besagten zweitürigen 131, der in der Zivilversion 140 PS leistete, im Renntrimm mit Einspritzer-Maschine auf 210 PS kam. In den Jahren 1977, 1978 und 1980 wurden damit Weltmeisterehren erreicht. Zum Saisonanfang 1976 war die Lackierung der Werksrenner neu festgelegt worden: Die dunkelblaue Grundlackierung und die gelben Kotflügel-Verbreiterungen und Streifen entsprachen den Farben des Fiat-eigenen Schmiermittel-Herstellers *Oliofiat*. Dieses Unternehmen arbeitete eng mit Abarth zusammen und bediente sich unter anderem eines hochgezüchteten Fiat-124-Motors, um Motorenöle gemäß den Bestimmungen des *Coordinating European Council* (CEC) zu optimieren.

Die aktivste Zeit der schnellen 124er aber war vorbei: 1976 waren die 16-Ventil-Einspritzer bei den ganz großen Rallyes nicht mehr dabei, nachdem bei der Rallye Monte Carlo Markku Alén nur Sechster, Roberto Cambiaghi lediglich Achter und Maurizio Verini nur 15. wurde. Der Sieg ging – wie nicht anders zu erwarten – an den Lancia Stratos, der gleich alle drei ersten Plätze belegte – pilotiert von Sandro Munari, ex-Fiat-Fahrer Björn Waldegaard und ex-Alpine-Pilot Bernard Darniche. „Damit beendet ein Automobil seine sportliche Laufbahn, das ursprünglich Liebhabern schöner Autos und sportlicher Touristik zugedacht war", stapelte die Fiat-131-Rally-Pressemappe tief.

Später war insbesondere der Fiat-Händler Heinrich Unterholzer aus Schlanders in Südtirol noch lange mit teilweise abenteuerlichen Derivaten des 124er Abarth Rally auf den Bergpisten Europas zugange. Ein in der Gruppe 5 startender Zweiliter-Vierventiler-Prototyp (deutlich erkennbar am riesigen, außenliegenden Lufteinlaß) kam so auf 240 PS! Zumindest bei regionalen Rallyes, Bergrennen und Slaloms wurden 124er Abarth und Serien-Spider weiterhin eingesetzt.

1985 stellte Pininfarina, unter dessen Regie ab 1981 die Spider-Produktion laufen sollte, dem totip-Team zwei Spidereuropa zur Verfügung, die Mitte der Achtziger bei diversen Rallyes in Italien starteten – tiefergelegt, stärker, aber aus Homologationsgründen nicht mit dem VX-Kompressor versehen. Die Glory days der 124er im Sport aber waren vorbei. Heute sind sie die Stars von Club- und Klassikerveranstaltungen, beispielsweise bei den Treffen am Rande des Oldtimer Grand Prix auf dem Nürburgring. Wann wird es dort den ersten Sonderlauf geben? Bei englischen und italienischen Klassiker-Rennen sind sie jedenfalls bereits dabei, seitdem 1990 Waldegaard/Thorzelius auf einem CSA als Voraus-Fahrzeug (Startnummer 00) an der Elba-Rallye teilnahmen. Beispielsweise bei der San Remo Rallye Storico 1996 starteten gleich mehrere dieser Flitzer; bei der Tour de France war wenigstens ein Gruppe-4-CSA dabei.

Der Siegerwagen von Alén/Kivimäki bei der TAP Rallye Portugal von 1975 (CSA 0078559) wurde übrigens Mitte 1995 für rund 100 000 Mark weiterveräußert. Zehn Jahre zuvor waren solche Renner noch für ganz kleines Geld zu haben: So wurde einem guten Freund des Autors Anfang der Achtziger ein Vierventil-Werksrenner im Tausch gegen seinen vielgelaufenen Golf I Diesel angeboten! Er ärgert sich heute noch, daß er nicht zugegriffen hat... Einige ganz wenige Werksautos überlebten in der Hand von Fiat-Insidern, die über Vertretungen oder Importgeschäfte verfügten. Die allermeisten anderen Werks-Renner waren aber verschrottet oder demontiert worden.

Die 124 Werks-Renner

Fiat 124 Sport 1608 ccm Spider (Gruppe 4, 1970)
Motor: Vierzylinder-Reihenmotor vorn längs (LM-Zylinderkopf), wassergekühlt: zwei Ventile pro Zylinder, zwei obenliegende Nockenwellen, betätigt durch Zahnriemen; fünffach gelagerte Kurbelwelle. Gemischaufbereitung durch zwei Weber-Doppelvergaser 44 IDF; 1608 ccm, B × H: 80 × 80 mm, Verdichtung 10,5 : 1, 155 PS bei 7200 U/min, Einscheiben-Trockenkupplung; Fünfgang-Schaltgetriebe; Heckantrieb; selbsttragende Stahlblech-Karosserie; Fahrwerk: vorn Einzelrad-Aufhängung an Querlenkern mit Schubstrebe und Schraubenfedern; hinten Starrachse mit Schubstreben und Federbeinen mit Schraubenfedern: rund-

um Scheibenbremsen; Schnecken-Rollen-Lenkung; Abmessungen: 3970 × 1610 × 1240 mm, Radstand 2280 mm, Spurweite v/h 1340/1240 mm; Leergewicht: 920 kg.

Abarth 124 Rally, 1756 ccm, Achtventiler (Gruppe 4, 1973)
Motor: Vierzylinder-Reihenmotor vorn längs (LM-Zylinderkopf), wassergekühlt; zwei Ventile pro Zylinder, zwei obenliegende Nockenwellen, betätigt durch Zahnriemen; fünffach gelagerte Kurbelwelle, Gemischaufbereitung durch zwei Weber-Doppelvergaser 44 IDF; 1756 ccm, B × H: 84 × 79,2 mm, Verdichtung 10,5 : 1, 165 PS bei 7000 U/min, Einscheiben-Trockenkupplung; Fünfgang-Schaltgetriebe; Heckantrieb; selbsttragende Stahlblech-Karosserie; Fahrwerk: vorn Einzelrad-Aufhängung an Querlenkern mit Schubstrebe und Schraubenfedern; hinten Einzelrad-Aufhängung an Querlenkern, Längslenkern und Schubstreben, Federbeine mit Schraubenfedern; rundum Scheibenbremsen; Schnecken-Rollen-Lenkung; Abmessungen: 3914 × 1630 × 1240 mm, Radstand 2280 mm, Spurweite v/h 1413/1400 mm; Leergewicht: 938 kg.

Abarth 124, Rally 1839 ccm, Achtventiler (Gruppe 4, 1974)
Motor: Vierzylinder-Reihenmotor vorn längs (LM-Zylinderkopf), wassergekühlt; zwei Ventile pro Zylinder, zwei obenliegende Nockenwellen, betätigt durch Zahnriemen; fünffach gelagerte Kurbelwelle, Gemischaufbereitung durch zwei Weber-Doppelvergaser 44 IDF; 1839 ccm, B × H: 86 × 79,2 mm, Verdichtung 10,5 : 1, 170 PS bei 7000 U/min, Einscheiben-Trockenkupplung; Fünfgang-Schaltgetriebe; Heckantrieb; selbsttragende Stahlblech-Karosserie; Fahrwerk: vorn Einzelrad-Aufhängung an Querlenkern mit Schubstrebe und Schraubenfedern; hinten Einzelrad-Aufhängung an Querlenkern, Längslenkern und Schubstreben, Federbeine mit Schraubenfedern; rundum Scheibenbremsen; Schnecken-Rollen-Lenkung; Abmessungen: 3914 × 1630 × 1240 mm, Radstand 2280 mm, Spurweite v/h 1425/1445 mm; Leergewicht: 900 kg.

Abarth 124 Rally, 1839 ccm, 16-Ventiler (Gruppe 4, 1974)
Motor: Vierzylinder-Reihenmotor vorn längs (LM-Zylinderkopf), wassergekühlt; vier Ventile pro Zylinder, zwei obenliegende Nockenwellen, betätigt durch Zahnriemen; fünffach gelagerte Kurbelwelle, Gemischaufbereitung durch zwei Weber-Doppelvergaser 48 IDF; 1839 ccm, B × H: 86 mm × 79,2 mm, Verdichtung 10,5 : 1, 180 PS bei 7000 U/min, Einscheiben-Trockenkupplung; Fünfgang-Schaltgetriebe; Heckantrieb; selbsttragende Stahlblech-Karosserie; Fahrwerk: vorn Einzelrad-Aufhängung an Querlenkern mit Schubstrebe und Schraubenfedern; hinten Einzelrad-Aufhängung an Querlenkern, Längslenkern und Schubstreben, Federbeine mit Schraubenfedern; vier Scheibenbremsen; Schnecken-Rollen-Lenkung; Abmessungen: 3914 × 1630 (verbreiterte Rennversion für Straßeneinsatz: 1730) × 1240 mm, Radstand 2280 mm, Spurweite v/h 1425/1445 mm; Leergewicht: 900 kg.

Abarth 124 Rally, 1839 ccm, 16-Ventiler-Einspritzer (Gruppe 4, 1975)
Motor: Vierzylinder-Reihenmotor vorn längs (LM-Zylinderkopf), wassergekühlt; vier Ventile pro Zylinder, zwei obenliegende Nockenwellen, betätigt durch Zahnriemen; fünffach gelagerte Kurbelwelle, Gemischaufbereitung durch mechanische Kugelfischer-Einspritzung; 1839 ccm, B × H: 86 × 79,2 mm, Verdichtung 10,5 : 1, 210 PS bei 8000 U/min, Einscheiben-Trockenkupplung; Fünfgang-Schaltgetriebe; Heckantrieb; selbsttragende Stahlblech-Karosserie; Fahrwerk: vorn Einzelrad-Aufhängung an Querlenkern mit Schubstrebe und Schraubenfedern; hinten Einzelradaufhängung an Querlenkern, Längslenkern und Schubstreben, Federbeine mit Schraubenfedern; rundum Scheibenbremsen; Schnecken-Rollen-Lenkung; Abmessungen: 3914 × 1630 (verbreiterte Rennversion für Straßeneinsatz: 1730) × 1240 mm, Radstand 2280 mm, Leergewicht: 900 kg.

Vor allem bei Bergrennen und Slaloms setzte der Südtiroler Fiat-Händler Heinrich Unterholzer den stark modifizierten Fiat 124 Abarth Rally ein.

Der Spider im Motorsport

Jahr	Wettbewerb	Plazierung	Fahrer/Beifahrer	Wagen	Start-Nr.	Kennzeichen
1968	**Rallye San Remo**			AS	20	TO 89 2266
				AS	10	TO 93 6981
	Rallye Villa d'Este (Ital. RM)	1.	Berselli/Brizi (I/I)	AS		
1970	**39. Rallye Monte Carlo**		Rubbieri/Cavriani (I/I)	AS		TO D0 1061
			Paganelli/Russo (I/I)	AS		TO D0 1062
			Trombotto/Bossola (I/I)	AS		TO D0 1063
			Rattazzi/Fassat (I/I)	AS		TO D0 1064
	3. Elba Rallye	1.	Paganelli/Russo	AS		
	Italien Rallye			BS1	32	TO D0 1063
	RAC Rallye	2.		BS1		
	Alpa della Luna (Ital. RM)	1.	Paganelli/Russo (I/I)	BS1		
	San Martino di Castrozza		Paganelli/Russo	BS1		
	Italienischer Rallye-Meister		**Alcide Paganelli/Domenico Russo**			
1971	**40. Rallye Monte Carlo (WM)**	7.	Lindberg/Andreasson (S/S)	BS1	24	TO E3 1330
		Ausfall	Paganelli/Russo (I/I)	BS1	11	TO E3 1329
	42. Österr. Alpenfahrt (WM)	2.	Paganelli/Russo (I/I)	BS1		
	19. Akropolis Rallye (WM)	4.	Ceccato/Eisendle (I/I)	BS1		
	4. Elba Rallye (EM)	1.	Trombotto/Enrico (I/I)	BS1	1	TO E5 1097
1972	**41. Rallye Monte Carlo (WM)**	8.	Pinto/Eisendle (I/I)	BS1	27	TO E8 5781
24.–27. 5.	**20. Akropolis Rallye (WM)**	1.	Lindberg/Eisendle (S/I)	BS1		
		4.	Trombotto/Enrico (I/I)	BS1		
		7.	Smania/Zanuccoli (I/I)	BS1		
	10. Rallye San Remo (WM)	3.	Lindberg/Eisendle (S/I)	BS1		
		4.	Bisulli/Zanuccoli (I/I)	BS1		
		5.	Trombotto/Zanchetti (I/I)	BS1		
6.–8. 9.	**43. Österr. Alpenfahrt (WM)**	1.	Lindberg/Eisendle (S/I)	BS1	1	TO F9 2159
Oktober	**TAP Rallye Portugal**	5.	Paganelli/Russo (I/I)	CSA		
12.–13. 2.	**Rallye Costa Brava (EM)**	1.	Pinto/Macaluso (I/I)	BS1	1	TO F9 2159
	5. Elba Rallye (EM)	1.	Trombotto/Enrico (I/I)	BS1	2	TO F8 5486
		4.	Verini/Quaranta (I/I)	BS1		
		6.	Tominz/„Squaw" (I/I)	BS1		
8.–10. 6.	**16. Semperit Rallye (EM)**	1.	Pinto/Macaluso (I/I)	BS1	8	TO F8 5486
		6.	Verini/Scabini (I/I)	BS1	11	
			Tominz/„Squaw" (I/I)	BS1	17	
13.–15. 7.	**Polen Rallye (EM)**	1.	Pinto/Macaluso (I/I)	BS1		
5.–8. 10.	**Jugoslawien Rallye (EM)**	1.	Pinto/Macaluso (I/I)	BS1		
13.–15. 10.	**Tausend Minuten Rallye (EM)**	1.	Pinto/Macaluso (I/I)	BS1	1	TO F9 2159
		4.	Verini/Scabini (I/I)	BS1	1	TO E8 5781
		7.	Tominz/„Squaw" (I/I)	BS1		
	ADAC Rallye Hessen (DRM)	1.	Pinto/Macaluso (I/I)	BS1	TO F8 5487	
		2.	Paganelli/Russo (I/I)	BS1		
	Rallye der vier Regionen (Ital. RM)	1.	Paganelli/Russo (I/I)	BS1	4	TO F9 2158
		4.	Trombotto/Enrico (I/I)	BS1		
		6.	Tominz/„Squaw" (I/I)	BS1	11	TO F8 5488
	Rallye Sizilien (Ital. RM)	2.	Smania/Zambelli (I/I)	BS1		
		3.	Paganelli/Russo (I/I)	BS1		
		4.	Bisulli/Zanuccoli (I/I)	BS1		
	Rallye San Marino	1.	Bisulli/Zanuccoli (I/I)	BS1		
	ÖSASC – Elan Rallye (MITROPA-Cup)	2.	Pinto/Macaluso (I/I)	BS1	2	TO E8 5781
		3.	Verini/Eisendle (I/I)	BS1		
31. 8.–1. 9.	**8. San Martino di Castrozza** (MITROPA-Cup und Europäische Fahrer-Beifahrer-Meisterschaft)	2.	Pinto/Macaluso (I/I)	BS1	12	TO E3 1330
		3.	Trombotto/Zanchetti (I/I)	BS1		
		4.	Paganelli/Russo (I/I)	BS1		
		5.	Verini/Scabini (I/I)	BS1		
		6.	Bisulli/Zanuccoli (I/I)	BS1		
		7.	Smania/Zambelli (I/I)	BS1		
		9.	Tominz/„Squaw" (I/I)	BS1		
27.–29. 10.	**Spanien-Rallye**		Pinto/Macaluso (I/I)	BS1		
	Rallye-Europameister		**Raffaele Pinto/Gino Macaluso**			

Jahr	Wettbewerb	Plazierung	Fahrer/Beifahrer	Wagen	Start-Nr.	Kennzeichen
1973 19.-27. 1.	**42. Rallye Monte Carlo (WM)**	7.	Pinto/Bernacchini (I/I)	CSA	5	TO H0 4931
		Unfall	Waldegaard/Thorszelius (S/S)	CSA	2	TO H0 4935
		Ausfall	Paganelli/Russo (I/I)	CSA	8	TO H0 4941
		Ausfall	Barbasio/Macaluso (I/I)	CSA	14	TO H0 4939
15.–17. 2.	**24. KAK Schweden Rallye (WM)**	5.	Lindberg/Andreasson (S/S)	CSA	2	TO H2 2826
12.–18. 3.	**7. TAP Rallye Portugal (WM)**	4.	Netto/Coentro (P/P)	CSA	15	TO F8 5238
		Ausfall	Paganelli/Russo (I/I)	CSA	2	TO H2 6827
		Unfall	Waldegaard/Thorszelius (S/S)	CSA	4	TO H0 4935
		Ausfall	Pinto/Bernacchini (I/I)	CSA	6	TO H2 6828
		Unfall	Figueiredo/Barat (P/P)	CSA	17	TO F8 5489
9.–12. 5.	**16. Marokko Rallye (WM)**	6.	Waldegaard/Sager (S/S)	CSA	6	TO H4 7496
		Ausfall	Aaltonen/Davenport (FIN/GB)	CSA	2	TO H4 7494
23.–28. 5.	**21. Akropolis Rallye (WM)**	2.	Aaltonen/Turvey (FIN/GB)	CSA	12	TO H4 7493
		4.	Lindberg/Hertz (S/S)	CSA	3	TO H2 6826
		Ausfall	Paganelli/Russo (I/I)	CSA	8	TO H2 6827
13.–15. 6.	**33. Polen Rallye (WM)**	1.	Warmbold/Todt (D/F)	CSA	4	TO H4 7494
		Ausfall	Paganelli/Russo (I/I)	CSA	3	TO H2 6827
3.–5. 8.	**23. Tausend Seen Rallye (WM)**	8.	Warmbold/Todt (D/F)	CSA	122	TO H4 7494
12.–14. 9.	**44. ÖAMTC Alpenfahrt (WM)**	6.	Lindberg/Eisendle (S/I)	CSA	3	TO H2 6826
		Unfall	Pinto/Bernacchini (I/I)	CSA	10	TO H4 7495
		Ausfall	Paganelli/Ruso (I/I)	CSA	14	TO H0 4941
10.–13. 10.	**11. Rallye San Remo (WM)**	2.	Verini/Torriani (I/I)	CSA	12	TO H4 7496
		4.	Bisulli/Zanuccoli (I/I)	CSA	17	TO H2 6524
		5.	Barbasio/Scabini (I/I)	CSA	7	TO H2 6825
		6.	Paganelli/Russo (I/I)	CSA	9	TO H2 6827
		Ausfall	Pinto/Bernacchini (I/I)	CSA	4	TO H0 4931
		Ausfall	Bachelli/Rosetti (I/I)	CSA	19	TS 15 9994
17.–21. 11.	**RAC Rallye (WM)**	10.	Barbasio/Macaluso (I/I)	CSA	19	TO H2 6825
		19.	Verini/Russo (I/I)	CSA	28	TO H2 6822
10.–12. 2.	**Rallye Costa Brava (EM)**	2.	Pinto/Bernacchini (I/I)	CSA		
		3.	Barbasio/Macaluso (I/I)	CSA		
12.–14. 4.	**6. Elba Rallye (EM)**	2.	Barbasio/Macaluso (I/I)	CSA	4	TO H2 6925
		3.	Tominz/Mamolo (I/I)	CSA		
		8.	Ceccato/Baggio (I/I)	CSA		
31. 5.–2. 6.	**17. Semperit Rallye (EM)**	3.	Barbasio/Macaluso (I/I)	CSA		
		4.	Pinto/Bernacchini (I/I)	CSA		
21.–24. 6.	**Rallye Zlatni Piassatzi (EM)**	1.	Barbasio/Macaluso (I/I)	CSA		
27.–29. 6.	**Donau Rallye (EM)**	2.	Barbasio/Macaluso (I/I)	CSA		
30. 8.–1. 9.	**San Martino di Castrozza (EM)**	2.	Pinto/Bernacchini (I/I)	CSA		
		3.	Paganelli/Russo (I/I)	CSA		
		5.	Verini/Scabini (I/I)	CSA		
		7.	Pittoni/De Domenicis (I/I)	CSA		
		8.	Barbasio/Macaluso (I/I)	CSA		
		10.	Tominz/Mamolo (I/I)	CSA		
	Jugoslawien Rallye	1.	Tominz/Mamolo (I/I)	CSA		
	Alpi Orientali (Ital. RM)	1.	Barbasio/Macaluso (I/I)	CSA		
	Rallye Medio Adriatico (Ital. RM)	1.	Verini/Torriani (I/I)	CSA		
28.–29. 4.	**Martha Goldpokal Rallye (ÖM)**	4.	Verini/Scabini (I/I)	CSA		
19.–20. 5.	**Challenge Idrea (Ital. RM)**	1.	X /Bachelli (I/I)	CSA		
		30.	X /Baggio (I/I)	CSA		
1.–12. 12.	**Rallye Korsika**		Corio/Corio (F/F)	CSA	28	TO H4 4360
1974 20.–23. 3.	**8. TAP Rallye Portugal (WM)**	1.	Pinto/Bernacchini (I/I)	CSA	2	TO K8 5987
		2.	Paganelli/Russo (I/I)	CSA	8	TO K8 1051
		3.	Alén/Kivimäki (FIN/FIN)	CSA	6	TO K8 5988
		10.	Borges/Sottomayor (P/)	CS1	25	DN-39-84
		Unfall	Barbasio/Sodano (I/I)	CSA	11	TO K8 1050
11.–15. 4.	**22. East African Safari (WM)**	10.	Ulyate/Smith (EAT/EAT)	CSA	38	TO H4 7496
		Ausfall	Barbasio/Sodano (I/I)	CSA	3	TO H4 7494
		Ausfall	Paganelli/Ruso (I/I)	CSA	20	TO H4 7497
2.–4. 8.	**24. Tausend Seen Rallye (WM)**	3.	Alén/Kivimäki (FIN/FIN)	CSA	3	TO K8 5980
		6.	Kinnunen/Aho (FIN/FIN)	CSA	5	TO K8 1052
		9.	Ojanen/Mäkelä (FIN/FIN)	CSA	25	TO K8 1051

Jahr	Wettbewerb	Plazierung	Fahrer/Beifahrer	Wagen	Start-Nr.	Kennzeichen
		18.	Barbasio/Sodano (I/I)	CSA	15	TO K8 1050
		19.	Paganelli/Russo (I/I)	CSA	14	TO K8 5987
2.–5. 10.	**12. Rallye San Remo (WM)**	2.	Bisulli/Rossetti (I/I)	CSA	12	TO K8 5988
		Unfall	Verini/Macaluso (I/I)	CSA	1	TO K8 5959
		Unfall	Paganelli/Russo (I/I)	CSA	8	
		Unfall	Pinto/Bernacchini (I/I)	CSA	5	TO H4 7495
		Unfall	Bacchelli/Scabini (I/I)	CSA	7	
		Ausfall	Barbasio/Sodano (I/I)	CSA	10	
		Ausfall	Alén/Kivimäki (FIN/FIN)	CSA	3	TO K8 1054
31.10.-4.11.	**Press on Regardless Rallye (WM)**	2.	Alén/Aho (FIN/FIN)	CSA	7	TO K8 5990
		Ausfall	Paganelli/Russo (I/I)	CSA	3	TO K8 1051
		Disqualif.	Barbasio//Sodano (I/I)	CSA	10	TO K8 1050
		Ausfall	Perusse/Bellefleur (CDN/CDN)	CSA	17	TO K8 5987
		Ausfall	Verini/Torriani (I/I)	CSA	68	TO K8 5988
16.–20. 11.	**RAC Rallye (WM)**	12.	Aaltonen/Easter (FIN/GB)	CSA	8	TO K8 5989
		14.	Kinnunen/Aho (FIN/FIN)	CSA	16	TO H4 7495
		24.	Paganelli/Russo (I/I)	CSA	21	TO L6 9744
			Carlsson/Reinice (S/S)	CSA	47	TO L8 1054
			Gobert/Pasquier (F/F)	CSA	115	
30. 11.–1. 12.	**Rallye Korsika (WM)**	6	Bacchelli/Scabini (I/I)	CSA	5	TO K8 1052
		Unfal	Pinto/Bernacchini (I/I)	CSA	11	TO K8 1053
		Disqualif.	Alén/Kivimäki (FIN/FIN)	CSA	1	TO K8 5990
		Ausfall	Darniche/Mahé (F/F)	CSA	8	TO K8 1051
		Disqualif.	Pianta/Rossetti (I/I)	CSA	21	TO L6 9745
			Corio/Corio (F/F)	CSA	38	
	Tour de Belgique	1.	Didi/Lopes (F/E)	CSA		
27. 2.–3. 3.	**Rallye San Marino (EM)**	1.	Bisulli/Zanuccoli (I/I)	CSA	4	
		2.	Verini/Macaluso (I/I)	CSA		
		4.	Tominz/Mamolo (I/I)	CSA		
18.–20. 4.	**7. Elba Rallye (EM)**	1.	Verini/Macaluso (I/I)	CSA		
		2.	Pinto/Bernacchini (I/I)	CSA	1	
		3.	Tominz/Mamolo (I/I)	CSA		
29.–31. 8.	**San Martino di Castrozza (EM)**	1.	Bacchelli/Scabini (I/I)	CSA		
		2.	Verini/Macaluso (I/I)	CSA		
		6.	Tacchini/Simoni (I/I)	CSA		
11.–13. 10.	**Rallye Lugano (EM)**	2.	Cambiaghi/Vanzi (I/I)	CSA		
16.–20. 10.	**Rideau Lakes Rallye**	Unfal	Alén/Kivimäki (FIN/FIN)	CSA	102	TO K8 5990
		Ausfall	Paganelli/Russo (I/I)	CSA	104	TO K8 1051
		Ausfall	Perusse/Bellefleur (CDN/CDN)	CSA	110	TO K8 5987
Oktober	**Ronde Cévenole**	4.	Pinto/Bernacchini	CSA		
	Italienischer Rallye-Meister		Maurizio Verini/Gino Macaluso			
1975 15.-24.01.	**43. Rallye Monte Carlo (WM)**	2.	Mikkola/Todt (FIN/F)	CSA	2	TO K8 1050
		3.	Alén/Kivimäki (FIN/FIN)	CSA	10	TO K8 1045
		4.	Bacchelli/Scabini (I/I)	CSA	12	TO L6 9745
13.–15. 2.	**25. KAK Schweden Rallye (WM)**	5.	I.Carlsson/Billstam (S/S)	CSA	6	TO L6 9746
		6.	Alén/Kivimäki (FIN/FIN)	CSA		
24.–28. 6.	**9. Marokko Rallye (WM)**		Alén/Kivimäki (FIN/FIN)	CSA	1	
			Darniche/Mahé (F/F)	CSA		
			Waldegaard/Andersson (S/S)	CSA		
18.–20. 7.	**9. TAP Rallye Portugal (WM)**	1.	Alén/Kivimäki (FIN/FIN)	CSA	4	TO L6 9745
		2.	Mikkola/Todt (FIN/F)	CSA	1	TO K8 1050
1.–4. 10.	**13. Rallye San Remo (WM)**	2.	Verini/Rossetti (I/I)	CSA	14	TO L6 9745
	RAC Rallye	8.	Verini/Russo (I/I)	CSA		
			Alén/Kivimäki (FIN/FIN)	CSA		
30. 1.–2. 2.	**Marlboro Arctic Rallye (EM)**	7.	Mikkola/Todt (FIN/F)	CSA		
			Alén/Kivimäki (FIN/FIN)	CSA		
14.–16. 2.	**Costa Brava Rallye (EM)**	5.	Jaroszewicz/Vojtina (PL/PL)	CSA	WX 5870	
8.–9. 3.	**Critérium Stuttgart – Lyon – Charbonnières (EM)**	1.	Verini/Rossetti (I/I)	CSA		
		2.	Bachelli/Scabini (I/I)	CSA		
21.–23. 3.	**Rallye Firestone (EM)**	1.	Verini/Rossetti (I/I)	CSA		
17.–19. 3.	**Elba Rallye (EM)**	3.	Cambiaghi/Bertocci (I/I)	CSA		
11.–15. 5.	**Critérium Lucien Bianchini (EM)**	3.	Didi/Lux (F/F)	CSA		

Jahr	Wettbewerb	Plazierung	Fahrer/Beifahrer	Wagen	Start-Nr.	Kennzeichen
23.–25. 5.	**ADAC Rallye Hessen (EM)**	18.	Tacchini/Scabini (I/I)	CSA	18	
30.–31. 5.	**Vier Regionen Rallye (EM)**	2.	Paganelli/Russo (I/I)	CSA		
		3.	Cambiaghi/Sanfront (I/I)	CSA		
31. 5.–1. 6.	**Critérium Alpin**	4.	Verini/Rossetti (I/I)	CSA		
19.–22. 6.	**Rallye Zlatni Piassatzi (EM)**	1.	Bacchelli/Scabini (I/I)	CSA		
		3.	Jaroszewicz/Zyszkowski (PL/PL)	CSA	WX 5870	
28–29. 6.	**Rallye Alpi Orientali (EM)**	1.	Cambiaghi/Sanfront (I/I)	CSA	10	TO K8 1050
		5.	Bisulli/Zanuccoli (I/I)	CSA		
11.–13. 7.	**Polen Rallye (EM)**	1.	Verini/Rossetti (I/I)	CSA		
		2.	Jaroszewicz/Vojtina (PL/PL)	CSA	WX 5870	
		3.	Bacchelli/Scabini (I/I)	CSA		
18.–20. 7.	**Oporto Rallye Portugal (EM)**	1.	Alén/Kivimäki (FIN/FIN)	CSA		TO L6 9746
		2.	Mikkola/Todt (FIN/F)	CSA		TO K8 1050
28.–30. 8.	**San Martino di Castrozza (EM)**	2.	Verini/Rossetti (I/I)	CSA		
		3.	Bacchelli/Scabini (I/I)	CSA		
		4.	Cambiaghi/Sanfront (I/I)	CSA		
		7.	Paganelli/Russo (I/I)	CSA		
4.–7. 9.	**Sachs Rallye Baltic (EM)**	3.	Jaroszewicz/Wojtyna (PL/PL)	CSA	21	WX 5870
	Alpi Orientali (Ital. RM)	1.	Cambiaghi/Sanfront (I/I)	CSA		
	100.000 Trabucchi (Ital. RM)	1.	Cambiaghi/Sanfront (I/I)	CSA		
	S. Giacomodi Roburont (Ital. RM)	1.	Paganelli/Russo (I/I)	CSA		
15.–18. 5.	**Jugoslawien Rallye (ÖM)**	1.	Verini/Rossetti (I/I)	CSA		
		2.	Alén/Kivimäki (FIN/FIN)	CSA		
11.–13. 9.	**ÖASC Rallye (ÖM)**	4.	Tacchini/Simoni (I/I)	CSA		
	Rallye-Europameister		**1. Maurizio Verini/Franceso Rossetti (I/I)**			
			2. Bacchelli/Scabini (I/I)			
			3. Jaroszewicz/Zykowski (PL/PL)			
	Italienischer Rallye-Meister		**Roberto Cambiaghi/Emanuele Sanfront**			
1976 17.–24. 1.	**44. Rallye Monte Carlo (WM)**	6.	Alén/Kivimäki (FIN/FIN)	CSA	7	TO M4 6459
		8.	Cambiaghi/Scabini (I/I)	CSA	5	TO M4 6460
		15.	Verini/Rossi (I/I)	CSA	2	TO M4 6458
	14. Rallye San Remo (WM)	6.	Lorenzelli/Necco (I/I)	CSA		
6.–7. 11.	**Rallye Korsika**		Lorenzelli/Necco (I/I)	CSA	15	

WM = Weltmeisterschaft, EM = Europameisterschaft, DRM = Deutsche Rallye Meisterschaft,
ÖM = Österreichische Meisterschaft, Ital. RM = Italienische Rallye-Meisterschaft

Waldegaard unterwegs bei der Marokko-Rallye 1973, die er auf dem sechsten Platz beendete.

American Dreamin'

Fiat in den USA

Mit den Werksferien 1974 hatten sich Fiat respektive Pininfarina ganz und gar auf den nichteuropäischen Markt konzentriert. Die Ölkrise hatte die Situation in Europa entscheidend verschlimmert; so sehr, daß Fiat 1976 ein dickes Aktienpaket an die Libyer verkaufen mußte. Glücklicherweise erwies sich der US-Markt als noch lange nicht gesättigt. Künftig entstand ein unglaublicher Spidertypen-Mischmasch, der logische Zuordnungen nicht mehr zuläßt. Unter anderem lag dies auch an den unterschiedlichen Gesetzen in den US-Bundesstaaten. So gab es zeitweise das sogenannte 49-Staaten-Modell (was Kanada gleich mit einschloß) und zusätzlich eine Kalifornien-Version. Auch die unterschiedlichsten Triebwerks-Auslegungen wur-

Im Januar 1979 lief der 150 000ste Spider vom Band — knapp 50 000 weitere sollten noch folgen.

den vorgenommen. Und auf jeden Fall begannen mit der ausschließlichen Produktion für den amerikanischen Markt Kosteneinsparungen wirksam zu werden – beispielsweise durch die Verwendung dünneren Blechs für die Sitzrahmen (spätestens ab dem Zweiliter-Modell) und die simple Quarz-Zeituhr mit billigem Kunststoffglas im Armaturenbrett. Auch in der Farbgebung des Interieurs (Flaschengrün, Mittelblau oder gar Bordeauxrot) glich man sich dem amerikanischen Geschmack an.

Der CS1 blieb bis zum Juli 1978 als *Spideramerica* im Programm und mauserte sich mit insgesamt 69 208 Exemplaren zum meistgebauten aller Spider-Typen. Offensichtlich störte es niemanden in der Neuen Welt, daß die Leistung dank der Magermotor-Auslegung immer weiter in den Keller ging und daß die durchgehenden Sicherheits-Stoßstangen alles andere als ein Ausbund an Schönheit waren. Übrigens waren die Standlichter erst 1974 in Verbindung mit den Gummiboot-Bumpern in die Scheinwerfer integriert worden. Aber alle weiteren Modellschritte vollzogen sich fließend: So gab's gegen Ende der CS1-Zeit für einige Wagen bereits die Motorhauben mit den vergrößerten Buckeln (nunmehr noch respektloser als *Big Tits* bezeichnet) und versenkte Türklinken. Einige späte 1800er ab Baujahr 1973 hatten sogar schon die elektrische Benzinpumpe, die eigentlich nur dem CSA bzw. dem späteren Einspritzer zugedacht sein sollte. Einspritzer mit 1,8-Liter-Motor gab es jedoch nie! Einige wenige CS1 kamen aber bereits mit der optional erhältlichen GM-Getriebeautomatik daher. Kurzzeitig gab's den Wagen auch mit vergrößerter Frontscheibe. Immerhin war der Italo-Flitzer in den Staaten aus unserer Sicht wirklich preisgünstig: 1976 stieg der Preis auf etwas über 5000 Dollar (12 500 Mark), 1978 waren es mehr als 6000 Bucks (12 060 Mark). Zur Erklärung nur soviel: Die US-Währung befand sich damals in einem beispielslosen Tief.

Das Zweiliter-Vergasermodell

Der Schritt zum nächstgrößeren Motor hatte längst in der Luft gelegen. Dem CS1 folgte im Juli 1978 das CS2 genannte Modell mit auf 1995 ccm vergrößertem, langhubigem Motor. Der stammte aus dem Fiat 132, der damit im März 1977 auf dem Genfer Salon debütiert hatte. Zumindest teilweise ist diese Maschine auch mit der des Lancia-Beta- bzw. Fiat-131/Croma-Motors identisch. Doch während die Serien-Limousine in Europa über 112 Pferdestärken bei 5600 Touren gebieten konnte, wuchtete der US-Motor mit 28/32er-Weber-Zweistufen-Registervergaser in der 49-Staaten-Version nur müde 81 PS bei 5100 U/min auf die Kurbelwelle, während sich die California-Ausführung nur auf 75 PS bei 5000 U/min aufschwang. Nur das maximale Drehmoment war weitgehend unverändert geblieben. Schuld an diesem Potenzverlust waren aber

Die GM-Automatik saß ebenfalls im Opel Rekord 1700. Bei uns wurde der Spider so nie ausgeliefert.

Dieser US-Prospekt von Ende 1979 zeigt ein Einspritzer-Modell, das von einigen Händlern auch an deutsche Kunden veräußert wurde.

nicht etwa die italienischen Techniker, sondern ausschließlich die strengen US-Abgasgesetze: Ein ungeregelter Katalysator und eine Anlage zur Abgasrückführung (anfangs elektroventilgesteuert, später mittels Abgaspumpe) mußten eingebaut werden. Ab 1974/75 waren alle 1979er Amerikaner damit ausgerüstet. Das Prinzip beim Einsatz der Abgaspumpe: Wie ein Pseudoturbo saugt dieses Aggregat die Abgase unmittelbar am Krümmer ab und drückt sie dann nochmals in den Zylinder.

Die grundsätzlich größeren Höcker auf der Motorhaube (besagte *Big Tits*), die auch beim nachfolgenden Spidereuropa die gleichen blieben, hatten damit jedoch nichts zu tun: Sie waren Resultat des um 15 Millimeter höher bauenden Zweilitermotors gegenüber dem 1800er. Wer nachmißt wird feststellen, daß sie konstruktiv wohl nicht notwendig waren. Der wahre Grund – neben der Optik – dürfte die stärkere Hauben-Dämmmatte gewesen sein, die innen angeklipst wurde. Es gibt auch Spezialisten, die vielsagend auf die US-Produkthaftung verweisen, die vielleicht Überhitzungs-, Brand- oder Explosionsgefahren unter einem zu engen Kleid gewittert hatte. Äußerlich lassen sich die Zweiliter-Modelle weiterhin sofort an den neuen, eingezogenen Türspangen nach Ferrari-365-Muster erkennen. Neu waren auch das Dreispeichen-Lenkrad von *Ferrero* (sowohl leder- als auch kunstlederbezogen) und ein geändertes Fahrwerk. Das fängt mit einem geänderten Vorderachskörper an und endet bei der nunmehr dritten Hinterachskonstruktion: Ab dem Zweiliter-Modell ließ sich der Differentialkopf nicht mehr herausziehen, sondern war nur noch mittels eines Deckels von hinten her zugänglich. Eine wirklich sinnvolle Modifikation war unter der vorderen Haube des CS2 und aller nachfolgenden Spider zu finden: die aus Kunststoff gefertigten Radhaus-Einsätze.

In Europa, respektive in Deutschland, war der Spider mit Zweiliter-Vergasertriebwerk ab 1978 erneut zu bekommen. Die Vertriebsfirma *American Advisory Agency* (AAA) in Heilbronn führte solche Autos direkt

„Ein echtes europäisches Cabriolet“ warb der US-Importeur. Die Lederausstattung war allerdings nur als Extra erhältlich.

aus Italien ein, die dann entsprechend den deutschen TÜV-Vorschriften umgerüstet wurden. Dabei zeigte sich, daß sie schon ab Werk sehr nachlässig verarbeitet worden waren. Eigentlich waren sie nur für amerikanische Armeeangehörige in Deutschland bestimmt. Offensichtlich flutschte der Absatz nicht so, wie sich dies der Importeur gedacht hatte. Fiat in Heilbronn zeigte keinerlei Interesse am umgerüsteten US-Spider, so daß einige freie Fiat-Händler in die Bresche sprangen und den CS2 ins Angebot aufnahmen. Er kostete bei uns nunmehr rund 20 000 Mark. Eine Allgemeine Betriebserlaubnis war gar nicht erst beantragt worden, weil die Händler die Wagen nur in kleineren Stückzahlen orderten. Darum sind diese Fahrzeuge nicht unter den getypten Spidern des Kraftfahrt-Bundesamtes aufgeführt. Erst mit der unmittelbar bevorstehenden Schließung der US-Werksniederlassung zeigt der deutsche Importeur noch einmal Flagge und übernahm aus Turin einige hundert Spider, die eigentlich für die USA bestimmt waren. Fehlende Werkstattunterlagen wurden in einer deutschen Minimalversion erstellt, Ersatzteile kamen direkt aus Italien.

Offiziell wurde damals keine Euro-Ausführung gefertigt, die Produktionsstatistik vermeldet ausschließlich knapp 17 000 CS2 in der US-Version. Der Spider war auf dem Gipfel seines Erfolgs: 1979 lag die Jahresproduktion bei sage und schreibe 19 931 Einheiten! Im gleichen Jahr, im Januar, war übrigens der 150 000. Spider vom Band gelaufen, und es schien ewig so weiterzugehen. Denn inzwischen scharrte bereits der nagelneue Einspritzer mit den Hufen, der 1979 auch in einigen kalifornischen CS2 der letzten Serie zu finden ist! Ein Drittel aller Spider wurden in den USA inzwischen mit der schwerfälligen Dreigang-Automatik von General Motors geordert, der gleichen, die auch im Opel Rekord 1700 ihren Dienst versah. Leider zeichnete sich diese Schalthilfe als ziemlich notorischer Spritvernichter aus ... Wegen der immer strengeren Bestimmungen gerade im sonnigen Kalifornien wurden die letzten CS2 dort nur noch als Zweisitzer zugelassen, weil die Sicherheitschancen für Fondpassagiere als zu gering erachtet wurden. Natürlich hatte sich auch die Preisspirale weiter gedreht: Und die Preise stiegen: Gegenüber dem 6000 Dollar (12 060 Mark) teuren CS1 von 1978 mußten für den 1979er CS2 7500 Dollar (13 725 Mark) hingeblättert werden. Dafür bekam man auch einen viel moderneren TR7 oder den facegelifteten MG B.

Der Zweiliter-Einspritzer

Die Einspritzer-Zeit hatte im Mai 1979 begonnen. Als Faustregel gilt, daß alle mit der Bosch L-Jetronic-Benzineinspritzung und erstmals mit G-Kat ausgerüsteten Spider als CS0 bezeichnet werden. Dennoch sorgen

Einer der freien Importeure, die den Fiat 2000 Spider in Deutschland anboten, war Auto-Becker in Düsseldorf.

Mischformen – also CS2-Typen mit CS0-Fahrgestellnummer und CS0-Typen mit CS2-Fahrgestellnummer – für Verwirrung. Sicher ist, daß parallel zum Einspritzer das CS2-Modell weiter gebaut wurde, ganze fünf Monate lang. Die aus Deutschland stammende Einspritzanlage brachte übrigens endlich ein bißchen mehr Leistung: 96 PS bei 5500 U/min! Offizielle Angaben sind oft höher – sie beziehen sich freilich immer auf die amerikanischen SAE-PS (1 SAE-PS = 0,953 DIN-PS). AAA in Heilbronn holte auch den CS0 ins Land, allerdings ohne Katalysator, der damals bei uns noch nicht gefordert wurde. Ohne dieses Teil schwang er sich auf zu sagenhaften 105 PS bei 5500 U/min und einem maximalen Drehmoment von 15 mkg bei 3000 Touren. 176 km/h wurden erreicht, den Spurt von 0 auf Tempo 100 erledigte der solcherart zügellose Europa-Spider in 12,2 Sekunden. Auch andere Importeure wollten etwas vom Kuchen ab

Auch im japanischen Prospekt war vom abenteuerlustigen Fahrer die Rede. Der mußte allerdings rund 35 000 Mark für den CS0 2000 i. e. hinblättern.

105 PS wuchtete der katlose Einspritzer auf die Kurbelwelle – dies sorgte für recht flotten Vortrieb!

Abb. rechts unten: Aufgeräumtes Cockpit, hier durch den Besitzer noch etwas veredelt: 36-Zentimeter-Dreispeichen-Lenkrad und nur noch fünf Rundinstrumente. Kontrolleuchten für die Bremsanlage, den (meist nicht mehr vorhandenen) Kat und die Sicherheitsgurte sitzen in der Mitte des Armaturenbretts.

Abb. rechts: Qualvolle Enge im Motorraum: Die Bosch-Einspritzanlage einschließlich elektrischer Benzinpumpe und weiteren Equipments brauchte Platz.

haben: So offerierte beispielsweise der renommierte Düsseldorfer Händler Auto-Becker den 105-PS-Spider – für stolze 21 500 Mark. Interessanterweise fand sich in seiner Aufpreisliste ein Targa-Hardtop, das bereits damals von der Firma Körbler gefertigt wurde und 1950 Mark kostete.

Optisch unterschieden sich CS2 und CS0 nur in Details. So wies das CS0-Heck die Kennzeichnung *2000 fuel injection* (statt der bisherigen Ziffer *2000)* auf; unter der vorderen Stoßstange kauerte ab sofort ein modischer Spoiler. Und auf Sonderwunsch wurde ab 1980 ein „Check-digit" (Kontrollanzeigen für Gurtschlösser usw.) offeriert. Erstaunlicherweise kam sogar ein wiederum geänderter Vorderachskörper zum Einsatz, während alle anderen technischen Features die gleichen blieben wie gehabt. Als Typenbezeichnung bürgerte sich *Fiat 124 Spider 2000 i. e.* ein, nicht nur bei uns, sondern auch auf einem so exotischen Markt wie Japan. Äußerlich wie ein US-Modell wirkend, mußte er mit japanischen Umrüstteilen für die einheimische Prüfbehörde fit gemacht werden – und dies schlug sich in Preisen um 35 000 Mark nieder.

Die Verkäufe gingen immer schlechter, und dies weltweit: Statt fast 20 000 (1979) bzw. 15 000 Stück (1980) wurden 1981 nur noch 6000 Spider ausgeliefert. 1982 sollte diese traurige Zahl gar auf 2000 zurückgehen, und dies lohnte wirklich nicht mehr. Darum endete im August 1982 die Fiat-Produktion, nach 27 500 Exemplaren des CS0. Alle Absatzförderungen hatten sich tot gelaufen: In den USA hatte man anfangs zwei, dann drei Jahre Garantie gegen Durchrostung eingeräumt und versprochen, zwei Jahre lang für alle mechanischen Defekte des Spiders geradezustehen. *Baby-Ferrari* nannten ihn die Tester, die sich auf Kosten des Importeurs ein schönes Wochenende machten. Ihre ständigen Hinweise auf das zeitlose Styling wirkte schon fast ein bißchen peinlich, wenn man bedenkt, wie weit sich der CS0 mittlerweile von der klassischen Form entfernt hatte.

Zur Frankfurter IAA im September 1981 in Frankfurt hatte der Spider nochmals einen großen Auftritt. Nach siebenjähriger Abstinenz präsentierte er sich den Hardcore-Liebhabern. Massenverkäufe nach Deutschland gab es trotzdem nicht, auch wenn jetzt Fiat in Heilbronn eher zögerlich mit der Vermarktung begann. Von einem „jugendfrischen Oldtimer" schrieb die *auto, motor und sport* im November 1981 und befand sogleich, daß „das älteste Modell im Fiat-Programm zugleich auch eines der attraktivsten ist. Und noch mehr: Mit einem Preis von gerade von 19 450 Mark ist der 124 Spider das mit Abstand preisgünstigste Voll-Cabrio auf dem Markt – beste Voraussetzung also für einen offenen Bestseller." Die *ams* hatte leider im Preis bedeutend zu tief gegriffen, und genau dies war das Problem: Deutlich über 20 000 Mark wollte kaum jemand für diesen keineswegs spritzigen 105-PS-Wagen ausgeben, auch wenn seine Serienausstattung bis zu den elektrischen Fensterhebern reichte und bei geöffnetem Dach wirklich der ganze Himmel ins Boot drängte. Wegen der Gurtrollen und -führungen hätten die Spider eigentlich nur als Zweisitzer zugelassen werden dürfen – viele TÜV-Beamte orientierten sich aber an den alten Datenblättern (AS bis CS1) und trugen auch zwei Notsitze ein. Die *ams* kam indes um die Schlußfolgerung nicht herum: „Der alte Biß ist weg!"

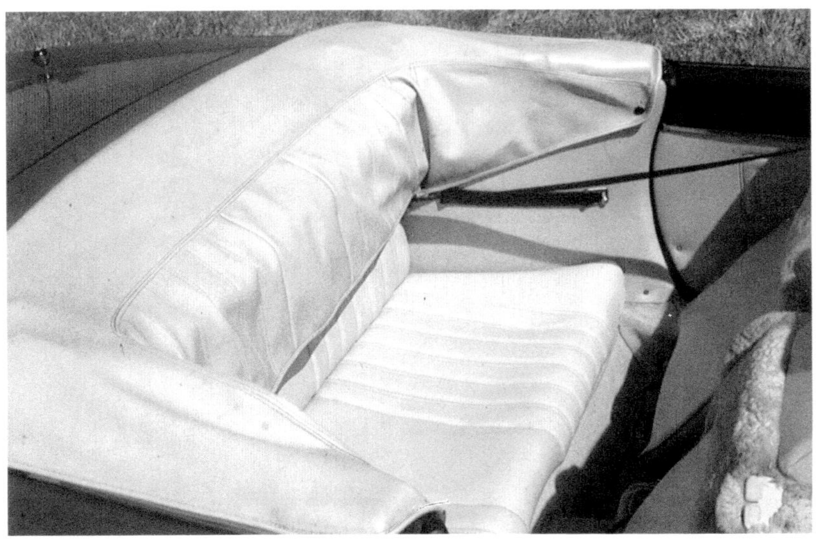

Trapezleuchten und das *2000 fuel injection*-Logo (mit integriertem Kofferraumschloß) prägen das Heck des CSO.

Abbildung links:
Da es sich um ein US-Modell handelt, sitzen elastische Aufnahmen in den Stoßfängern.

Abbildung links unten:
Die Rücksitzbank ist durchaus nutzbar, aber bei uns nicht in allen Fällen für den Personentransport zugelassen.

Ganz am Ende der CS0-Zeit nahm Fiat in Heilbronn den Spider wieder ins Lieferprogramm.

Immer in Champagner-Metallic: Die Tausender-Serie zum 50. Geburtstag von Pininfarina kam in edlem Outfit daher. Sie wurde 1980/81 in die USA geliefert.

Die Sonderserie 50 Jahre Pininfarina

Nur einmal, im Jahr 1981, brachte Fiat ein Sondermodell des Spiders mit allerdings nicht verändertem Einspritz-Motor heraus. Anlaß dafür war das fünfzigste Jubiläum des Hauses Pininfarina. Immerhin 1001 Exemplare der entsprechend benannten Sonderserie wurden ausgeliefert – hauptsächlich in die Neue Welt. Vor allem durch Reimporte gelangten viele davon zurück nach Europa. Sie waren ausschließlich in Champagner-Metallic lackiert und mit einem dunkelbraunen Dekorstreifen auf der Flanke garniert. Jeder Wagen trug eine spezielle Numerierung von 0 bis 999 am Armaturenbrett und an der Karosserie (seitlich zwischen Tür und hinterem Kotflügel) sowie ein Sonderserienschild. Zur ungewöhnlich reichhaltigen Ausstattung zählten folgende Goodies: beigebraune Ledersitze und ebensolche Rückbank, braune Lederverkleidung an Lenkrad, Armaturenbrett und Schaltknüppel, elektrische Fensterheber, teilweise Klimaanlage und Automatikgetriebe, 14-Zoll-Leichtmetall-Felgen und braunbeige Teppiche.

Das seitlich angebrachte Sonderlogo verrät die laufende Nummer des Fahrzeugs (784).

„Fiat Limited Edition Spider 2000" nannte der US-Importeur die 6000 bis 10 000 Dollar teuren, unterschiedlich ausgestatteten Fahrzeuge. Inzwischen hat der Fiat 124 Club Deutschland e.V. mit der Aufstellung eines speziellen Registers über Geschichte und Verbleib derartiger CS0-Spider begonnen. Denn 200 dieser Autos kamen aus den USA nach Deutschland, nachdem 1983 ein Hochwasser das US-Auslieferungslager in New Jersey heimgesucht hatte. Lack- und Wasserschäden sorgten für Dumpingpreise, die auch die Münchner Firma R. Liebermann auf den Plan riefen (wie Targa-Dach-Spezialist Walter Körbler zu berichten weiß): „200 Autos waren in einer großen Halle und auf einem Freigelände ... in der Landsberger Straße 402 in München gelagert ... Ich habe diese Autos gesehen und mich über die reichhaltige Ausstattung wie Klimaanlage und Automatik gewundert. Die ... Metalliclackierungen waren ... durch Meereswasser stark ausgeblichen. Die Autos sind wahrscheinlich im Raum München verkauft worden."

Der Fiat Turbo Spider

Spider sind eher eine nette Geste gegenüber dem Kunden – Geld wird aber mit Volumenmodellen verdient! Und hier ging Fiat of North America Ende der siebziger Jahre in die Knie, weil die Firma auf den Turiner Limousinen sitzenblieb. Die Japaner waren billiger und technisch genau so gut... So kam beim Importeur die fixe Idee auf, den allseits bekannten Spider mittels aktueller Turbotechnik stärker ins Gespräch zu bringen – und vielleicht gleich noch die ganze Marke mit zu befördern. Natürlich wurde die reiche Firmenhistorie werblich bemüht, auf den Fiat 803 mit aufgeladenem Zweiliter-Achtzylinder verwiesen, den 1923 Carlo Salamano beim Großen Preis von Europa in Monza zum Sieg gesteuert hatte.

Um eine entsprechend aktuelle Leistungssteigerung via Turbolader kümmerte sich ab Ende 1980 die Firma *Legend Industries Inc.* in Long Island, New York. Dieses rührige Unternehmen von Fred Dellis war durch *Windblown aftermarket turbocharger systems* (Nachrüst-Turbos) bekanntgeworden. Basis war der Fiat-Einspritzmotor mit zwei Litern Hubraum, der aber deutlich stärker und durchzugskräftiger geraten sollte – vergleichbar den in den USA gängigen großvolumigen Motoren. Eine eventuelle Senkung des Kraftstoffverbrauchs war eher nebensächlich, wichtiger war die strikte Einhaltung der strengen US-Abgasvorschriften. Nach einem halben Jahr präsentierte Fred Dellis die verblüffend einfache Lösung: Da war zum einen die neue Auspuffanlage aus superhartem Stahl mit dem vorgeschalteten Dreiwege-Katalysator aus dem CS0, zum anderen der Turbolader.

Allerdings handelte es sich um keine Eigenentwicklung, sondern um die Adaption eines in den USA von Borg Warner vertriebenen IHI-Turbos, der jetzt als *IHI/Borg Warner Turbocharger RH B6* den Spider beflügelte. Das nur 6,5 Kilo leichte Teil war einer der kompaktesten Turbos jener Zeit. Kein Wunder: Gehäuse und Turbinenrad entstammten dem Flugzeugbau! Der gleiche Lader fand übrigens auch im Maserati Biturbo Verwendung. Er war direkt am speziellen Krümmer befestigt. Wegen seiner geringen Größe, die weniger Abgasenergie zum Ansprechen erforderte, und des extrem kurzen Wegs vom Auslaß zum Lader setzte das System schon sehr früh ein. Positive Effekte waren das fehlende Turboloch und die kontinuierliche Drehmomententfaltung schon aus geringsten Drehzahlen. Nachteilig waren dagegen der geringe Leistungszuwachs im oberen Drehzahlbereich sowie die thermischen Probleme infolge der Laderposition direkt am Motor. Eine Ladeluftkühlung kannte man damals noch nicht.

Die Durchzugskraft des Motors wuchs um rund ein Drittel, das maximale Drehmoment war bereits bei 3600 Touren erreicht. Der Lader setzte schon bei etwa 1500 Umdrehungen ein und arbeitete bis etwa 5500 Touren, das sogenannte Turboloch gab's also nicht. Zwischen 1400 und 3000 U/min erreichte der Motor etwa drei Viertel seiner Leistung. Zugunsten des gün-

Glaubt man dieser Werbeanzeige, waren illustre Tester begeistert vom Turbo Spider. Auch hier wurde irreführenderweise auf die 58jährige Turbo-Erfahrung von Fiat verwiesen.

Für diese Anzeige von 1981 hatte man sich nochmals um Jody Scheckter bemüht, der aufmunternde Worte für den aufgeladenen 2000er fand.

stigen Drehmomentverlaufs wurde allerdings auf Höchstleistungen verzichtet: 120 SAE-PS (115 DIN-PS) bei 6000 U/min standen zur Verfügung, immerhin 19 DIN-PS mehr als beim „normalen" 2000er. Unbestritten war, daß bei dieser Konstruktion ein ausgesprochen schaltfaules Fahren möglich wurde. Dennoch wurde neben dem Fünfganggetriebe serienmäßig auch die bekannte GM-Dreigang-Automatic offeriert. Damit waren die Autos allen Ernstes agiler als die mit Schaltgetriebe: Mit 8,6 Sekunden aus dem Stand auf 60 mph (97 km/h) war der Automatik-Wagen eine halbe Sekunde schneller als die Schalt-Version! Und vom bleifreien Sprit schluckte der Turbo tatsächlich 5 Prozent weniger als der Alfa Spider und sogar 12 Prozent weniger als der Fiat CSO-Spider. Der Ölverbrauch war übrigens, so ermittelte *Sports and GT Cars*, nicht höher als der des 2000er Spiders.

Eingebaut wurde der Lader nur in den *Legend-Industries*-Werken in Detroit sowie in Hauppage (N.Y.). Über die Häfen von Jacksonville, Florida, und Los Angeles, Kalifornien, gelangten die Autos zur Kundschaft im Süden. Fiat räumte diesen Autos die übliche Werksgarantie von zwei Jahren ein und sicherte die Ersatzteilbeschaffung zu. Geplant war, 1981 rund 1000 Spider mit dem Turbo nachzurüsten und künftig etwa 10 Prozent aller in den USA verkauften 124er derart leistungsgesteigert anzubieten. Die genaue Zahl der bis 1982/83 enstandenen Turbo Spider bleibt jedoch im Dunkeln – es dürften insgesamt nicht mehr als 1000 gewesen sein. Der im April 1981 erstmals verkaufte Turbo Spider – zugelassen nur noch für zwei Personen – war übrigens das erste Serien-Cabriolet mit dem imageträchtigen Turbocharger.

Dies alles war allerdings recht teuer: Für fast 3000 Dollar Mehrpreis gegenüber dem 2000er Spider (aber noch unter dem Preis eines Alfa Spiders!) bekam man ein sehr gesittet dreinschauendes Auto angeboten. Rund 13 000 Dollar (31 540 Mark) kostete der Wagen anfangs, 1983 mußten 14 995 Dollar (38 240 Mark) bezahlt werden. Äußerlich sah man dem Auto die Kraftspritze kaum an: Durchgezogene, doppelte Zierstreifen und vier Aufkleber auf der Motorhaube und dem Kofferaumdeckel links sowie beidseits der vorderen Kotflügelecken klärten über die Identität des agilen 124ers auf. Ansonsten war bis auf die neue Auspuffanlage konstruktiv kaum etwas verändert. Die Ladedruckanzeige saß dort, wo normalerweise die Kühlwasser-Temperaturanzeige untergebracht war. Beim Turbo wanderte sie auf den Platz der Zeituhr, die damit entfiel. Breite Pirelli-Niederquerschnitt-Pneus (P6 185/60 HR14) auf CD-134-Felgen von Cromodora (kurz als *Turbo-Wheels* bezeichnet) oder auf SL 133 Speedline-Felgen gehörten erst ab 1982 zur Serienausstattung, vorher mußten 550 Dollar Aufpreis berappt werden. Bis zum Schluß aufpreispflichtige Extras waren die Lederinnenausstattung (415 Dollar), die Metalliclackierung (232 Dollar) und die Klimaanlage (695 Dollar). Außerhalb Nordamerikas wurden diese Autos allerdings niemals verkauft.

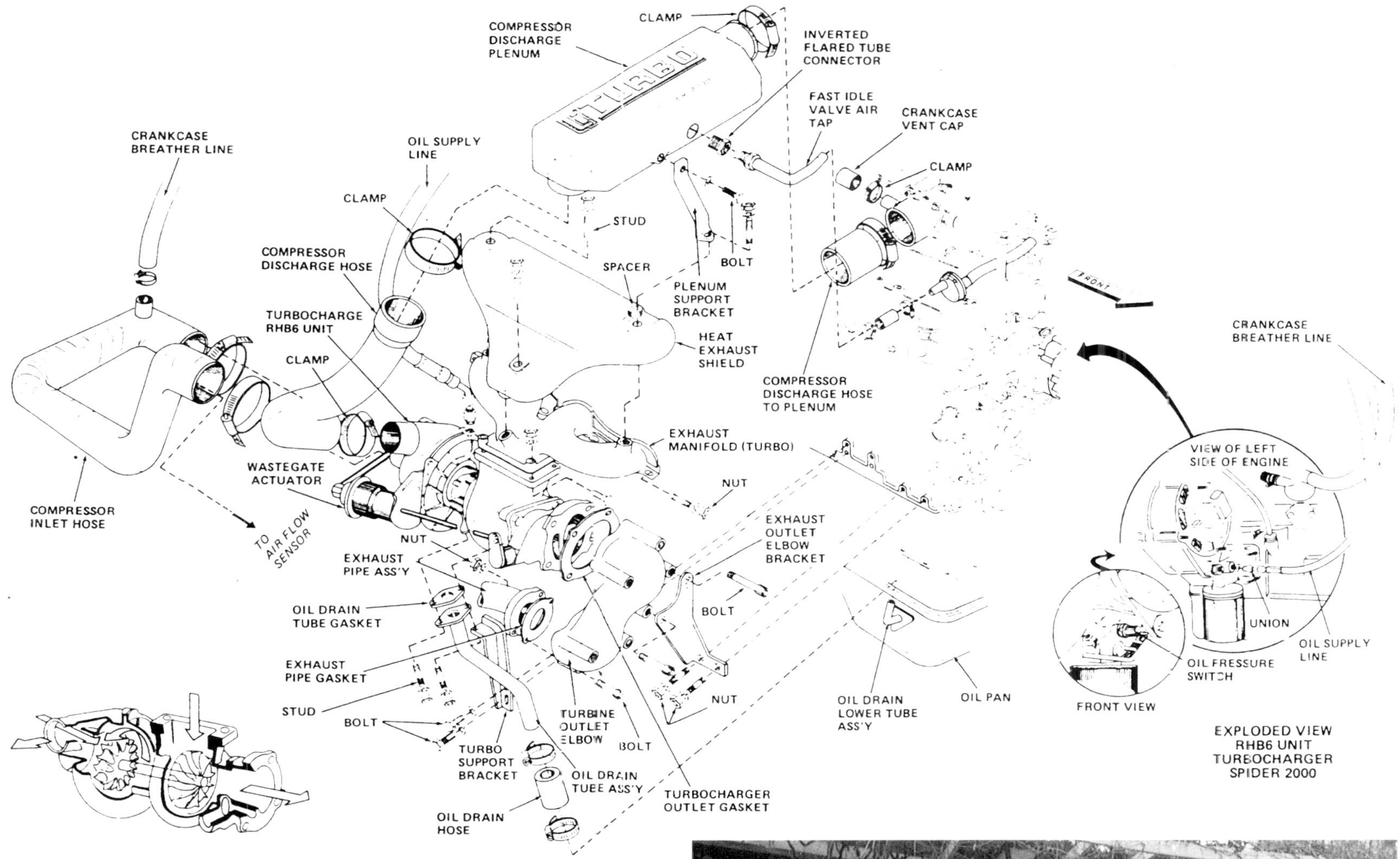

American Open: Das Geheimnis des RH B6-Turboladers von Legend Industries.

Erstaunlicherweise war Sergio Pininfarina bereit, für dieses Foto vor einem Turbo-Spider zu posieren. Mehr noch: Die italienische Firma hat die Aufnahme längst schon in ihren Presseverteiler aufgenommen.

Der Fiat 124 Spider CS0 und seine Konkurrenten im Sprint-Vergleich (1981)

	124 Spider CS0	Alfa Spider 1600	Lancia Beta Spider 2000	Triumph TR7 Drophead
Motorleistung (PS bei U/min)	105 bei 5500	103 bei 5500	115 bei 5500	106 bei 6100
Beschleunigung (s)				
0– 60 km/h	4,6	5,0	4,5	4,8
0– 80 km/h	7,7	7,6	7,2	7,6
0–100 km/h	12,2	11,3	10,4	11,5
0–120 km/h	18,2	16,2	14,7	16,8
0–140 km/h	27,8	22,8	21,2	25,2
0–160 km/h	53,2	35,6	30,5	42,2
Höchstgeschw. (km/h)	176	187	186	176
Preis (DM)	19 450,–	22 990,–	24 390,–	23 000,–

Italienische Werbung: Wer eigentlich soll bei Mondschein enthüllt werden? Verkauft wurden die DS südlich der Alpen über Fiat- und Ferrari-Händler.

Das Freimachen im Sonnenlicht gerät offensichtlich schon etwas spritziger. 185 km/h verspricht der Prospekt, ein Wert, der aber deutlich zu hoch gegriffen ist.

Abb. folgende Seite: Ab 1982 liefen die komplette Fertigung und der Vertrieb ausschließlich über Pininfarina. Vertriebspartner blieb natürlich Fiat.

Frischzellenkur

Der Pininfarina Spidereuropa

Die Zeiten, in denen knackige offene Autos weggingen wie warme Semmeln, waren längst vorbei. Nur noch wenige Hersteller wagten sich Anfang der achtziger Jahre mit Cabrioversionen auf den europäischen Markt, die meisten davon freilich verwässert im Henkelkörbchen-Look oder als Targas. Zur Jahreswende 1981/82 war bei uns gerade noch eine Handvoll „echter" Offen-Autos zu bekommen, sieht man von den Exoten oberhalb der 50 000-Mark-Schmerzgrenze ab: Alfa mit dem 2000er Spider (24 990,-), Mercedes mit dem 280 SL (49 900,-), Morgan mit den Typen 4/4 (31 480,-) und Plus 8 (45 550,-) und der TVR Tasmin (49 000,-). Wenigstens ein Stückweit blauer Himmel ließ sich im Baur-BMW 315 (22 850,-), im Fiat Ritmo (20 550,-) und im X1/9 (18 000,-), im Nissan/Datsun 280 ZXT (32 495,-) und im VW Golf (20 890,-) einfangen. Deutschland war seinerzeit der wichtigste Cabrio-Absatzmarkt in Europa – hier wurden tatsächlich die meisten Oben-ohne-Mobile losgeschlagen.

Einige wenige Importeure brachten freilich auch Exotisches ins Land, darunter die verschiedensten offenen Amerikaner – und den Fiat 124 CS0/CS2. Das ursprünglich anvisierte Zielgebiet der Italiener, nämlich Nordamerika, hatte sich längst als immer weniger aufnahmefreundlich erwiesen. So hing die Zukunft des Turiner Spiders am seidenen Faden: Selbst die alles andere als emotionslose *auto, motor und sport* titulierte den Klassiker als „veraltet" und „betagt" und lobte die kompakten Bügelcabrios über den grünen Klee. Dennoch bekam der mittlerweile zweisitzige

Alle DS bis zum Sommer 1984 sind hinten und vorn mit runden Pininfarina-Zeichen geschmückt. Ganz neu sind die zwei Außenspiegel.

Zweiliter-Wagen eine letzte Chance und wurde auf der 1981er IAA erstmals wieder präsentiert. Unerwartet viele Nachfragen überraschten die inzwischen ohnehin sehr europafixierten Fiat-Oberen. So beschlossen sie, den Spider noch nicht sterben zu lassen. Einzige Bedingung: Produzieren und vermarkten sollte ihn jemand anders, lediglich die Teilezulieferung und den Vertrieb über das Fiat-Netz würde man übernehmen. Gleiches galt für den Mittelmotor-X1/9, dessen Montagebänder ebenfalls dringend für die neuen Fronttriebler-Baureihen benötigt wurden. Eine Weiterentwicklung der beiden Sportmodelle angesichts anderer zu erwartenden Fronttriebler-Volumenproduktionen hätte sich für Fiat beim besten Willen nicht mehr gerechnet.

Dieser Jemand war – im Falle des 124er – natürlich Pininfarina, wo man ohnehin viel von den Aufträgen rund um dieses Auto profitiert hatte. Auch die X1/9-Fertigung sollte an den betreffenden Karosseriebetrieb, an Bertone, gehen. Die Produktions-Übernahme durch Pininfarina verlief erstaunlich pannenfrei. Eine winzig kleine Vorserie (als DS0 bezeichnet) war dort bereits im Juni 1981 fertiggeworden. Im März 1982 lief dann in Grugliasco die eigenständige Fertigung des Pininfarina-Spiders an, während in Lingotto noch bis August 1982 die Montage des CS0 weiterging. Wie vereinbart lieferte Fiat künftig bis zur Produktionseinstellung bei Pininfarina die Motoren, Antriebsstränge und Fahrwerkskomponenten zu. Die Öffentlichkeit nahm davon freilich kaum noch Notiz, Fahr- und Testberichte des „Neuen" sucht man vergeblich.

Unterschiede zwischen dem CS0 und dem nunmehr DS1, Spidereuropa i.e./Iniezione oder gelegentlich auch DS 2000 genannten Pininfarina-Modell (das anfangs die CS0-Typencodierung übernahm) gab's durchaus – allerdings waren sie auf den ersten Blick kaum auszumachen. Die Karosserie hatte einige stilistische und qualitative Veränderungen erfahren, und auch beim Interieur hielten diverse Neuerungen Einzug. So war der Front-Scheibenrahmen zwecks besserer Abdichtung nach oben eine Kleinigkeit verlängert und insgesamt etwas steiler gestellt worden. Die vorderen Radausschnitte wirken größer als beim CS0, was aber nur an der Optik der auf 14 Zoll angewachsenen CD-134-Leichtmetall-Räder mit 185/60er-Niederquerschnitts-Bereifung liegt. In den vorderen Kotflügeln saßen nunmehr – zumindest bei der Europa-Version – kleine, runde Blinker statt der wuchtigen Viereck-Positionsleuchten der letzten CS0-Version. Ebenfalls ausschließlich die Europa-Modelle bekamen einen vorderen Abschlepphaken.

Die Form der Motorhaube mit den zwei großen Buckeln war identisch mit der bisherigen CS2/CS0-Ausführung. Änderungen gab's eine Etage tiefer: Die großen US-Stoßfänger wurden zwar beibehalten, waren aber für die europäischen Ausführungen nicht mit den zwei stoßabsorbierenden Dämpfer-Aufnahmen versehen worden, sondern saßen auf starren Halterohren.

So schlimm wie die für den amerikanischen Markt verschandelten „Gummiboote" von Triumph, MG und Alfa sah der DS1 nicht aus: „Pininfarinas Fiat-Spider ist in seinem Erscheinungsbild auf höchst erfreuliche Weise ganz der alte geblieben. Im Gegensatz zum Alfa atmet er seine Kühlluft nicht durch einen aerodynamischen Briefkastenschlitz, sondern durch ein regelrechtes Maul mit standesgemäßem Kühlergrill", lobte *auto, motor und sport*.

Ganz neue Markenlogos zierten Motor- und Kofferraum-Haube des Turiner Dauerbrenners: Von 1982 bis 1984 saßen hier runde „f"-Symbole; ab dem 1985er Euro-Modell fand sich vorn ein eckiges Pininfarina-Label, während hinten ein kreisrundes Logo mit einem stilisierten „A" Platz finden sollte (A stand für *Azzurra*, eine ehrende Zusatzbezeichnung nach dem Sieg der gleichnamigen Yacht beim 1983er *America's Cup)*. Ein Fiat-Schriftzug tauchte nur noch auf den kleinen Felgen-Kappen auf. Die Heckleuchten des DS1 waren – wie schon beim CS2/CS0 – trapezförmig gestaltet und folgten getreulich dem Schwalbenschwanz-Keildesign des Spider-Hinterteils. Bei den US-Modellen blieb's übrigens weiterhin bei der speziellen Nummernschild-Beleuchtung. Für alle DS1 galt, daß sich die vorderen Dreieckfenster nicht mehr ausstellen ließen. Und mitten auf ihre Glasflächen aufgebracht waren zwei weit ausladende, von innen einstellbare Außenspiegel.

Das nach wie vor holzgetäfelte, mehrschichtige Armaturen*brett* mit der bekannten Instrumentierung war jetzt mit der nach oben ansteigenden Mittelkonsole verbunden. Das gewölbte, irgendwie angehängt wirkende Mittelteil mit den zwei Luftaustritts-Öffnungen und einer unsäglich häßlichen Digital-Uhr bestand erstmals aus Metall. Der Tachometer reichte übrigens bis zu völlig utopischen 220 km/h. Die Sitze blieben die gleichen wie im CS0: breit, aber relativ kurz, keineswegs hart und mit wenig Seitenhalt. Gut in der Hand liegt das nunmehr auf 36 cm Durchmesser verkleinerte, lederbezogene und mit Erleichterungs-Aussparungen versehene Metall-Lenkrad von *Ferrero*. Schade nur, daß es – wegen der Beibehaltung der Schnecken-Rollen-Lenkung – weiterhin so flach stand.

Serienmäßige Aufwertung, wohin man schaut: elektrisch betätigte Fensterheber (wie schon im CS0), Thermoglas, elektrische Kofferraum-Klappenentrieglung, hochwertig wirkende Teppiche, anfangs grundsätzlich kunstlederne Ausstattung, ab dem 1985er Modell gab's Sitzschalen und Abdeckung der Schaltung gegen Aufpreis in Volleder. Als Extra ab den 1984er Versionen mit Skai-Ausstattung wurden helle Frottee-Schonbezüge angeboten. Die neuen Automatik-Sicherheitsgurte sind wie beim CS2/CS0 hinten fixiert worden, weshalb der Wagen mit der jetzt auf 900 Kilo vergrößerten Anhängelast nur als Zweisitzer zugelassen werden kann. Statt einer Sitzfläche für zwei „Notpassagiere" wie in den Vorgängermodellen findet sich hinter der Besatzung eine Ablagefläche mit quer angeordneten Aluleisten, die etwaigem Gepäck Rutschfestigkeit garantieren sollten. Die 12-Volt-Batterie saß übrigens nicht mehr mittig im Kofferraum wie beim CS2/CS0, sondern verdrückte sich ins rechte Radhaus. Ein eigenständiges Hardtop zusätzlich zum bisherigen PVC-Softtop gab's in der Spidereuropa-Ära nicht mehr.

Den Antrieb des Spiders besorgte nach wie vor das bekannte CS0-Triebwerk 132C3.031 mit der Bosch L-Jetronic-Benzineinspritzung. Mit verbleitem Supersprit betrieben, kam der Wagen damit weiterhin auf nominell 105 PS – wobei sich Italo-Fans ein bißchen mehr Performance und Temperament gewünscht hätten. Europäer wurden erst ab Ende 1984 mit einem in den US-Modellen bereits installierten G-Kat beglückt (in Deutschland ab Januar 1985), der immerhin 103 PS und den Betrieb mit bleifreiem Superbenzin ermöglichen sollte. Die angeblich in Italien angebotene höherverdichtete Power-Variante, die dem Eurospider-Motor 122 PS bei 5300 Touren entlockt haben soll, hat es übrigens nie gegeben! Die oft zitierte GM-Getriebeautomatic wurde optional nur im *Azzurra*-US-Spider angeboten. Als unbefriedigend erwiesen sich weiterhin die seit Mitte der siebziger Jahre verwendeten Seat-Fünfgang-Getriebe im handgeschalteten Spider:

Der DS war nur noch als Zweisitzer zugelassen. Hinten befindet sich nur eine Ablagefläche.

Wegen der gegossenen – nicht mehr geschmiedeten – Schaltgabeln haben sie eine kürzere Lebensdauer. Später werksfremd vorgenommene Versuche mit russischen Lada-Schaltboxen brachten keine besseren Resultate.

Im März 1982 war der Spidereuropa von Pininfarina auf dem Genfer Automobil-Salon präsentiert worden. Eine echte Massenfertigung war freilich nie ins Auge gefaßt worden – bis 1985 sollten schließlich gerade mal so viele Spider entstehen, wie Fiat in guten Zeiten in sechs Monaten gefertigt hatte. Mitte 1982 begannen die Fiat-Vertragshändler mit dem Verkauf, vor allem in Europa und hier wiederum vor allem in Deutschland. Fast 3000 dieser DS1 wurden bis Ende 1984 unters Volk gebracht. Die Verarbeitungsqualität (beispielsweise bei Lack und Abdichtung) hatte sich merklich verbessert, aber dies hatte seinen Preis: Mit anfangs rund 25 000 Mark war der Pininfarina Spidereuropa um ein Fünftel teurer geworden als der zuvor erhältliche Fiat 124 CS0. Der 127 PS starke Alfa Spider 2000 (25 990 Mark) kostete nur knapp einen Tausender mehr! Mitte 1984 war der Spidereuropa-Preis dann schon auf 26 980 Mark hochgeschnellt. Ab Werk ließ sich der renovierte 124er anfangs nur in Kirschrot, Elfenbein und Dunkelgrün ordern, gegen eine Zuzahlung von 290 Mark (Modell 1985: 300 Mark) bekam man den Spider in schwarzer Zweischicht-Lackierung (601 F). Noch teurer, nämlich 590 Mark (Modell 1985: 610 Mark) waren die Metallic-Lackierungen Blau, Silbergrau und Maron. Die lediglich Ende 1984/Anfang 1985 angebotene G-Kat-Version war übrigens deutlich kostspieliger: Sie kostete stolze 29 480 Mark (war aber steuerbefreit!), die Kat-lose 105-PS-Version lag zu diesem Zeitpunkt eineinhalb große Scheine darunter.

Im Fahrbetrieb erweist sich der Spidereuropa als gelungene Synthese aus Vernunft und Fahrfreude.

Unter der DS-Haube verrichtet der aus dem CS2 bekannte Einspritzmotor seinen Dienst.

Die Werbestrategen rührten die Trommeln, brachen Verkaufsinitiativen vom Zaune, ließen höchst Poetisches dichten. So lief in Italien eine Werbekampagne mit romantisch hingeparkten Spidern einschließlich berückender Liebespärchen im Licht der untergehenden Sonne oder des aufgehenden Mondes – kühn und ein bißchen zweideutig betitelt mit einem Hinweis auf die Wonnen der Enthüllung bei Mond- bzw. Sonnenlicht... Neben den Italienern und den Deutschen waren auch Schweizer, Franzosen, Skandinavier und Enthusiasten aus Benelux an Pininfarinas Schöpfung interessiert. Und selbst in Großbritannien gab es Bemühungen um den DS1. Dennis Hands, ein Nissan-Händler in Basingstoke, Hampshire, orderte einige Spidereuropa direkt aus Italien. Die als „persönliche Importe" ins Land geholten Wagen mit US-Stoßstangen und zwei Außenspiegeln konnten übrigens als Rechtslenker bestellt werden: Hands plante, mindestens 150 Stück mit Fiat-Originalteilen aus dem 124 Coupé umzubauen. In Wirklichkeit waren es lediglich zwölf Spider, was wohl nicht zuletzt am hohen Preis der Rechtslenker von 9399 Pfund (35 600 Mark) lag.

Volle Fahrt auch mit dem US-Spider, der den schönen Zunamen Azzurra erhielt. Er war reicher ausgestattet als die Spidereuropa-Version.

Letzter Versuch

Der einst so lukrative Absatzmarkt in Übersee hatte sich für Fiat – ähnlich wie später auch für Volkswagen – zum wirtschaftlichen Disaster gemausert. Auf den Spider bezogen bedeutete dies: Ließen sich in den USA während der fetten Jahre Anfang der Siebziger noch bis zu 14 000 Einheiten verkaufen, ging der Absatz ein Jahrzehnt später um fast 90 Prozent zurück. Das so viel kleinere Pininfarina-Unternehmen versuchte es trotzdem und bot ab 1983 den DS1 unter dem in Europa erst viel später bekanntgewordenen Namen *Azzurra* an. *International Automobile Importers, Inc.* unter Leitung Malcolm Bricklins übernahm Import, Verkauf und Service des klassischen Italieners. Mehr als 12 000 Dollar (30 660 Mark) kostete der 103-PS-Azzurra anfangs – in den USA ein überaus stolzer Preis, der aber all die gängigen Goodies wie teilweise Lederausstattung, Klimaanlage, Radiorecorder, 185/60 HR 14-Pirelli-P6-Reifen beinhaltete. Und zusätzlich zur bisherigen Zweijahres-Garantie auf mechanische Defekte (ohne Meilen-Begrenzung) räumte die Händlerorganisation nun eine Dreijahres-Garantie für den Lack sowie eine Siebenjahres-Garantie auf Durchrostung ein.

Sicher war die amerikanische Typzulassung einschließlich Abgasgutachten und Crashtest-Nachweis sehr teuer. Aber der just Anfang/Mitte der achtziger Jahre hochschnellende Dollarkurs bescherte dem Spider einen astronomisch hohen Preis: 1984 kostete er 16 000 Dollar (45 500 Mark)! Der Importeur schreckte freilich nicht davor zurück, den *Pininfarina Sports Car Convertible* (so die Prospektbezeichnung) als erschwingliche Alternative zum fast 44 000 Dollar teuren Mercedes 380 SL zu vermarkten: Der überaus gut ausgestattete Italiener stamme ja schließlich von einem Karossier, der sich auch für Ferrari, Jaguar und Rolls-Royce nicht zu schade sei – und der Benz hätte nicht einmal ein serienmäßiges Fünfgang-Getriebe... Angesichts einer solchen Argumentation darf gestaunt werden, daß dennoch je eineinhalb Tausend Einheiten des 1983er und des 1984er Spider-Modells ihre Käufer fanden. Das ab Ende 1984 ausgelieferte 1985er Modell ließ sich in der *Neuen Welt* nur noch 242mal absetzen. Verschwindend gering auch der Export nach Japan, wo

Den Innenraum des letzten DS prägt ein weniger flachstehendes Lenkrad mit Vollmaterial-Speichen. Es stammt von Momo und mißt nur 35 Zentimeter im Durchmesser.

Auf der Kofferraum-Klappe thront beim 1985er DS nunmehr das blaugetönte, runde Azzurra-Logo.

dank des Mitwirkens weiterer Importeure 1982/83 alles in allem rund 70 Spider verkauft werden konnten: 3,5 Millionen Yen (35 000 Mark) waren ein wirklich stolzer Preis. Allerdings waren die Wagen aufgrund geltender Zulassungs-Bestimmungen mittels japanischer Umbauteile sehr aufwendig umgerüstet worden.

Tatsächlich, Pininfarina schwammen die Felle langsam, aber sicher davon. Was nicht nur am schleppenden Absatz, sondern auch an der fehlenden Perspektive in Sachen Fiat-Hecktriebler lag. „Leider spielte bei Fiat nun der Frontantrieb die dominierende Rolle, so daß es auch für uns schwierig wurde, die entsprechenden Bauteile für den heckgetriebenen Spidereuropa zu bekommen", wird Sergio Pininfarina in der Clubzeitschrift *DER SPIDERFAHRER* zitiert, „deshalb haben wir die Fertigung eingestellt. Aber ich glaube, für den Wagen hätte es noch einen Markt gegeben."

Doch statt den Spider sang- und klanglos in der Versenkung verschwinden zu lassen, werteten die Marketing-Strategen den Zweisitzer ganz am Ende nochmals auf: Die 1985er Ausgabe (auf den allerersten Blick am rechteckigen vorderen Hauben-Logo zu erkennen) unterschied sich in einer ganzen Reihe von konstruktiven Details vom bisherigen DS. Da waren zum einen die üppiger dimensionierten Bremsen, die von der Fiat Argenta Limousine stammten. Und beim 1985er Spi-

Hinter den Sitzen des Modells 1985 befindet sich ein abschließbares Fach.

Die hinteren Seitenscheiben drehen beim Öffnen des Verdecks mit.

Das frühe DS-Interieur mit dem „geschlitzten“ Leder-Lenkrad von Ferrero sowie dem Spidereuropa-Logo und der Digitaluhr in der Mittelkonsole hatte sich gegenüber dem CS2 nur unwesentlich verändert. Die Instrumentierung bestand fortan aus: Wasserthermometer, Tacho (bis 220 km/h), Öldruckanzeiger (bis 8 bar), Drehzahlmesser (bis 8000 Touren, gelber Bereich ab 5500, roter Bereich ab 6000 U/min) und Tankanzeige (von links nach rechts).

Die CD-134-Leichtmetall-Räder des DS tragen das Fiat-Logo auf den Felgenkappen. Den Abschlepphaken auf der Beifahrerseite unterhalb des Blinkers haben nur die Europa-Modelle.

Niemand weiß, warum: Die US-Version des DS — hier ein 1985er Modell — wurde nie mit einem Abschlepphaken versehen.

dereuropa kamen einteilige CD-167-Leichtmetall-Felgen in anderem Design zum Einsatz. Zum anderen erhielt der Spider statt der seit Anbeginn verwendeten Schnecken-Rollen-Lenkung eine moderne Zahnstangen-Lenkung ebenfalls aus dem Fiat Argenta und die damit entsprechend geänderte Vorderachse; das Kühlsystem wurde verstärkt. Auch beim Interieur wurde neudekoriert: Kleineres, noch flacheres Leder-Lenkrad von *Momo* (Durchmesser 35 cm) mit drei glattflächigen Speichen, beleuchtetes Zündschloß, Stütze für den Kupplungsfuß (endlich!) und Schaltknüppel mit kugelförmigem Holzknauf. Unter der hinteren Ablagefläche verbargen sich nunmehr zwei abschließbare Fächer.

Über das Auslaufen der Produktion gibt es widersprüchliche Angaben. Pininfarina selbst vermerkte am 30. Juli 1985, 15 Uhr, die Fertigstellung des letzten Spiders (Identifizierungsnummer 007438, Chassisnummer 05511780). Insgesamt waren in Grugliasco 7438 Exemplare entstanden (wovon 4257 in Europa blieben); zusammen mit den Fiat-Spidern kommt man rein rechnerisch auf 198 020 Stück. Dennoch existiert ein offensichtlich gestelltes Foto, auf dem die Fertigstellung des 200 000sten Spiders zelebriert wird! Tatsächlich endete das Gesamtprojekt am 27. November 1985, als Teilenachfertigung und Auslieferung abgeschlossen wurden. Die letzten fabrikneuen Wagen wurden noch Anfang des folgenden Jahres über die Händler verkauft.

Das offizielle Pininfarina-Werksbild zeigt den 200 000sten Spider. Tatsächlich endete die Produktion kurz vorher.

Die Drei "Oben ohne" von Pininfarina und Bertone

Fiats Angebotspalette offener Autos im Jahr 1984 umfaßte den hauseigenen Ritmo sowie die unter anderer Flagge segelnden Typen von Pininfarina (hier der Volumex) und Bertone (hier der X1/9).

Abbildung folgende Doppelseite: Das ab der Werksferien 1984 gebaute Auslaufmodell erkennt man äußerlich an dem viereckigen Pininfarina-Logo vorn.

K DS 457

Starker Abgang

Der Pininfarina Spidereuropa Volumex

1982 war die Produktion des Pininfarina Spidereuropa angelaufen, direkt neben den Bändern, auf denen der zwar potentere, aber potthäßliche Gummilippen-Spider von Alfa Romeo entstand. Mit dem kleinen 1,6-Liter-Triebwerk kam dieser bereits auf 103 PS, in der Zweiliter-Ausführung schüttelte er 127 PS aus dem Ärmel. Es muß darum für die Freunde des einstigen Fiat-Spiders überaus genugtuend gewesen sein, als sich Pininfarina endlich zu einer Power-Version des 124ers entschloß.

Bereits auf dem Turiner Salon im Frühjahr 1982 (21. April bis 2. Mai 1982) hatte Pininfarina mit dem damals noch „Spidereuropa Abarth" genannten Prototyp überrascht. Er war mattrot lackiert wie die 1974er und 75er-Werks-CSA, um die verwandtschaftlichen Verhältnisse von vornherein klarzustellen... Äußerlich unterschied sich der Wagen lediglich durch seine breitere Spur und die auffälligen Zierstreifen vom „zivilen" Spidereuropa. Nur der Abarth-Schriftzug des Prototyps an der vorderen Haubenkante wich in der Serie dem Volumex-Schriftzug – sonst war nichts anders als bei der späteren Serienausführung. Unter der Doppelhökker-Haube saß allerdings ein Motor, der von Abarth entwickelt und dann in den verschiedensten Lancia-Typen installiert worden war: Er entsprach weitgehend dem bekannten Fiat-132-Triebwerk, war nun aber mit einem Kompressor gekoppelt. Das Prinzip – lange konkurrierend mit der Aufladung mittels Turbolader – war uralt. Mit dem Lancia Rally 037 bewies es nun auch im Motorsport seine Reife. Eingesetzt wurde der

Links:
Der auf dem Turiner Salon 1982 vorgestellte Volumex-Prototyp hieß seinerzeit noch Spidereuropa Abarth und hatte sowohl vorn rechts als auch unter der seitlichen Zierleiste eine entsprechende Kennzeichnung.

Gleich vier „zivile" Modelle des Fiat-Konzerns kamen mit Kompressor daher – hier der Lancia HPE VX.

So sieht der zweiflügelige Kompressor aus, der seitlich des Ansaugrohrs angebracht ist und dank der großen Rippen gekühlt wird. Angetrieben wird er über Riemenscheiben und Riemen im Verhältnis von 1,32 : 1.

Der Kompressor sitzt ganz vorn unten auf der Fahrerseite. Geschmiert werden die vorderen Lager und die Schrägstirnräder über eine unabhängige Tauchschmierung.

So sieht der zweiflüglige Kompressor aus, der seitlich des Ansaugrohrs angebracht ist und dank der großen Rippen gekühlt wird. Angetrieben wird er über Riemenscheiben und Riemen im Verhältnis von 1,32 : 1.

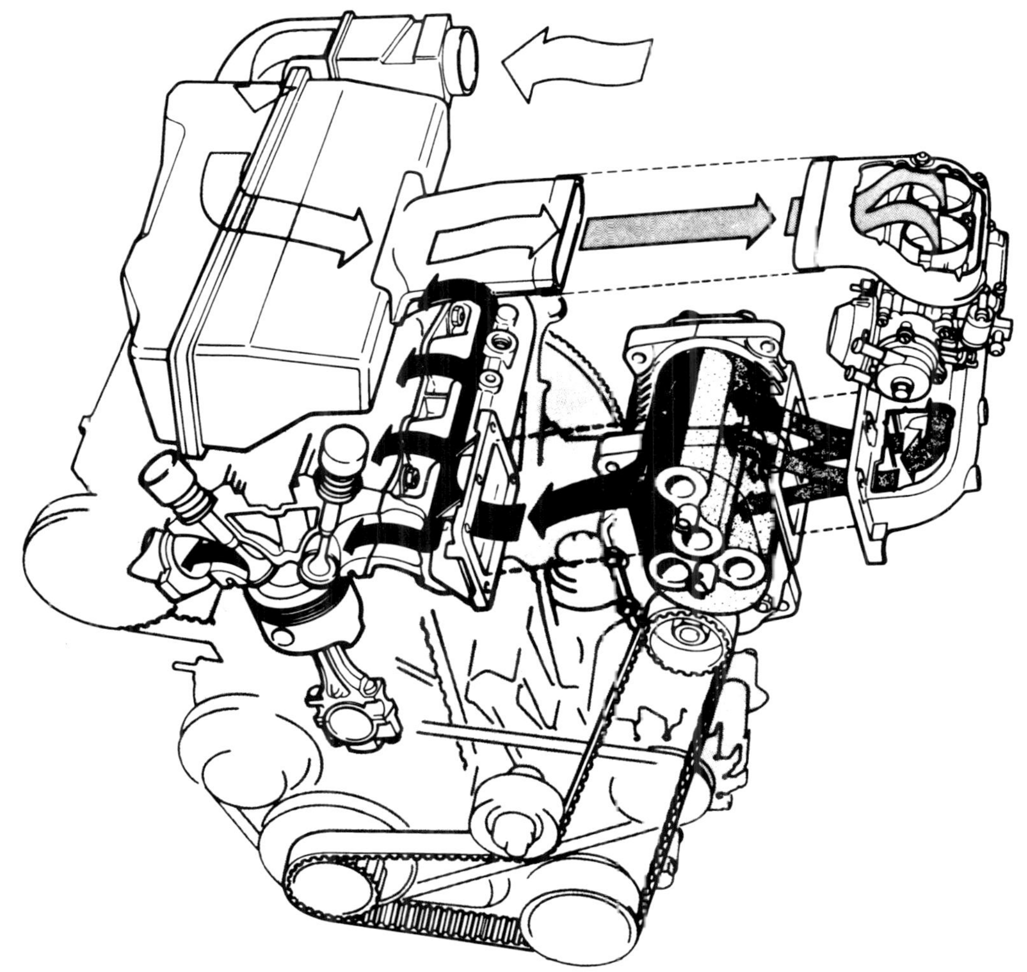

fast völlig ab (Spaltmaß 0,15 bis 0,25 mm) – und drücken das Gemisch in Richtung Ansaugtrakt. Weil auf diese Art mehr Gemisch gefördert wird, als ein Vergaser liefern könnte, kommt es zum Druckaufbau im Ansaugkrümmer. Der baut sich erst während des Öffnens der Einlaßventile ab. Weil sich auf diese Art und Weise etwa drei Liter Gemisch in den Verbrennungsraum schmuggeln, entwickelt der Motor die „künstliche Leistung" eines Dreiliter-Triebwerks! Die Ladeleistung des ständig mitlaufenden Kompressors steigt übrigens bei zunehmender Motordrehzahl nur unwesentlich an. Wird das Gas weggenommen, entsteht gar ein Unterdruck im Ansaugsystem.

Gegenüber dem Turbolader glänzt dieses System mit einem besseren Drehmomentverlauf und Ansprechverhalten; es erinnert an großvolumige, spezifisch niedrig belastete Saugmotoren. Aber das System ist teurer als eine Bestückung per Turbolader, benötigt mehr Platz und kostet wegen des mechanischen Verdichters einiges an Leistung. Beim Turbo werden allerdings höhere Verbrennungstemperaturen erreicht! Aus Sicherheitsgründen wurde dennoch beim Volumex einiges geändert: natriumgekühlte Auslaßventile, hitzefeste Zylinderkopfdichtungen, verstärkte Kolben und eine deutlich reduzierte Verdichtung sowie ein Ölkühler. Nur wenige wagten sich angesichts solcher Probleme in den letzten Jahren an ähnliche Systeme der mechanischen Aufladung: Opel mit dem Senator Comprex D, Volkswagen mit dem G-Lader für den Corrado, Golf und den Polo, Jaguar mit dem neuen XJ-R, Aston Martin mit dem DB7 und schließlich Mercedes mit dem C-Modell und dem SLK.

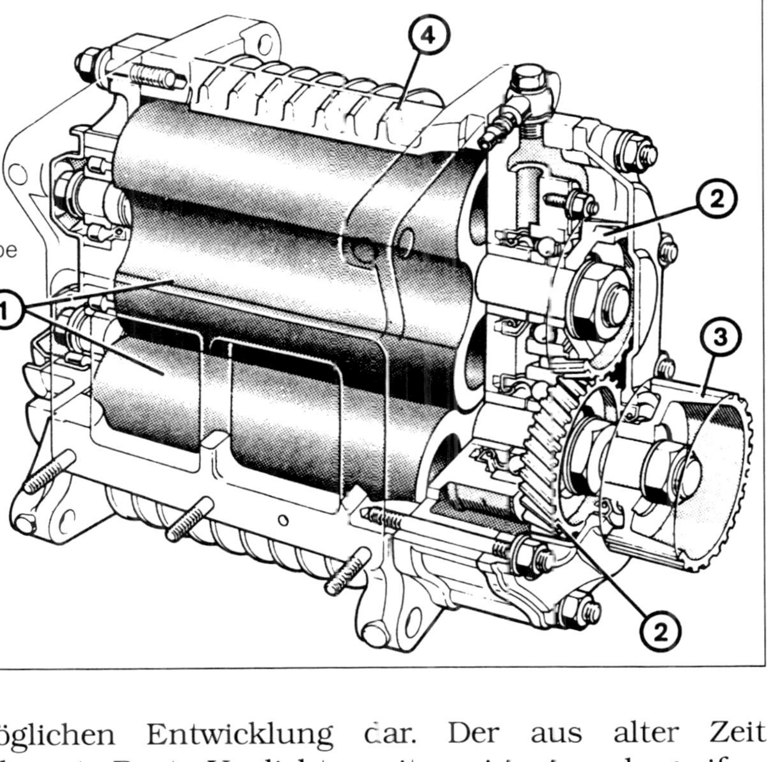

Aufriß des Kompressors Typ Roots

1. Flügelrotoren
2. Schrägstirnradgetriebe
3. Aufnahme des Motorantriebs
4. Kühlrippen am Ladegehäuse

Beim Kompressor des Volumex handelte es sich um einen rund 9,5 Kilo schweren, zweiflügligen Druckwellenlader mit Zahnriemenantrieb und Saug-Vergaser, der vorn links an den Motor angeflanscht worden ist. „Zweifellos stellt die Konstellation, wie sie am Volumex-Motor gewählt wurde, nur die erste Stufe einer möglichen Entwicklung dar. Der aus alter Zeit bekannte Roots-Verdichter mit zwei ineinandergreifenden Drehflügeln könnte durch wesentlich effizienter arbeitende Verdränger-Lader abgelöst werden. Auch die starre Übersetzung des Lader-Antriebs stellt sicher kein Optimum dar. Um den Lader in einem günstigen Drehzahlbereich zu halten, bietet sich beispielsweise eine variable Übersetzung des Riemenantriebs an", diagnostizierten die Techniker von *auto, motor und sport* Anfang 1984 in einem Systemvergleich zwischen Turbo

Kleine Straßen oder breite Motorways — der Volumex ist überall zuhause. Zum gemütlichen Cruisen kommt natürlich das Verdeck herunter!

Nur das letzte Modelljahr von
Spidereuropa und Volumex
trug auf der Kofferraum-
Klappe das Azzurra-Logo.

Die genial einfache
Verdeckkonstruktion
behielt bis zum Schluß
die vollversenkbaren
hinteren Seiten-
scheiben.

und mechanischem Lader. „Denn speziell im oberen Drehzahlbereich wird ein Teil der durch die Aufladung gewonnenen Leistung – ohne weiteres bis 20 PS – wieder aufgezehrt". Aber an derlei Weiterentwicklungen war eigentlich gar nicht gedacht – denn der Power-Pininfarina sollte ein exklusives, limitiertes Sondermodell bleiben.

Quattroruote aus Italien ließ für die Juni-Ausgabe 1983 den Formel-1-Star Michele Alboreto einen der Vorserien-VX mit dem Kennzeichen TO Y0 8526 bewegen. 191,013 km/h erreichte er, den Spurt von 0 bis 100 km/h schaffte er in 8,5 Sekunden. Und der Verbrauch? Er lag moderate, aber kaum glaubhafte 10 bis 15 Prozent über dem des DS1. Alboreto lobte die ausgezeichnete Elastizität des Motors, nannte den Wagen „ein exzellentes und vergnügliches Auto, das gut geht, erfreulich rasch Gas annimmt und heute (1983 – d.V.) immer noch modern aussieht".

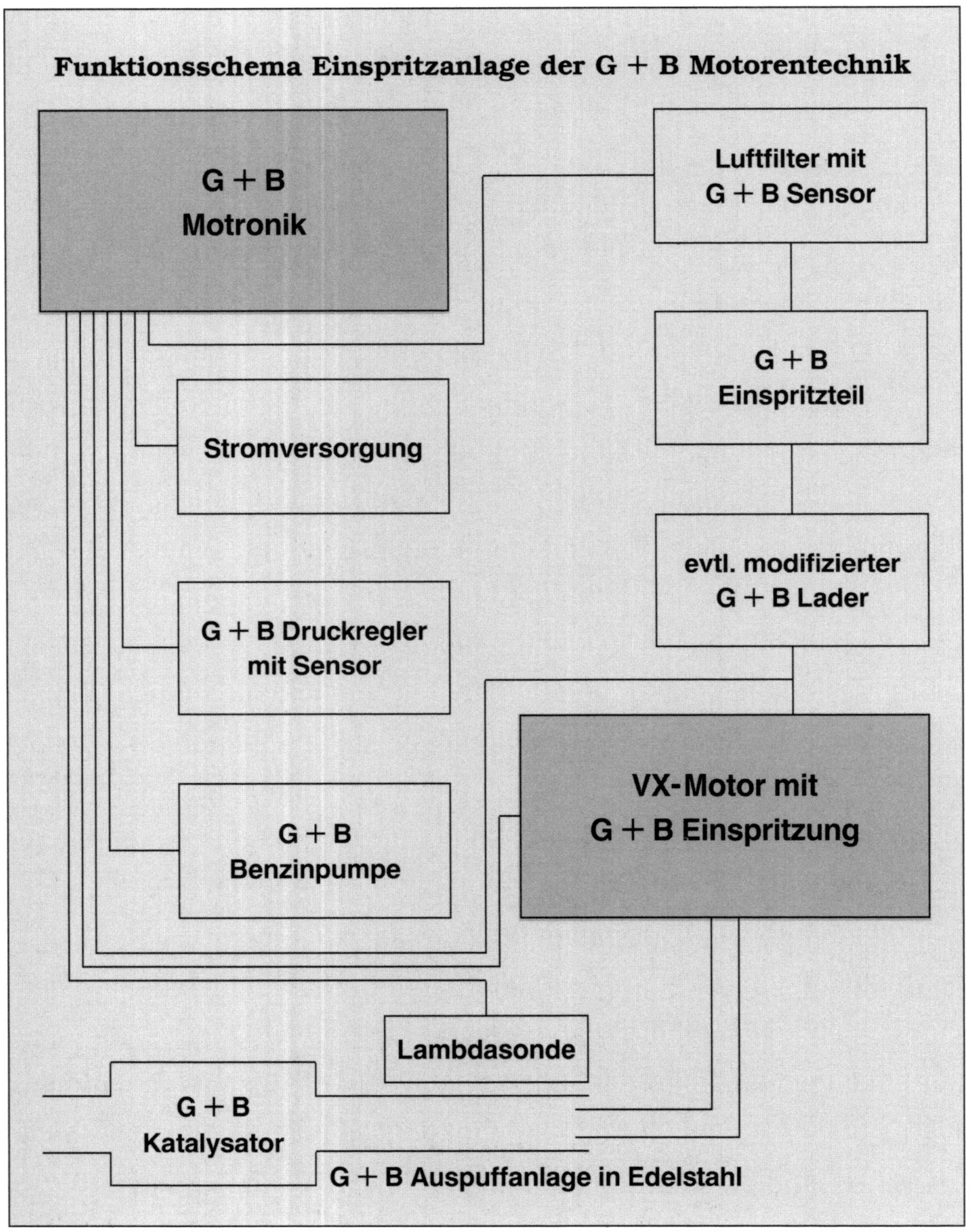

Das Serienmodell

Offiziell 135 PS und 190 km/h Endgeschwindigkeit waren die imposanten Eckdaten des kraftvollsten Fiat-Serien-Spiders aller Zeiten. Die Resonanz auf dem Turiner Salon war entsprechend positiv ausgefallen, und so bereitete Pininfarina für 1983 eine Sonderserie vor. Ursprünglich sollte sie strikt auf 200 Exemplare begrenzt bleiben und in allererster Linie für den Export nach Deutschland reserviert werden. Vermarktet werden sollte das bei Pininfarina gebaute Auto übrigens ursprünglich unter dem Namen Lancia, um so die noble Positionierung des Wagens im Fiat-Programm zu verdeutlichen.

Doch bereits bevor am 1. Juli 1983 offiziell der allererste Spidereuropa Volumex vom Band rollte, hatte die „Produktion" bereits begonnen: 20 Spidereuropa waren für ganz eilige Kunden vorab mit dem Roots-Kompressor ausgestattet worden. Sehr aufwendig mußten sie schließlich noch fahrwerksmäßig verändert werden. 130 Volumex sollten bis Ende 1983 insgesamt nach Deutschland gelangen, tatsächlich waren es wegen Streiks und Zulieferschwierigkeiten in Italien nur 17 Exemplare. Bis zum 30. Oktober 1984 waren die geplanten 200 Stück endlich fertiggestellt.

Weil der Produktionsauslauf des offenen Klassikers nur noch eine Frage der Zeit war, outeten sich viel mehr Kunden als erwartet als Liebhaber des Power-124: Bestellen, bezahlen, einmotten und für die Zukunft schonen, war ihre Devise. Daraufhin legte Pininfarina ab dem 1.11.1984 noch eine weitere Serie von 300 Exemplaren auf. Sie hatte bereits alle Goodies des 1985er DS1 – also die hinteren Ablagefächer, das kleinere Lenkrad von *Momo* – (Durchm.: 35 cm, vorher: Abarth-Lenkrad wie im CSA mit ebenfalls 35 cm) und Zahnstangenlenkung statt der bisherigen Schnecken-Rollen-Lenkung. Die allerletzten 50 Exemplare erhielten serienmäßig die bereits erwähnten Ledersitze. Von den letzten Volumex-Modellen wurden – damit die limitierte Serie tatsächlich 500 nicht überschritt – 20 wieder zum „normalen" Spidereuropa rückgerüstet.

Die Technik des Volumex entsprach der des Vorserien-Modells –

nur kam jetzt ein kleiner Abarth-Kompressor statt des größeren Laders von Abarth-Weber-Marelli, der im Lancia Rally 037 und im Fiat 131 Abarth Volumetrico gesessen hatte, zum Einsatz. Bei einem Ladedruck von 0,45 bar entsprangen dem Zweiliter-Triebwerk nominell 135 PS bei 5600 Touren; das maximale Drehmoment lag bei 21 mkg (206 Nm) bei 3000 U/min. Leistungsmessungen ergaben, daß diese Angaben keineswegs zu hoch gegriffen waren – wie oft behauptet wird. Neu war auch die dreiteilige Abarth-Auspuffanlage mit Vorschalldämpfer, ovalem Endrohr und wesentlich weniger Rückstau. Erstmals serienmäßig eingesetzt wurde im Volumex ein Ölkühler.

Das gegenüber dem DS1 nur 20 Kilo schwerere Auto lief serienmäßig immer auf den dreiteiligen 7 J x 15 H2-Speedline-Alufelgen SL 015 (die vom Lancia Rally 037 her bekannt waren) – und dies stets mit den flachen 50er-P7-Pneus (Es gibt allerdings auch deutsche Fahrzeugbriefe, in denen schon als Ersteintragung „Felge 5½ J × 14" zu lesen ist: Dann ist die Bestückung mit der CD-134- oder CD-167-Felge möglich). Eine Augenweide, daß die Pirellis die Radkästen mit den aufgesetzten, schwarzen Kunststoff-Kotflügelverbreiterungen so richtig satt ausfüllten! Vorn kamen größere, hier sogar innenbelüftete Scheibenbremsen mit Brembo-Bremssätteln vom 131 Abarth Volumetrico sowie ein vergrößerter Hauptbremszylinder zum Einsatz. Insgesamt war die Spur verbreitert und das Fahrwerk – mit Bilstein-Gasdruck-Stoßdämpfern, härteren Fahrwerks-Gummis, größer dimensionierten Stabilisatoren und den gewohnten vorderen Doppelquerlenkern sowie der hinteren Starrachse an vier Längslenkern – dank verkürzter Schraubenfedern etwas tiefergelegt worden. Damit kam hier die letzte Vorderachs-Konstruktion des Spiders zum Einsatz.

Äußerlich war der Volumex, von wenigen Änderungen abgesehen, dem Spidereuropa sehr ähnlich. Aber da wäre zum einen die exklusive Farbgebung: Pininfarina lieferte ausschließlich den Volumex in Schwarz-Metallic (Farbcode 602 F) und Weinrot-Metallic – von ersterem wurden nur 139 (davon 39 in schwarzer Zweischicht-Lackierung 601 F ohne Metallic-Effekt im Jahr 1985), von letzterem 361 Stück ausgeliefert. Wobei noch zu ergänzen wäre, daß Dach und Innenausstattung jeweils in Beige oder Schwarz oder kombiniert geordert werden konnten. Zum anderen gab's die optische Kennzeichnung mittels *Volumex*-Aufklebern an der Motorhaube (rot bei schwarzem Lack, Metallic-silbergrau bei roter Lackierung) und der Heckklappe links, den durchgehenden Zierstreifen und den *Volumex*-Symbolen an den beiden vorderen Flanken. Nur Fachleute wissen, daß überdies die jeweilige Nummer der 500er-Gesamtserie am linken Rand der vorderen Quertraverse eingeschlagen ist (wobei an der gleichen Stelle auch beim DS1 eine Seriennummer sitzt). Im Innenraum sah es aus wie im Spidereuropa, lediglich die Ladedruckanzeige an der Stelle des Reglers für die Instrumentenbeleuchtung und der bis 240 km/h reichende Tacho verrieten den exklusiven Charakter des Autos. Genau wie beim Spidereuropa waren für die skaibezogenen VX-Sitze helle Frottee-Schutzbezüge serienmäßig, außerdem gehörten beim Volumex zwei sportive Carello-Zusatzscheinwerfer zur Erstausstattung. Strittig ist, ob sie tatsächlich zur Auslieferung gelangten.

In Deutschland wurden insgesamt 458 Volumex verkauft – zu Preisen, die von Enthusiasten, Sammlern und Spekulanten sofort und ohne Zögern gezahlt wurden: 29 950 Mark am Anfang und 32 500 Mark kurz vor dem Ausverkauf waren für sie Sonderangebote, denn der 105-PS-Spider kostete lediglich 3000 Mark weniger! Die damals einzigen italienischen Mitwettbewerber mit Kompressoraufladung waren nur geringfügig preisgünstiger und eben ohne Klappverdeck: der Lancia Trevi VX (1984: 24 950,–, 1985: 25 950,–); das Lancia Beta Coupé VX (1984: 25 950,–, 1985: 27 300,– DM) und das Lancia HPE Coupé VX (1984: 25 700,–, 1985: 26 950,– DM). Die restlichen 42 Exemplare verteilten sich über ganz Europa; bekannt ist die Existenz solcher Fahrzeuge in Italien, Belgien, Frankreich, Großbritannien (reimportiert!) sowie in den Niederlanden und in der Schweiz. In Italien, wo in den Fahrzeugpapieren grundsätzlich nur der Hubraum, nicht aber die

Luxus umwallt den Fahrer eines Volumex; lediglich eine Zentralverriegelung hat man sich geschenkt. Das dreispeichige Momo-Lenkrad verrät es: Wir bewegen ein Fahrzeug der 1985er Edition.

Eine kurze Schlüsseldrehung — dann springt das hochgepowerte Triebwerk sofort an. Es sollte dann sehr vorsichtig warmgefahren werden.

Leistung eingetragen ist, sind inzwischen bereits mehrere VX-Repliken auf normaler DS-Basis auf der Straße. Seinerzeit waren alle VX-spezifischen Teile problemlos als Ersatzteil zu haben... Und nach wie vor hält sich das Gerücht, daß bei Pininfarina auch nach Produktionsende noch einige Volumex aus Ersatzteilen montiert worden seien.

Der Pininfarina Volumex im Alltag

Alles ist vertraut für Kenner des Spidereuropa. Luxus pur umwallt den Piloten: elektrische Fensterheber, hochwertige Ausstattung. Tacho und Drehzahlmesser liegen genau im Blickfeld, nur die optimale Sitzposition ist für einen langen Menschen so schnell nicht gefunden. Die Lenkung ist, so wissen wir bald, präzise, aber nicht unbedingt leichtgängig – es wird also ein erlebnisreicher Nachmittag mit einem Klassiker von altem Korn und Schrot werden.

Da wir um die komplizierte Technik wissen, gehen wir behutsam zu Werke. Eine kurze Schlüsseldrehung, dank des automatischen Chokes springt der Motor sofort an, brabbelt aber erst mal unruhig vor sich hin. Sehr vorsichtig wird der Wagen auf Temperatur gebracht, dabei keinesfalls über 3000 Touren gedreht. Ein Ölthermometer gibt es nicht, und das Wasserthermometer signalisiert schon nach zwei bis drei Kilometern freie Fahrt – besser ist's, noch zwei, drei weitere Kilometer zurückzulegen.

Dann kann's losgehen. Und siehe da, das Triebwerk dreht tatsächlich prächtig hoch und nimmt völlig selbstverständlich Gas an – sofern der Vergaser so gut eingestellt ist, wie bei unserem Testexemplar. Handelt sich's hier tatsächlich um einen Zweiliter aus dem Fiat-Baukasten, oder hat man uns einen saftigen Dreiliter untergeschoben? Das Fünfgang-Getriebe – mit dem bekannten, ziemlich langen, hakligen Schaltstock (hier eingehüllt in edles Leder) – ist sehr kurz übersetzt. Und dies reizt zu unerwarteten Sprintaktionen. Immerhin, das maximale Drehmoment ist bereits bei knapp 3000 Touren erreicht; viel geschaltet werden muß nun nicht mehr. Das macht auch wenig Spaß angesichts der relativ hohen Pedalkräfte.

Im Bereich der Höchstgeschwindigkeit pendelt der Tourenzeiger in den roten Bereich hinein.

Kein Problem: Schon ab 1500 U/min steht genügend Drehmoment zur Verfügung, und man hat das Gefühl, jederzeit ohne Anstrengung noch mehr Leistung abrufen zu können. Tatsächlich bieten die vierte und fünfte Schaltstufe so viel Elastizität, daß Drehzahlorgien gar nicht wirklich nötig sind. Die, nebenbei bemerkt, überhaupt nicht zum bulligen Motoren-Charakter des Volumex passen würden: Fahren Sie einen großvolumigen Amerikaner dauernd im kleinen Gang?

Die vielzitierten thermischen Probleme, mit denen sich andere VX-Fahrer infolge von Hitzestau unter der Motorhaube und anschließender Dampfblasenbildung herumplagen müssen, können wir hier nicht nachvollziehen. Sicher ist, daß der Ansaugtrakt eine Schwachstelle des Systems darstellt: Der Filterkasten benötigt einfach mehr Luft, wobei schon durchlässigere Filtereinsätze weiterhelfen können. Zum nachträglichen Einbau eines Thermofühlers an Zylinderkopf und Ansaugkrümmer, der den Kühlventilator vorzeitig in Gang gesetzt hätte, kam es nie – vielleicht hätte auch dies einige Kinderkrankheiten verhindert. Allerdings gab es seinerzeit mal eine Umrüstaktion von Fiat!

Wir geben dem Volumex jedenfalls völlig unbeschwert die Sporen, bis der Tacho des geschlossenen Fahrzeugs auf der Autobahn 200 km/h anzeigt (die Verdeckkonstruktion ist übrigens genauso einfach wie bisher zu betätigen). Der Fahrtwind tost, 7200 Touren verkündet der Drehzahlmesser. Tatsächlich dürften wir echte 190 km/h draufhaben. Der Wagen liegt ruhig, läßt aber keinen Zweifel an der sportlichen Auslegung des Fahrwerks. Ohne Verrenkungen geht es durch enge Kurven, das dezente Untersteuern ist kaum zu merken. Kräftiges Übersteuern läßt sich freilich durchaus provozieren, wenn in der Kurve plötzlich Gas gegeben wird!

Bei nasser Fahrbahn sollte man angesichts der breiten Reifen natürlich höllisch aufpassen: Gar zu gern macht sich dann das Heck selbständig. Die Bremsen sind keineswegs so giftig wie erwartet, sorgen aber für vehemente Verzögerung. Ein ABS wäre das Nonplusultra gewesen. An der nächsten Tankstelle vergleichen und staunen wir: Bei mäßiger Fahrweise genehmigte sich der VX rund 12 Liter verbleites Super, nach recht scharfer Fahrt ist er mit 15 Litern/100 km zufrieden. Super Plus bleifrei wird übrigens gleichermaßen gern geschlürft. Unser Testmobil war unlängst auf einem Abgasprüfstand, wo man ihm NO- und NO_2-Emissionswerte auf gleichem Level wie bei einem Kat-Fahrzeug bescheinigte! Im Stand betrug der CO_2-Anteil übrigens sogar fast 0 %.

Daß die Roots-Gebläse sonderlich störanfällig seien, hat sich gleichermaßen als Falschmeldung erwiesen. Allerdings sollte die Versorgung mit Getriebeöl stets funktioniert haben; ein entsprechender kleiner Tank ist direkt am Kompressor angebracht. Sollte der Motor aber mehr als 100 000 Kilometer gelaufen sein, wird der Lader künftig etwas Öl brauchen.

Übrigens haben diverse Fiat- und Lancia-Händler Ende 1995/Anfang 1996 für kleines Geld komplette Argenta-VX-Motoren verschleudert – abweichend gegenüber dem Spider war nur die Bestückung mit einem 34er Vergaser und die im unteren Bereich anders geformte Ölwanne.

Spidereuropa und Volumex und ihre Konkurrenten im Sprint-Vergleich (1983/1984)

	Spidereuropa 2.0 i	Spidereuropa VX	Alfa Spider 2.0
Motorleistung (PS)	105	135	127
Beschleunigung (s)			
0– 80 km/h	7,9	5,6	7,8
0–100 km/h	10,1	8,5	10,2
0–120 km/h	14,8	11,9	16,5
0–140 km/h	22,0	16,8	23,9
Höchstgeschw. (km/h)	173,6	191	190
Preis (DM)	26 980,–	29 600,–	29 950,–

GTI der frühen Jahre

Die Fiat-124-Limousine

Er ist weder schön noch irgendwie originell: Der Fiat 124 ist ein reines Zweckmobil, vernünftig bis zum Exzeß und dank seiner Robustheit so überzeugend, daß er mittlerweile millionenfach die Straßen der Welt bevölkert. Mehr noch: Die beispiellose Karriere der finalen Familienkutsche hält bis in die Gegenwart hinein an! Denn noch immer wird der 30 Jahre alte Evergreen gefertigt – allerdings weit außerhalb seines Ursprungslandes!

„Autobahnschreck" und sogar „Wolf im Schafspelz" war der erstaunlich geräumige, spritzig-laute Kompaktwagen seinerzeit genannt worden, was angesichts der bisherigen Fiat-Modelle und der Konkurrenten von VW, Opel und Ford durchaus berechtigt war. Freilich:

„Wolf im Schafspelz" nannten begeisterte Tester die erstaunlich spritzige Limousine mit dem drehfreudigen Vierzylinder-Triebwerk. Hier der facegeliftete und auf 65 PS leistungsgesteigerte 124 N in voller Aktion.

Sachlich und schnörkellos kam der neue Fiat 124 daher, hier umgeben von all den anderen Markenkollegen des Jahres 1967.

Sonderlich guten Geschmack hatten die Fiat-Leute mit dem 124 nicht bewiesen. Irgendwie einfallslos wirkt die glatte Karosse, fast spiegelbildlich passen Front und Heck zueinander. Es fehlen all die barocken Schnörkel und Retro-Zitate, die wir heute so lieben und die einen Klassiker noch klassischer werden lassen. Der pure Zweck bestimmte damals das Design: Techniker und Ingenieure waren fürs Styling zuständig, Kaufleute hatten für weitere Minimierung gesorgt.

Herausgekommen war ein zeitloses, rundum vernünftiges Automobil, dank großer Glasflächen übersichtlich und selbst am Ende seiner Produktionszeit alles andere als *old-fashioned*. Weit lassen sich die Türen (mit den so überaus praktischen, vorderen Dreieck-Seitenfenstern) öffnen, drinnen sinkt man auf weich gepolstertes Gestühl. Seitenhalt ist kein Thema, obwohl der so phantasielos mit einer bloßen Kennziffer versehene Viermeter-Wagen erstaunlich forsch zur Sache geht. Überdies wartet er mit solchen Serien-Features wie den serienmäßigen Liegesitzen und einem üppigen Platzangebot auf, ausreichend für eine süditalienische Großfamilie inklusive zahlloser Bambini! Nur großwüchsig sollte man besser nicht sein – Einmeterneunzig-Teutonen kommen sogleich mit dem Dachhimmel in Kontakt. Der ewig lange Mittelschalt-Stockhebel scheint jedoch, genau wie das riesige, zweispeichige Kunststoff-Lenkrad vor dem Breitbandtacho (Rundinstrumente gab's erst in den leistungsstärkeren 124er Versionen), geradewegs einem Lastwagen entlehnt zu sein. Aber die Schaltwege verlaufen verblüffend präzise, und die zu keiner Zeit servounterstützte Lenkung erweist sich als erstaunlich leichtgängig und direkt.

In Turin war man wirklich in die Vollen gegangen. Für das ursprünglich „Fiat 1200" oder auch „Fiat Europeo" genannte Kompaktmobil war das Werk Mirafiori sehr aufwendig umgebaut worden – ein sicheres Indiz dafür, daß hier ein neuer Grundtyp geboren werden sollte. Mit ihm begann Fiat seine legendären Baukasten-Spiele, indem immer neue Modellvarianten zusammengemixt wurden, die kostspielige Komplett-Neuschöpfungen weitgehend unnötig machten. Tatsächlich stieg die Gesamt-Jahresproduktion des Konzerns dank des 124ers bald schon auf über eine Million Einheiten – und davon ging über ein Drittel in den Export. Inzwischen hatte auch das Thema „Passive

Breitbandtacho und ein riesiges Zweispeichen-Lenkrad dominierten das Cockpit der hubraumkleinsten 124er Limousine.

Für den Kombi – auch hier bereits die optisch aufgewertete Version – mußten 600 Mark draufgelegt werden.

Sicherheit" an Bedeutung gewonnen, was 1966 in Turin prompt zur Einrichtung eines zweistöckigen „Labors für Sicherheitsfragen" führte. Erbarmungslos wurde hier gecrasht, bis zu 500 Prototypen pro Jahr – um so auch den strengen Forderungen des damals noch aktuellen US-Markts zu entsprechen.

Kein Wunder, daß der Fiat 124 seine Vorgänger, auch den 1300/1500, in allen positiven Eigenschaften übertraf. Darum blieb es bis zum Produktionsauslauf im Jahre 1974 beim Grundmodell mit dem simplen 1197-ccm-ohv-Motor, der zum Schluß noch von 60 auf 65 PS leistungsgesteigert wurde. Mit dieser Motorenausstattung versehen wurde auch das Kombimodell *Familiare*. Denn jener von Lampredi/Montabone entwickelte, erfreulich elastische ohv-Vierzylinder mit der untenliegenden Nockenwelle paßte wie die Faust aufs Auge! Überraschend lautstark kündete er von seiner Drehfreude – als knarzig, röhrend, irgendwie gepreßt, aber alles in allem akustisch genau den Wünschen der Italo-fixierten Kundschaft entsprechend, haben ihn Zeitzeugen bis heute im Ohr. Dank der fünffach gelagerten Kurbelwelle sind wahre Drehzahlorgien möglich – und nur aus heutiger Sicht wünschte man sich ein souveräneres Triebwerk, wie es beispielsweise bereits im Fiat 125 (mit zwei obenliegenden Nockenwellen) installiert worden ist. Dennoch, hier hatten die Fiat-Konstrukteure sehr bewußt in Richtung Alfa geschielt und anschließend vor allem der ausländischen Kundschaft genau das präsentiert, was sie von einem Italiener erwartete.

Und Fiat gab sich ganz besonders viel Mühe, die Kunden hierzulande bei der Stange zu halten, waren doch die Turiner unversehens zum größten Importeur in Deutschland avanciert. Zeitweise bestanden lange Wartezeiten für die werte Kundschaft, hervorgerufen durch Lieferengpässe und den permanenten Klassenkampf im rot unterwanderten Fiat-Werk. Um so besser ließen sich dann die schlechter ausgestatteten Opel Kadett, Ford 12 M und VW 1500 verkaufen – obwohl die Fiats ihr Geld allemal wert waren. Bei uns zahlte man anfangs gerade 6290 Mark für die 124 Limousine (für den Kombi mußten 600 Mark draufgelegt werden), die gegen Produktionsende 7890 Märker kostete. Für den 1968 hinzugestoßenen 124 Special wurden am Anfang 6790 Mark verlangt, sieben Jahre später waren 8390 Mark fällig. Und die Power-Version 124 Special T schlug gleich nach Erscheinen mit 8120 Mark zu Buche, zum Fertigungsauslauf kostete sie neun große Scheine.

Die Programmerweiterung war übrigens sehr moderat verlaufen: Zwei Jahre nach der Präsentation des Urtyps, ab Oktober 1968, ergänzte der 124 Special das

Mit so einem heißen Schlitten konnte man Eindruck schinden: Ab Oktober 1968 ergänzte der 124 Special das Limousinen-Angebot.

Angebot. Bei ansonsten gleichen Features erhielt er den 1438-ccm-Motor (kurz zuvor bereits im Autobianchi Primula Coupé S eingesetzt) der Sportmodelle Spider/Coupé, allerdings mit untenliegender Nockenwelle. Unter dem Tarnnamen *Romania* ist der 124 Special von Fiat in die Erprobung geschickt worden. Allerdings verfügte auch dieses leicht aufgebohrte Aggregat über die bisherige ohv-Steuerung – und kam damit auf 70 (später 75) Pferdestärken. Übrigens gab's die Special-Version neben dem serienmäßigen Viergang-Getriebe optional auch mit einer GM-Dreigang-Automatic. Äußerlich zu erkennen war dieser ideelle GTI-Vorläufer an den Doppelscheinwerfern und der aufwendigeren Innenausstattung mit den zwei Rundinstrumenten im Armaturenbrett.

So richtig zur Sache ging's dann ab 1970 mit dem parallel angebotenen 124 Special T (wobei „T" für Twin Cam steht): Hier kam der 80 PS starke dohc-Motor der ersten Sportmodell-Generation mit 1438 cm Hubraum zum Einsatz. Sagenhafte 170 km/h Spitze waren damit möglich! Das Fahrwerk war etwas härter abgefedert worden, die Bremsen erfuhren Servohilfe wie schon beim 124 Special. Zwei Jahre nach dem Debüt des spritzigen Biedermanns setzten die Turiner mit dem Einbau des 1592-ccm-Vierzylinders aus dem Fiat 132 noch eins drauf: Gleichfalls mit zwei obenliegenden, zahnriemengetriebenen Nockenwellen ausgestattet, tat dieser Motor auch in der zweiten Sportmodell-Generation Dienst. Doch anders als in Spider und Coupé mußte er sich im 124 Special T mit moderaten 95 PS begnügen. Wer wollte, konnte die Kraft jetzt via Fünfgang-Getriebe noch besser dosieren – wobei der Fünfte als reiner Schongang ausgelegt war. Serienmäßig saß ein Drehzahlmesser neben dem Tacho, seinerzeit der Gipfel sportiver Erscheinungsweise. Vom Special ist das T-Modell kaum zu unterscheiden, nachdem auch die 70/75-PS-Limousine bald die rechteckig eingefaßten Doppelscheinwerfer des 80/95-PS-Geschosses erhielt. Facelifts erfuhr schließlich sogar die Basisversion. Eine Diesel-Version gab's übrigens im Ursprungsland des 124ers nie; nagelnde Mittelkläßler bot erst die Nachfolger-Generation.

Der Gipfel sportlicher Erscheinungsweise: Das Interieur der Special- und Special-T-Versionen wurde von sportiven Rundinstrumenten geprägt. Den Drehzahlmesser gab's serienmäßig nur für die dohc-Ausführung.

Viel Vernunft und sehr dezente Zukunftsvisionen flossen damals in die Automobilentwicklung ein. Dies bedingte eine permanente Evolution – beispielsweise beim Fahrwerk. Die vergleichsweise aufwendige Hinterachs-Aufhängung schluckte ohne Murren alle die Unebenheiten, die seinerzeit noch häufig an der Tagesordnung waren. Erst in den siebziger Jahren spendierte Fiat seinem Volumenmodell auch ein vernünftiges Zweikreis-Bremssystem, um die 155 SR 13-Gürtelreifen tatsächlich sicher zum Stehen zu bringen.

Die deutschen Konkurrenten boten zwar weniger technischen Vorsprung, waren aber vor allem in der Verarbeitung besser, nervten nicht mit funktionellen Oberflächlichkeiten. Da wußte man, was man hatte, mußte sich nicht mit störanfälligen Details herumärgern – egal, ob dies nun das undichte Kühlsystem, rubbelnde Bremsen, Auspuff-Poltern, schwergängige Getriebe, leiernde Scheibenwischer oder schwergängige Türschlösser betraf.

Doch wer damals Fiat kaufte, wußte, worauf er sich einließ. Und die deutsche Motorpresse liebte ihn: Stets war von „ausgereifter Konstruktion", „überzeugendem Antritt", „abgerundetem Komfortbild" und „bestechender Zweckmäßigkeit" die Rede. Mehrfach war er hierzulande überzeugender Testsieger, und selbst die

Mit rechteckig eingefaßten Doppelscheinwerfern sorgte der Special T für Aufsehen. Daneben der größere Fiat 125, hinten der 124 N.

Das freute die Bosse: Professor Valetta (links) und Giovanni Agnelli (rechts) hatten dem großen Augenblick der Vertragsunterzeichnung mit den Sowjets entgegengefiebert.

liberale ZEIT trauert ihm heute hinterher: „Auch die in Italien als *Spaghetti e Formaggio* betrachteten Fiat 124 der sechziger Jahre hatten ihre sportlichen Reize: Sie waren kompakte Sportlimousinen, längst bevor hierzulande die Welle der GTIs umherschwappte."

Die Fans sehen dies nüchterner: Anders als beispielsweise der Fiat 850 oder der Fiat 1300 akzeptieren sie die fast 1,5 Millionen mal gebaute 124er Limousine nicht gerade als Liebhaber-Modell! Was vor allem daran liegt, daß bereits 1966 die Lizenzrechte für dieses Automobil in alle Welt verkauft wurden, wo sie fortan millionenfach auf die Straßen entlassen wurden. Der wichtigste Deal war den Fiat-Strategen geglückt, nachdem sie die Sowjets vorab von der Qualität ihres Produkts überzeugt hatten: Mitte 1966 vereinbarten Italien respektive Fiat und die Sowjetunion die Errichtung eines nagelneuen Automobilwerks an der Volga (VAZ), 1000 Kilometer südöstlich von Moskau.

Dort entstand ab Anfang 1970 der Fiat 124 im Limousinen- und Kombi-Outfit – und dies in gewaltigen Stückzahlen, die erheblich über denen des „Mutterwerks" liegen sollten. Übrigens besaßen alle in der Sowjetunion gebauten Lizenz-Fiats von Anfang an einen modernisierten ohc-Vierzylinder anstelle des Turiner ohv-Einfach-Triebwerks für die 1,2-Liter-Basisversion des Lada (russisch für Liebchen). Auf dem Binnenmarkt liefen die Lizenz-Fiats dagegen stets unter der Bezeichnung Shiguli. Versionen mit 1,3-, 1,5- und 1,6-Liter-Motoren folgten. Sozusagen als nette, vielleicht auch ein bißchen hämische Geste gegenüber den Italienern gaben die Sowjets der bisherigen Stadt

Der Lada/Shiguli VAZ 2103 von 1973 war der luxuriöseste Mittelkläßler des gesamten Ostblocks. Der 1,5-Liter kam auf 75 PS.

Stavropol gleich einen neuen Namen: Togliattigrad – benannt nach dem langjährigen Chef der kommunistischen Partei Italiens.

Der auf allerhöchster Ebene abgenickte Staatsvertrag war enorm wichtig für die Turiner, öffnete er ihnen doch den Absatzmarkt hinter dem Eisernen Vorhang. Tatsächlich schloß sich diesem Coup wenig später eine Lizenzvereinbarung mit Polen an, wo die Modelle 125 und 126 in Produktion gingen. Doch auch wenn sich die Autos zum Verwechseln ähnlich sehen: In Polen wurde stets nur der 125 (mit den alten 1300/1500-Motoren) hergestellt; beim Polski-Fiat handelte es sich niemals um einen Lizenz-124er. Darüber hinaus wurde vor allem die 124 Limousine, vereinzelt auch der Kombi, in 13 weiteren Werken in Europa, Asien, Afrika und Südamerika montiert. Die wichtigsten sind Tofas im türkischen Istanbul (zu 41 % in Fiat-Besitz), wo der Murat 124 vom Band lief, und Seat im spanischen Barcelona (damals zu 37 % unter Fiat-Fittichen). Übrigens: Die Katalanen (respektive die Spanier) erwiesen sich einmal mehr als so heißblütig, daß sie 1977 drei ihrer 124er Limousinen Typ 1430 (1,6 Liter Hubraum) bei der Rallye Monte Carlo antreten ließen – und damit den dritten und vierten Platz in der Gesamtwertung belegten!

Zusammen mit allen seinen Lizenz-Derivaten ist die Fiat 124 Limousine heute der meistgebaute Fiat aller Zeiten und solchen Massenprodukten wie dem Käfer dicht auf den Fersen. Doch von den Ur-124ern haben nur wenige die Zeitläufte überlebt: 1990 waren in Deutschland noch 1500 Limousinen und Kombis zugelassen, heute hat sich die Zahl halbiert. Das Zeug zum echten Liebhaberfahrzeug hat lediglich der Special T mit dem rassigen Twin-Cam-Motor. Zwischen 2000 Mark (fahrbereit, aber mangelhaft) bis 7000 Mark (gut bis sehr gut) zahlt man mittlerweile für die rar gewordene Sportlimousine – muß aber lange danach suchen.

Fiat 124 N

Motor: Vierzylinder-Reihenmotor vorn längs, wassergekühlt; zwei Ventile pro Zylinder, untenliegende Nockenwelle, betätigt durch Kette; fünffach gelagerte Kurbelwelle, Gemischaufbereitung durch einen 32er Fallstrom-Registervergaser (Weber oder Solex); 1197 ccm, 73 × 71,5 mm, Verdichtung 8,8 : 1, 60/65 PS bei 5600/min, 9 mkg bei 3600 U/min, Einscheiben-Trockenkupplung; Viergang-Schaltgetriebe; Heckantrieb; selbsttragende Stahlblech-Karosserie; Fahrwerk: vorn Einzelrad-Aufhängung an Querlenkern und Schraubenfedern mit Stabi; hinten Starrachse an Längslenkern und Schraubenfedern, Panhardstab und Reaktionsstreben; Scheibenbremsen; Kugelumlauf-Lenkung; Maße: 4030 × 1611 × 1420 mm, Radstand 2420 mm, Spurweite v/h 1330/1300 mm; Leergewicht: 855 kg, Höchstgeschwindigkeit 147/150 km/h.

Einer der größten Lizenznehmer nach den Sowjets war Seat in Spanien. Mit dem hochgetunten Typ 1430 landete man sogar auf vorderen Plätzen bei der Rallye Monte Carlo.

Fiat 124 Special

Motor: Vierzylinder-Reihenmotor vorn längs, wassergekühlt; zwei Ventile pro Zylinder, untenliegende Nockenwelle, betätigt durch Zahnriemen; fünffach gelagerte Kurbelwelle, Gemischaufbereitung durch einen 32er Fallstrom-Doppelvergaser (Weber oder Solex); 1438 ccm, 80 × 71,5 mm, Verdichtung 11,2:1, 70/75 PS bei 5400 U/min, 11,2/11,3 mkg bei 3500 U/min, Einscheiben-Trockenkupplung; Viergang-Schaltgetriebe (auf Wunsch Automatic); Heckantrieb; selbsttragende Stahlblech-Karosserie; Fahrwerk: vorn Einzelrad-Aufhängung an Querlenkern und Schraubenfedern mit Stabi; hinten Starrachse an kurzen und langen Längslenkern und Schraubenfedern, Panhardstab und Reaktionsstreben; rundum Scheibenbremsen (servounterstützt); Kugelumlauf-Lenkung; Maße: 4053 × 1611 × 1420 mm, Radstand 2420 mm, Spurweite v/h 1330/1300 mm; Leergewicht: 920 kg, Höchstgeschwindigkeit 155/157 km/h.

Fiat 124 Special T

Motor: Vierzylinder-Reihenmotor vorn längs, wassergekühlt; zwei Ventile pro Zylinder, zwei obenliegende Nokkenwellen, betätigt durch Zahnriemen; fünffach gelagerte Kurbelwelle, Gemischaufbereitung durch einen 32er Fallstrom-Doppelvergaser (Weber oder Solex); 1438 bzw. 1592 ccm, 80 × 71,5 bzw. 80 × 79,5 mm, Verdichtung 11,4 : 1; 80 bei 6500 bzw. 95 bei 6000 U/min, 11,4/12,8 mkg bei 4000 U/min, Einscheiben-Trockenkupplung; Viergang-Schaltgetriebe (auf Wunsch Fünfgang oder Automatic); Heckantrieb; selbsttragende Stahlblech-Karosserie; Fahrwerk: vorn Einzelrad-Aufhängung an Querlenkern und Schraubenfedern mit Stabi; hinten Starrachse an kurzen und langen Längslenkern und Schraubenfedern, Panhardstab und Reaktionsstreben; rundum Scheibenbremsen (servounterstützt); Kugelumlauf-Lenkung; Maße: 4059 × 1611 × 1420 mm, Radstand 2420 mm, Spurweite v/h 1330/1300 mm; Leergewicht: 950 kg, Höchstgeschwindigkeit 169/172 km/h.

Das Coupé Speciale von Pininfarina mit dem riesigen Panorama-Rückenster ähnelt verblüffend dem Entwurf des Rondine-Hecks!

Platz für vier

Das Fiat 124 Sport Coupé

Coupés haben eine lange Tradition in Italien. Bis in die Gegenwart hinein sind sie dort gefragter als vergleichbare offene Autos. So kann es nicht verwundern, daß die Turiner auch ein 124er Coupé ins Auge faßten. Vom Platzangebot her mußte es deutlich oberhalb des brandneuen, preisgünstigen Fiat 850 Coupé rangieren, aber billiger als das kleine GT Junior Coupé von Alfa Romeo sein. Darum nahm man – anders als beim Spider – die Entwicklung in die eigenen Hände und visierte den Genfer Salon im März 1967 als Präsentationstermin an.

Fremde Coupé-Entwürfe hatte es freilich bereits vorher gegeben, und dies nicht zu knapp. Allen voran preschte Pininfarina, der 1966 parallel zum Spider das Coupé Speciale als Einzelstück auf die Räder stellte. Moretti und Savio setzten Ende 1966 Coupé-Aufbauten auf Spider-Bodengruppen; beide wurden dann tatsächlich in kleiner Stückzahl gefertigt und verkauft. Die extrem geschwungene, dem Dino sehr ähnliche Moretti-Version 124/1300 Coupé (als Zwei- oder 2+2-Sitzer) gab es in ähnlicher Form auch auf Basis des Fiat 850 und später des 125. Bereits zuvor, auf dem Turiner Salon 1966, gezeigt wurden Coupés von Scionieri, Francis Lombardi und Vignale. Ebenfalls in Kleinserie entstanden der Lombardi 124 Smart Coupé sowie die Vignale-Typen 124 Eveline und 125 Samantha.

Das – neben dem Dino-Coupé – auf dem Genfer Salon 1967 präsentierte 124 Stufenheck-Coupé auf der Bodengruppe der Limousine hatte mit all dem nichts zu tun. Die sehr sachliche Schöpfung des hauseigenen Centro Stile in Turin war gegenüber dem Spider glattflächiger und alles andere als verspielt. 127 Zentimeter maß das gediegene Coupé in der Höhe; daß es 8,5 Zentimeter länger und 4,5 Zentimeter breiter als die Limousine war, hatte man geschickt kaschiert. Zwi-

Das von Moretti in kleiner Serie gebaute Coupé auf Basis des Fiat 124 und 125 scheint dem Fiat Dino wie aus dem (Kühler-)Gesicht geschnitten.

Die breiten Chromstreben im Grill des tatsächlich realisierten Savio-Coupés dürften nicht gerade verkaufsfördernd gewirkt haben.

Pseudo-Schalensitze aus Kunstleder waren dagegen eher für kleine Italiener als für lange Teutonen ausgelegt und nur schwer zu entriegeln. Auch das Design des gepolsterten und mit Holzimitat bezogenen Instrumententrägers war nicht der Weisheit letzter Schluß: Tacho (mit Tages-Kilometerzähler) und Drehzahlmesser waren zwar groß und gut einsehbar; die kleiner ausgelegten Anzeigeinstrumente für Benzinstand, Öldruck und Wassertemperatur rechts davon waren aber kaum zu sehen. Gegen Aufpreis gab's Zwei- oder Dreipunktgurte und ein Radio.

schen den beiden großen Rundscheinwerfern tummelte sich das bekannte 1438-ccm-dohc-Triebwerk; unter der kurzen, schmalen Heckklappe wölbte sich das ausreichend große 290-Liter-Gepäckabteil.

In Deutschland war das im Fiat-Werk Lingotto gefertigte Coupé ab Sommer 1967 zu haben. Mit 9980 Mark kostete es zwar einen Tausender weniger als der Spider, aber deutlich mehr als vergleichbare Sport-Limousinen (BMW 1600-2 für 8600 Mark und Alfa Romeo Giulia 1600 TI für 9500 Mark). Das 80-PS-Fulvia Coupé schlug mit 10 600 Mark zu Buche, für das 87-PS-Alfa GT Coupé waren 11 990 Mark zu berappen. Das Glas 1300 GT Coupé kostete 12 450 Mark, und fürs 95-PS-MGB Coupé waren stolze 13 750 Mark anzulegen. Darum waren die Medien völlig zu Recht angetan vom neuen Fiat: Die *ams* lobte ihn als „viersitzigen Preisbrecher", und die *hobby*-Leser kürten das 90-PS-Coupé 1968 sogar zum „Sportwagen des Jahres"!

Der Zweitürer bot tatsächlich Platz für vier: Anders als beim Spider mit seiner dürftigen Notsitzbank hockten die Hinterbänkler hier bequem auf zwei tiefgepolsterten Einzelsitzen nach Dino-Coupé-Muster. Dank der steilstehenden Heckscheibe hatten sie überdies eine gute Rundumsicht. Zum ersten Mal hatte hier Fiat Front- und Heckscheibe (gegen Aufpreis auch beheizt) auf die Karosserie aufgeklebt, was die Fahrgeräusche vermindern sollte. Die vorderen

Vignale baute sogar einige sehr unterschiedliche Coupé-Versionen. Hier eine sehr gefällige Ausführung von 1968.

Die Technik des Neuen stimmte in fast allen Details mit der des Spiders überein. Allerdings gab's das Coupé anfangs ausschließlich mit Viergang-Getriebe, erst ab November 1967 wurde gegen Aufpreis das Fünfgang-Spider-Getriebe offeriert. Auch das Coupé erhielt die fahraktiven 165er „Walzen" auf 5-Zoll-Felgen, als Extra waren ab Herbst 1967 sechszöllige Magnesium-Felgen nach Spider-Muster zu bekommen. Straßenlage und Seitenwind-Unempfindlichkeit überzeugten die Tester. „.... kein anderer Wagen ...., der sich bei regnerischem Wetter und kräftigen Seitenböen auch im Bereich seiner Höchstgeschwindigkeit so sicher fahren ließ", lobte die *Motor-Rundschau* Ende 1967. So etwas mochten auch die Briten, und darum bekamen sie das Fiat 124 Sport Coupé 1400 und seine Nachfolger mundgerecht – also rechtsgelenkt – serviert. Auch in den USA ließ sich das mit 2924 Dollar (11 600 Mark) gegenüber dem MGB GT relativ preiswerte Fiat-Coupé prächtig an den Mann bringen.

Das stets in größeren Stückzahlen als der Spider produzierte Coupé – allein von der 90-PS-Variante entstanden 138 000 Einheiten – erntete viel Lob in der Presse. Es galt als problemlos zu fahrender Vielzweck-Sportwagen – und als das erste Großserien-Coupé überhaupt (der Ford Capri debütierte erst 1969). Genau wie der Spider durchlief die geschlossene Sportversion noch zwei weitere Entwicklungsstufen, die sich allerdings nicht nur auf den Motor, sondern auch auf die Optik erstreckten.

Doch zunächst, nämlich im Jahr 1969, bekam das Coupé die Starrachse des 124 Special und ein besser abgestuftes Viergang-Getriebe. Fünf Fahrstufen waren weiterhin nur auf Sonderwunsch zu haben. Erst fürs Nachfolgemodell gab's gegen Aufpreis die außerhalb Italiens kaum gefragte Halbautomatik (*Indraconvert*-Selektivautomatik) des Fiat 125.

Den 110 PS starken 1608-ccm-Vierzylinder aus besagtem Fiat 125 einschließlich zweier Weber-Doppelvergaser erhielten die beiden 124er-Sportversionen (BS1/BC1) erst nach dem Turiner Salon Mitte 1969 alternativ zum bisherigen 1438-ccm-Triebwerk. Das Drehmoment wuchs gegenüber dem A-Modell gleich um mehr als ein Viertel! Auch beim B-Coupé war das Fünfgang-Getriebe zunächst nur als Extra zu haben; erst nach Jahresfrist gehörte es endlich zur Serienausstattung. „Grundsätzlich sollte man die zum Wagencharakter besonders gut passende 1600-Maschine nehmen – sie ist geschmeidiger, leiser, und natürlich viel stärker, zudem wird der 1400 wohl bald wegfallen", schrieb die *Motor-Rundschau* und verglich das 124 S Coupé 1600 mit dem sechszylindrigen Fiat Dino Coupé: „Wer geglaubt hat, die zwei Doppelvergaser machten aus diesem Vierzylinder einen Rennmotor, sieht sich angenehm enttäuscht: Der Motor ist sehr geschmeidig und ebenso elastisch. Im fünften Gang zieht er schon ab 2000 U/min brav los und reagiert auf Vollgas. Natürlich wird er mit zunehmenden Drehzahlen auch laut, aber das stört lange nicht so wie beim Dino. Im Ton erinnert dieser Motor ein wenig an den des BMW 2002 ti. Allein wegen der guten Motoreigenschaften ist dieses Auto auch einem weniger versierten Fahrer zu empfehlen."

Die drei Coupé-Baureihen lassen sich problemlos auseinanderhalten: Äußerlich hatte sich schon beim B-Modell Entscheidendes getan. Anstelle der Einfachscheinwerfer an den Spitzen der vorderen Kotflügel kamen lichtstarke Halogen-Doppelleuchten vorn ins neugestaltete flachere, breitere Wabenmuster-Kühlergrill. Standlicht und Blinker wurden in die vordere, weiterhin verchromte Stoßstange integriert, hinten kamen vergrößerte Heckleuchten und Rückfahrscheinwerfer unter der Stoßstange zum Einsatz. Netter Nebeneffekt: Das Kofferraumvolumen wuchs um 30 auf 320 Liter. Das neue, gestrecktere Styling gefiel – vor allem wegen seiner schlichten Eleganz. Die Zeitschrift *hobby* orakelte, das erstarkte Coupé könne bei uns nunmehr dem Ford Capri gefährlich werden! Doch letztendlich zogen deutsche Käufer das deutsche Auto vor. Leistungsmäßig war zumindest der Anschluß zum neuen Fulvia Coupé mit 1,6 Liter großem 115-PS-Motor hergestellt.

Das erste 124er Coupé sitzt auf der Bodengruppe der Limousine und hat eine eigenständige Linienführung, die keinerlei Parallelen zum Spider aufweist. Vage Ähnlichkeiten gibt es allenfalls zum 850er Coupé. Unter den schmalen Rückleuchten sitzt der aus verchromten Einzelbuchstaben bestehende Schriftzug „Fiat 124 Sport". Das erste Coupé wurde serienmäßig in Weiß, Elfenbein, Rot, Dunkelgrün und Türkisblau ausgeliefert.

Lichtstarke Halogen-Doppelscheinwerfer bestimmen das Kühlergesicht des Serie-2-Coupés mit dem 110-PS-Motor. Die Serienfarben waren nun: Sportrot, Weiß, Gelb, Olivgrün, Dunkelblau, Cannesblau und Schwarz.

Das Interieur des Coupés war verfeinert worden: Es bekam mit Stoff bespannte und an den Rändern mit Kunstleder kaschierte Sitze, Armlehnen ringsum und eine Mittelkonsole mit zwei verstellbaren Frischluft-Düsen. Neu war der Bezug des Armaturenbretts mit schwarzem Kunstleder anstelle der bisherigen Holzfolie. Erstmals eingesetzt wurde nunmehr

Zwei große Rundinstrumente und drei kleinere Uhren prägen das nüchtern-funktionale, mit Holzfurnier geschmückte Cockpit des A-Coupés.

Im B-Coupé verrichten bereits vier Anzeigeinstrumente neben Tacho und Drehzahlmesser im nunmehr kunstlederbezogenen Instrumententräger ihren Dienst. Die neue Mittelkonsole enthält sogar Frischluftdüsen. Neu war auch der zweistufige Scheibenwischer.

Deutlich nobler geht's im C-Coupé her. Die Armaturentafel ist hier jedoch silbern lackiert. Dafür gab es jetzt ein zweispeichiges Sportlenkrad mit gepolsterter Nabe und eine Ablagemöglichkeit.

ein zweistufiger Scheibenwischer mit elektrischer Pumpe. Zur Serienausstattung gehörte übrigens auch eine elektrische Zeituhr, weiterhin lediglich als Extra gab's für einige Absatzländer die Colorverglasung und die aufsteckbaren Kopfstützen. Ebenfalls nur gegen Aufpreis gab's die heizbare Heckscheibe. Es blieb aber beim flachstehenden Lenkrad, das schon im A-Modell zu einer eigenartigen Sitzposition mit stark angewinkelten Armen oder Beinen zwang. Dafür aber war die Lenkung exakt, in ihrer Handlichkeit nur noch übertroffen von der hervorragenden Mittelschaltung.

Für das jetzt erstmals serienmäßig mit Fünfgang-Getriebe ausgestattete 110-PS-Coupé mußten 1970 in Deutschland 10.400 Mark bezahlt werden, das 90-PS-Viergang-Coupé war 700 Mark billiger. „Viel Leistung fürs Geld", urteilte die *ams* über den „echten GT mit vier vollwertigen Sitzen" und vergaß nicht, die gewohnt gutmütigen Fahreigenschaften und den leichten Hang zum Untersteuern zu erwähnen. Den relativ weich ausgelegten Scheibenbremsen sagte die Vollgas-Zeitschrift gar eine besondere Giftigkeit nach.

Wegen der verschärften Abgasbestimmungen gab's ab Ende 1971 das Coupé auch in Deutschland nur noch in der auf 100 PS abgemagerten 1608-ccm-Version; das maximale Drehmoment von vormals 14 ging auf 13 mkg bei 4000 Umdrehungen zurück. Denn lediglich ein Fallstrom-Registervergaser besorgte fortan die Gemischaufbereitung, die Verdichtung des Motors war auf 8,8 : 1 gesunken. Noch schwächer kamen in die USA exportierte Coupés daher: Sie erreichten gerade mal die Leistung ihres 90-PS-Vorgängers. Übrigens wurde das B-Coupé auch in Lizenz gebaut – bei Seat in Spanien! Bis 1972 entstanden dort 9704 Exemplare des 1608-ccm-Coupés, optisch und technisch unverändert gegenüber dem 70 000 mal produzierten 110-PS-Original aus Turin.

Vom September 1972 bis zum Juli 1973 erhielten Fiats Sportmodelle statt des bisherigen 1608-ccm-Motors aus dem Modell 125 das fast identische 1592-ccm-Triebwerk des Modells 132 mit unwesentlich verringertem Hub. Das nunmehr CC genannte 124er-Coupé kam nur noch auf 104 (Viergang) bzw. 108 PS bei 6000 Touren (Fünfgang).

Was wie eine Zwischenstufe zur „echten" dritten Coupé-Entwicklungsstufe wirkte, kam bereits in neuem, gar nicht schönem Gewande daher: Lichtstarke, große, tief eingezogene und chromeingefaßte Doppelscheinwerfer bestimmten nun das zerklüftete Kühler-Gesicht. Darunter saß eine dreiteilige Stoßstange mit

Das B-Coupé war genau das Richtige für erlebnishungrige Großstadt-Indianer der siebziger Jahre.

schmalem Mittelteil, das durch aufgesetzte Hörner mit Gummieinsatz von den zwei massiven Seitenteilen mit integrierten Begrenzungsleuchten getrennt war. Neu waren auch die Motorhaube mit der erhöhten Mittelrippe und der Kunststoff-Verkleidung des Lufteinlasses und die seitlichen Zierleisten. Der Bereich unterhalb der Türen war mit geräuschdämmendem, korrosionsbeständigem Material überzogen. Verändert hatte sich auch das Heck, das von senkrecht stehenden, trapezförmigen Leuchten und der vergrößerten Stoßstange (ab 1974 für den US-Markt bedeutend verstärkt) mit gummibesetzten Stoßstangen-Hörnern dominiert wurde. An der C-Säule saß überdies eine dreieckige Verkleidung für den hinteren Lufteinlaß. Eine lobenswerte Errungenschaft war die weit hinunterreichende Kofferraumklappe, die das Beladen des nunmehr 340 Liter großen Gepäckabteils erleichterte.

Immerhin 72 000 dieser Magermotor-Coupés wurden bis Ende 1973 ausgeliefert, siebenmal mehr, als entsprechend motorisierte Spider fertiggestellt wurden. Ebenfalls vom Fiat 132 stammte der größere 1756-ccm-Motor für jene letzte Coupé-Version, die ja im Sommer 1972 lanciert worden war. Was da unter

Nunmehr prägen senkrecht angeordnete Leuchten und eine Kunststoffverkleidung an der C-Säule die Heckpartie. Bis zuletzt umständlich blieb die Handhabung der seitlichen Ausstellfenster.

Stolze Spanierin: Baugleich zum Serie-2-Coupé aus Turin lief im katalanischen Barcelona das 1600er Seat Coupé vom Band.

Reif für die Insel: Anders als beim Spider gab es für die Briten von 1967 bis 1973 derartige Rechtslenker-Ausführungen des Coupés.

dem verschandelten Blech werkelte, war ein enger Verwandter des Abarth-Rally-Triebwerks, kombiniert mit dem engabgestuften überarbeiteten Fünfgang-Getriebe (wobei das Viergang-Getriebe weiterhin bestellt werden konnte). Eine Getriebeautomatik gab's – sieht man von der Halbautomatik ab – übrigens niemals. Die Gemischaufbereitung besorgte wiederum ein einfacher Registervergaser. Dennoch kam der drehmomentstarke dohc-Vierzylinder auf 118 PS und ermöglichte – nach langem Anlauf – eine höhere Endgeschwindigkeit als beim B-Modell. Während Spider-Fahrer eher enttäuscht über dieses lautstarke Triebwerk waren, glänzte es im Coupé durch Agilität und Temperament und verwies Konkurrenten wie Capri 2600 und Alfa 2000 GTV auf die Plätze. Übrigens kam der auf 120 PS geringfügig erstarkte Motor auch einem Stallgefährten, dem Lancia Beta Coupé, zugute.

Das Interieur des Coupés überzeugte durch eine noch reichhaltigere Ausstattung. Der Instrumententräger mit Ablagemöglichkeit auf der Oberseite war nunmehr silbern lackiert. Neu waren auch das zweispeichige Sportlenkrad mit gepolsterter Nabe, die Stoff-Sitzbezüge, die Bodenmatten, das Ablagefach vor dem Beifahrer und die Belüftungsrosetten. Unverständlicherweise ließen sich aber weder Automatikgurte noch Kopfstützen nachrüsten. Allerdings war der Preis weiter angestiegen: Das Coupé kostete 1974 kaum noch akzeptable 12 900 Mark (LM-Felgen, heizbare Heckscheibe und Metallic-Lackierung weiterhin nur gegen Aufpreis) – dafür bekam man den wesentlich kultivierteren Ford Capri GT 3000 mit 140 PS starkem V6-Motor!

Ende 1975 endete die Herstellung des Coupés, dessen Verkaufszahlen immer weiter zurückgingen: Kein Wunder angesichts eines auf 14 450 Mark hochgeschnellten Preises. Insgesamt waren 279 672 Stück hergestellt worden – ein Drittel mehr, als jemals von der offenen Version (bis Baujahr 1985!) ausgeliefert worden sind! Auch bei Seat endete damit die Fertigung des Zweitürers: Dort waren 1,6- und 1,8-Liter parallel weitergebaut worden, von 1973 bis 1975 immerhin 12 552 mal. Bei uns konnte es sich – trotz seiner Stärken und seiner Ausstattung – nie so recht durchsetzen und avancierte darum zu einer echten Rarität.

Fiat 124 AC Coupé
Motor: Vierzylinder-Reihenmotor vorn längs (LM-Zylinderkopf), wassergekühlt; zwei Ventile pro Zylinder, zwei obenliegende Nockenwellen, betätigt durch Zahnriemen; fünffach gelagerte Kurbelwelle, Gemischaufbereitung durch einen Weber-Fallstrom-Registervergaser 34 DFH1/DFC oder DHS1; 1438 ccm, 80 × 71,5 mm, Verdichtung 8,9 : 1, 90 PS bei 6500 U/min, 11 mkg bei 3600/min, Einscheiben-Trockenkupplung; Viergang-Schaltgetriebe; Heckantrieb; selbsttragende Stahlblech-Karosserie; Fahrwerk: vorn Einzelrad-Aufhängung an Trapez-Dreieckquerlenkern und Schraubenfedern, Teleskop-Stoßdämpfer und Stabilisator; hinten Starrachse an Schraubenfedern, zwei Längslenker und zentrales Schubrohr, Telekop-Stoßdämpfer und Stabilisator; rundum Scheibenbremsen; Schneckenlenkung; Maße: 4115 × 1670 × 1340 mm, Radstand 2420 mm, Spurweite v/h 1346/1316 mm; Leergewicht: 950 kg.

Fiat 124 BC/BC1 Coupé
Werte wie AC Coupé (BC mit Motor des AC), außer: Gemischaufbereitung durch zwei Weber-Fallstrom-Doppelvergaser 40 IDF 13 und 40 IDF 14; 1608 ccm, 80 × 80 mm, Verdichtung 9,8 : 1, 110 PS bei 6200 U/min, 14 mkg bei 4200 U/min, Fünfgang-Schaltgetriebe, Maße: 4123 × 1670 × 1340 mm, Leergewicht: 990 kg.

Fiat 124 CC Coupé
Werte wie BC1 Coupé, außer: Gemischaufbereitung durch einen Weber-Fallstrom-Registervergaser 34 DMS oder Solex C34 EIES 5; 1592 ccm, 80 × 79,2 mm, 104 PS bei 6200 U/min, 13 mkg bei 4200 U/min, Maße: 4175 × 1670 × 1340 mm, Leergewicht: 980 kg.

Fiat 124 CC1 Coupé
Werte wie CC Coupé, außer: 1756 ccm, 84 × 79,2 mm, 118 PS bei 6000 U/min, 16 mkg bei 4000 U/min, Leergewicht 995 kg.

Abb. rechts oben:
Das markante Heck des B-Coupés wartet mit großen Rückleuchten, Rückfahrscheinwerfer unter der Stoßstange und einer Typenkennzeichnung einschließlich der Hubraumkennung auf.

Abb. rechts unten:
Abgesang: Sehr zerklüftet wirkt das Gesicht des C-Coupés mit dem 118-PS-Motor. Zusätzlich zu den zahlreichen Serienfarben waren gegen Aufpreis Metallic-Lackierungen lieferbar.

ROMA H7
6393
COSTANZI & RAVERA
FIAT
124 Sport
1600

WW-EA545

Verliebt in einen Italiener?

Vertrauen ist gut, Kontrolle ist besser

Die Spider von Fiat und Pininfarina sind Dauerbrenner. Kaum ein Tag, an dem man nicht mindestens einen davon herumfahren sieht. Wieviel in Deutschland derzeit zugelassen sind, ist nicht genau zu ermitteln – denn getypt sind nur die seinerzeit in Deutschland verkauften AS bis CS1 sowie die DS- und Volumex-Nachkömmlinge. Das Kraftfahrt-Bundesamt führt allein im Jahr 1996 exakt 268 AS/BS, 721 BS1 und 283 CS/CS1. Dazu kommen 1758 DS1, 144 DS1 Kat und 391 Volumex. Selbst der 124 Abarth Rally taucht 35 mal in der Liste auf. Der allergrößte Anteil bei uns vorhandener Spider betrifft jedoch US-Reimporte, vor allem des Zweiliter-Modells. Thomas Niedergerke, Repräsentant der Firma Holtmann & Niedergerke schätzt, daß alles in allem mindestens 20 000 Fiat 124 Spider der verschiedenen Baureihen (hauptsächlich US-Modelle) in deutschen Garagen stehen.

Und ständig werden es mehr, was im großen Angebot in den einschlägigen Gazetten deutlich nachzulesen ist. Die Preise haben sich auf ein sehr vernünftiges Maß eingependelt, mit rund 12 000 Mark kann man dabei sein, wenn man einen offenen Fiat-Klassiker fahren will. Für was man sich letztlich entscheidet, hängt nicht nur vom Geldbeutel, sondern auch von den Erwartungen ab, die an ein solches Fahrzeug gestellt werden. Sollen es nur vereinzelte Ausfahrten mit einem Spider sein, der mehr als 20 Jahre auf dem Bukkel hat? Dann käme vielleicht die rote 07er-Oldtimer-Nummer als Steuerspar-Modell in Frage. Oder will man etwas Ausgefallenes – etwa den Pininfarina Volumex? Vielleicht soll der Wagen sogar den Sommer über Tag für Tag zur Fahrt ins Büro genutzt werden?

Experten empfehlen den DS respektive alle Zweiliter-Einspritzer für diejenigen Leute, die keinerlei Ärger haben wollen. Denn der Spidereuropa wurde bis 1985 gebaut, hatte längst alle Kinderkrankheiten hinter sich gelassen und verfügt serienmäßig über eine Menge Goodies, die für Menschen heutiger Tage normal geworden sind. Abgesehen von der verbesserten Wartungsfreundlichkeit läßt sich hier überdies problemlos ein G-Kat nachrüsten. Allerdings müssen mindestens 16 000 Mark für ein gutes Exemplar angelegt werden – und: Man fährt im Wortsinne keinen Oldtimer! Wer es wirklich klassisch liebt, für den kommt nur ein Chrom-Modell in Frage. Er sollte nach einem restaurierten BS1 Ausschau halten: Der bietet subjektiv mehr Power und Durchzugskraft als die späteren Modelle, ist einfach zu warten und macht keine allzu großen Probleme in Sachen Ersatzteilbeschaffung.

Als Faustregel darf allerdings gelten, daß nur gute Autos gute Autos bleiben – wenn die Restaurierung eines vermeintlichen Schnäppchens erst mal ansteht, wird's richtig teuer. Darum vorab die berechtigte Warnung vor allzu günstigen Billigheimern aus den USA. Denn die Hauptkrankheit aller bejahrten Spider hat nicht etwa die Mechanik befallen, sondern infizierte in aller Regel die Karosserie. Auf den ersten Blick sieht man dies kaum, hält es wohl auch nicht für möglich. Gewarnt sei hiermit vor dem unersättlichen Gilb, der so manchen glücklichen Italo-Freak zum gramgebeugten Pechvogel machte.

Bestimmte Fahrzeug-Typen, noch dazu in unverfälschtem Zustand, überhaupt zu finden, ist freilich schwierig geworden. Dies betrifft ganz besonders das 90-PS-Modell der ersten Generation. Viel häufiger aufzutreiben sind Klassiker der CS1- und der BS1-Baureihe, deren Chrom-Schmuck für viele Fans heute so verlockend ist, daß sie ihn sogar späteren US-Modellen spendieren wollen. Was wiederum zu Mischformen führt, vor denen zu warnen ist. Erstaunlich häufig sind mittlerweile die 128 PS starken Abarth-Versionen zu erstehen, die im historischen Rennsport ganz sicher eine große Rolle spielen werden. Natürlich haben sie, genau wie die Volumex-Spider, ihren Preis, der irgendwo zwischen 25 000 und 30 000 Mark liegen dürfte.

Generell gilt: Keine Sorge, bei Problemen kann stets geholfen werden! Fast zwei Dutzend Spezialisten haben sich allein in Deutschland des Spiders angenommen, teilweise schon seit vielen Jahren. Die allermeisten raren Teile werden inzwischen nachgefertigt, alte Läger sind aufgelöst und die Ersatzteile im Angebot. Lediglich Original-Interieurs für den AS und die BS1/CS1-Motorhaube sind kaum erhältlich. Es gibt sogar ein paar wenige Teile, die sich niemals geändert haben: das Gitter unterhalb der Frontscheibe, die Cockpit-Schrauben und das Handschuhfach-Schloß! Um die Form und Größe der Frontscheiben gibt es unterschiedliche Aussagen. *Fiat 124 Spider Deutschland*-Clubchef Gerhard Mühr weiß von mindestens drei Ausführungen: einer für den AS (mit gerundeten Ecken), einer für den BS1/CS1 (ohne Rundungen) und einer für die US-Typen (breiter). Bei Ersatzteilbestellungen sollte man hier also besonders aufpassen. Ansonsten ist buchstäblich alles zu bekommen, überdies passen manche Austauschteile aus anderen Fiat-, Lancia-, Seat- und Lada-Typen.

Der weltweit höchste Spider-Bestand ist nach wie vor in den USA zu finden, wo sich immer noch rund 50 000 offene Fiats und Azzurras tummeln. Kein Wunder, daß viele Fans angelegentlich eines US-Urlaubs dort ein Schnäppchen zu machen glauben. In Großbritannien gibt es derzeit etwa 600 Spider, die meisten davon 1800er und 2000er aus den USA. Frankreich hat mindestens 800 Spider aufzuweisen, in Italien dürften es mittlerweile 4000 bis 5000 sein. Das holländische Spider-Register enthält mindestens 320 Spider, in den Benelux-Staaten dürften insgesamt 5000 dieser Autos zuhause sein. Selbst in solch exotischen Ländern wie Neuseeland, wohin der Spider nie importiert wurde, finden sich heute knapp 50 der schicken Flitzer.

Karosserie und Interieur

Am teuersten sind Reparaturen an einer maladen Karosserie. Und genau sie werden am häufigsten notwendig – vor allem bei US-Reimporten, die oft genug aus dem rostfreien, sonnigen Kalifornien angelandet worden sind. Daß dort seit langem begnadete Roßtäuscher zugange sind, die selbst die übelste Karosse mittels kiloweise Spachtel zum Sahnestückchen machen, dürfte sich herumgesprochen haben. Wem also auffällt, daß ein zum Kauf angebotener Spider verdächtig tief in den Federn hängt, darf mit Mehrgewicht infolge kräftigen Prestolit-Auftrags rechnen.

Es ist nicht nur die unzureichende Pflege, die man gerade in der amerikanischen Wegwerfgesellschaft den Fahrzeugen zumutete. Schlechter Korrosionsschutz schon ab Werk, Mängel bei der Verarbeitung und dem Tiefziehen der Bleche sowie schlecht und/oder billig reparierte Rostschäden durch den Vorbesitzer können auch für unangenehme Überraschungen sorgen. Darum vorab die Frage: Was für einen Eindruck macht der Vorbesitzer? Wieviel Leute stehen denn schon im Fahrzeugbrief? Der erste Eindruck ist der entscheidende, und darum sollte man nie unter Zeitdruck kaufen und entscheiden. Schon ein oberflächlicher Check kann die Spreu vom Weizen trennen: Oberflächenbeschaffenheit und Lackqualität, Spaltmaße und Passungen, Outfit der Scheinwerfer und Stoßfänger, Zustand von Verdeck und Interieur, Beschaffenheit der Dichtungen, verwendete Felgen bzw. deren TÜV-Freigabe, Basteleien im Innenraum – dies alles gibt beredtes Zeugnis vom Vorleben des Spiders.

Bestimmt zwei Drittel aller US-Reimporte weisen Beschädigungen infolge Parkrempeleien auf, die zum Verziehen der Karosserie führen, die Spur verstellen und den Stoßdämpferdom immer weiter nach oben drücken. Dies und noch mehr sieht man bei geöffneter Motorhaube. So lassen sich gleich mehrere korrosionsgefährdete Stellen ausmachen, beispielsweise die Stoßdämpferdome und die seitlichen Stehwände. Seit 1978 verhindern Kunststoff-Innenkotflügel das Eindringen von Spritzwasser – eine gute Sache, die aber leider die Kontrolle just jener Bereiche erschwert. Denn viele Spider-Besitzer haben die Plastikteile nachgerüstet, nachdem das Unheil bereits begonnen hatte. Außen vom vorderen Radhaus her läßt sich erfühlen, wie es um den Rahmen oberhalb des Stoßdämpferdoms und die Oberkante der Kotflügel aussieht. Probleme lauern auch im schwer zugänglichen unteren Querblech über dem Kühler. Wegen der Verwindungstendenzen des Fahrzeugs sollte besagter Kühler nie zu fest angezogen sein – sonst wird er undicht! Die Vorderkotflügel im Scheinwerfer-Bereich sind gleichermaßen extrem korrosionsgefährdet, gleiches gilt für die Kotflügelspitzen an der A-Säule.

Dort lauern noch weitere Überraschungen, gerade im anschließenden Schwellerbereich vorn und hinten. Gut, wenn die Schwellerverkleidung nur aufgeschraubt ist (AS bis CS2/0)! Die meisten Bleche sind freilich miteinander verschweißt, was zu kostspieligen Reparaturen führt. Rost nistet sich besonders gern an den Schwellerecken sowie – wegen der häufig versifften Wasserabläufe und defekter Dichtungen – an den Unterkanten der Türen sowie direkt unterhalb des Türholms ein. Gerade bei den nur selten hohlraumversiegelten US-Modellen haben sich die Türen als besondere Schwachstelle erwiesen. Deren schwachdimensionierte Scharniere mochten es gar nicht, daß viele Amis gern mal über die Tür ein- und ausstiegen. Generell neigen die angeschweißten Haltebleche der Türangeln zum Ausreißen. Was vor allem an den entsprechend der US-Bestimmungen zusätzlich eingeschweißten Stahl-U-Profile lag. Und dieser Seitenaufprallschutz machte die Türen schwerer.

Auch die Unterkanten der hinteren Kotflügel, Radlauf und Radhaus ziehen den Gilb an. Und die geschweiß-

Fußraum Fahrerseite

Blech oberhalb Stoßdämpferdom

Scheinwerferbereich, anschließend Querblech von Kühler

Oberkante Armaturenbrett und Windschutzscheibenrahmen

Motortraverse

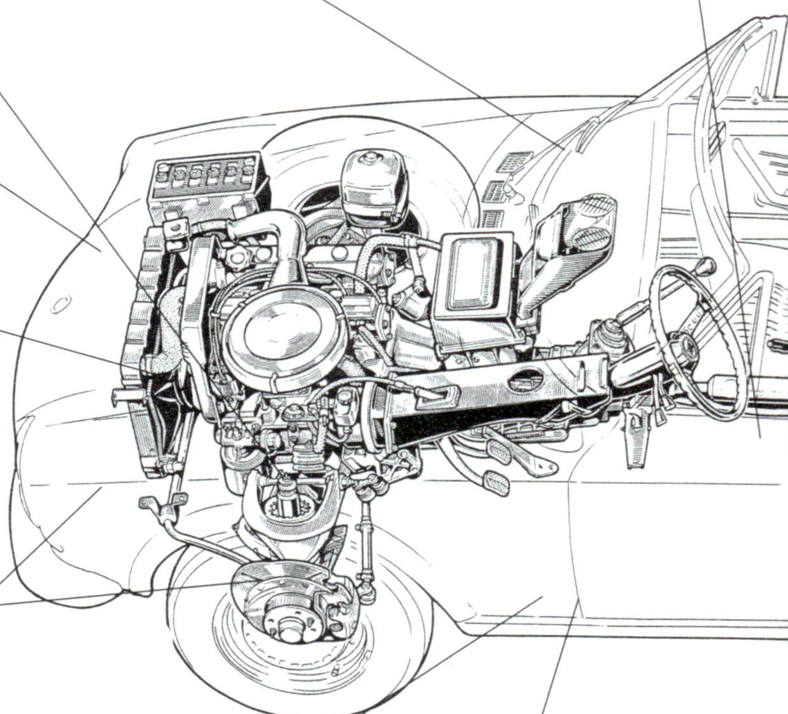

Stoßdämpferaufnahme, Silentbüchse, Kugelbolzen am unteren Querlenker

Kotflügelspitzen und vordere Türecke

Spaltmaße

Verstärkungsdreieck vor der A-Säule

Sitze und Mittelkonsole

Handbremsbetätigung und Schwingarm

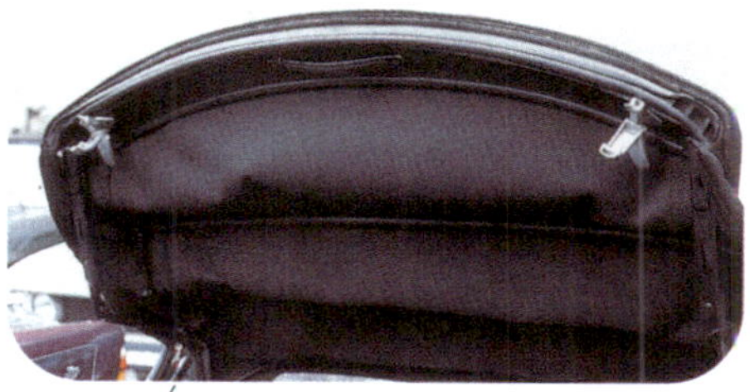

Verdeckspiegel

Kofferraum und Batteriegehäuse (nach AS/BS)

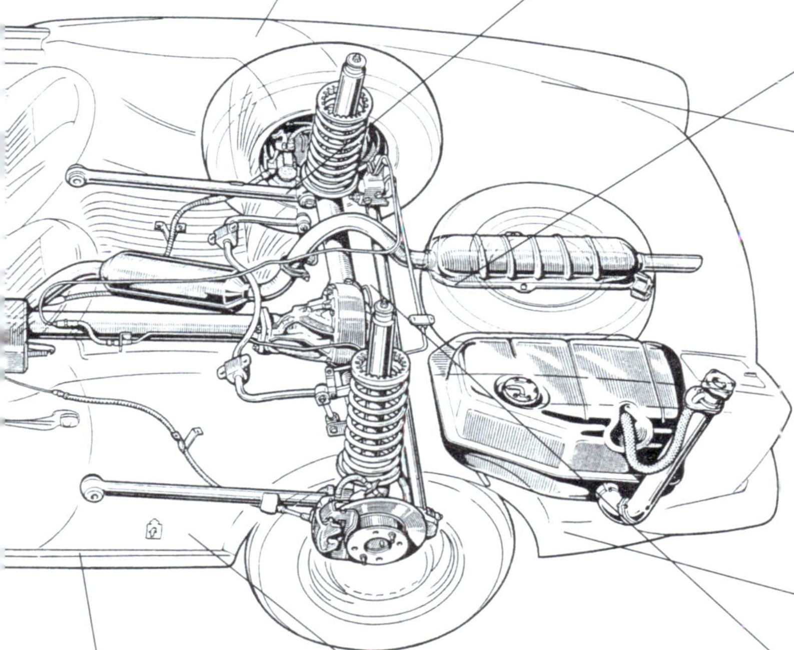

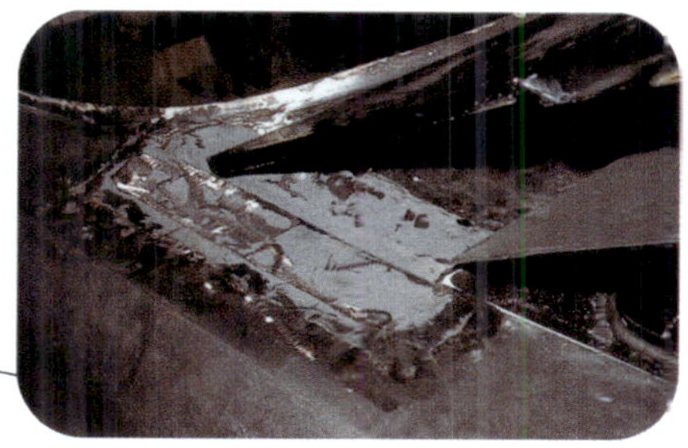

Schweißnaht Kotflügel-Verbindungsblech Kofferraum

Radläufe außen und hinterer Kotflügelabschluß

Schwellerbereich

Seitenteil unten

Differential und Auspuffbefestigung

ten Verbindungen zwischen den hinteren Kotflügeln und dem oberen Abschlußblech zwischen Kofferraum und Verdeckkasten korrodieren ebenfalls gern. Ebenfalls außerordentlich rostgefährdet sind das Heckblech, die Übergänge zu den Kotflügeln, das untere Abschlußblech (unterhalb der Stoßstange) und der Kofferraum einschließlich der abgedeckten Reserverad-Höhle. Kantenrost an der Kofferraumhaube ist häufiger anzutreffen als durchgerostete Kofferraumböden; dagegen sind unter der Batterie und an der Tankumrandung oft Gammelstellen zu finden. Noch eine Bemerkung zu den seitlichen US-Positionsleuchten: Nur ganz selten bekommt man diese in Deutschland zugelassen; in aller Regel müssen sie geschwärzt oder mittels gelber Gläser zu Blinkern umgerüstet werden.

Unerläßlich ist ein Blick unter den Wagenboden. Die beiden unter den Sitzen verlaufenden Längsholme sollten gecheckt, die hinteren Schubstreben-Aufnahmen ganz besonders in Augenschein genommen werden. Ein ganz anderes Elend plagen oftmals die verzogenen Schubstreben an der Hinterachse: Hier haben Banausen den Wagenheber angesetzt! Bei dieser Gelegenheit lassen sich gleich noch Fahrwerk und Mechanik inspizieren (Näheres im nächsten Unterkapitel).

Schwachpunkte im Innenraum betreffen den rostgefährdeten Bodenbereich unter der Pedalerie (Fußmatten herausnehmen!) sowie Armaturenbrett, Mitteltunnel und Sitze. Infolge heftiger Sonneneinstrahlung reißen sowohl der Instrumententräger bzw. seine Kunststoffverkleidung als auch der Bezug der Mittelkonsole. Und seit der Verwendung schwächeren Blechs wird die Fahrerlehne unstabil, bricht oder biegt sich unzulässig durch. Die Instrumente unterliegen dagegen nur normalem Verschleiß, sieht man von den guten alten Zeituhren bis Baujahr 1974 (mit richtiger Unruhe!) ab. Daß auf Originalität geachtet werden sollte, versteht sich von selbst – denn sehr viele Spider sind verbastelte Autos. Die Restaurierung vergammelter Innenräume ist jedoch sehr teuer! Unproblematisch und leicht zu ersetzen ist das Kunststoffverdeck des Spiders. Im Laufe der Jahre rostet gern der vordere Spriegel, das Softtop reißt schon mal seitlich an den Ecken ein. Risse am Drehpunkt des Gestänges entstehen immer dann, wenn beim Zusammenfalten das Verdeck zwischen das Gestänge gerät. Ein besonderes Kapitel sind die Leichtmetall-Räder, die so gerne nachgerüstet werden – manche haben tatsächlich keine ABE. Doch auch nicht alle „erlaubten" LM-Felgen sind problemlos: Die Volumex-Felgen können infolge Oxydation am Dichtring durchlässig werden. Wird nun beispielsweise der Bordstein touchiert, reißen die äußeren Felgenringe... Aber hier greift wieder einmal eine private Rettungsaktion: Die Pininfarina Spidereuropa Volumex IG sammelt nämlich diese defekten Felgen und läßt dafür margenweise neue Felgenschüsseln im Austausch anfertigen.

Fahrwerk, Motor und Mechanik

Schwachpunkte bei Fahrwerk und Mechanik sind vor allem auf schlechte Wartung zurückzuführen. Denn diese Baugruppen, insbesondere der Antriebstrakt, sind eigentlich unproblematisch und im Bedarfsfalle preisgünstig zu überarbeiten. Drei verschiedene Vorderachsen und fünf unterschiedliche Hinterachsen, dazu die diversen Motorversionen sorgen freilich für graduelle Abstufungen. Aber prinzipiell ist der Motor das robusteste Teil, dem durchaus weit über 200 000 Kilometer Lebenszeit beschieden sein können. Demgegenüber müssen sich die Alfa-Maschinen verstecken ... Der Betrieb mit Bleifrei-Sprit ist bei den frühen Modellen bis 1974 nicht unproblematisch; Thomas Niedergerke rät auf jeden Fall zum Umbau auf gehärtete Ventilsitzringe. Die anschließend ausgelieferten US-Typen und die späteren DS1 können auf jeden Fall bleifrei betankt werden.

Für viele ist die Kat-Nachrüstung zum politisch korrekten Thema geworden. Geregelte Katalysatoren, die im übrigen im Fiat-Auftrag schon Ende der siebziger Jahre in Deutschland gefertigt wurden, sind getypt und problemlos nachrüstbar. Die technische Abteilung des deutschen Fiat-Importeurs schickt auf Anfrage eine entsprechende Bestätigung zu. Manche US-Reimporte verfügen jedoch über Motoren, für die Fiat keine Unbedenklichkeitsbescheinigung ausgestellt hat. Andere US-Exemplare kommen mit auf weit unter 90 PS abgemagerten Triebwerken daher, für deren Kastrierung die gezielte Frischluftzufuhr in den Abgastrakt verantworlich ist. Hat der deutsche TÜV diese Anlage in den Kfz-Brief eingetragen, wird man sie nur schwer wieder los! Der vorherige Umbau auf normale Registervergaser ist hier in jedem Falle sinnvoll. Manche Leute haben auch den U-Kat amerikanischer CS1 oder CS2 ausgebaut – und wundern sich, daß anschließend der nun nicht mehr elastisch befestigte Auspuff reißt. Übrigens: Die in den USA eingebauten Lambdasonden sind auch nicht gerade das Gelbe vom Ei: Etwa alle 30 000 Kilometer sind sie fällig ... Manche Spider-Fahrer schwören auf sündhaft teure Metall-Kats, die keinerlei Leistung kosten und gleichermaßen problemlos eintragbar sind.

Der prinzipiell langlebige Motor verrichtet auch im harten Alltagsbetrieb unkapriziös seinen Dienst, nervt aber bei hohen Außentemperaturen mit hoher Motortemperatur – was zu schlechtem Standgas, Stottern und Absterben insbesondere bei den Vergasermodellen führen kann. Auch hier haben findige Spideristi auf Abhilfe gesonnen und Edelstahl-Auspuffanlagen verwendet. An einem federbelasteten Gummigleitstück (nach dem Auslaufen des Fiat-Ersatzteils heute von Mitsubishi erhältlich) elastisch hängend, erfreut dieses Teil durch seinen Sound und die bessere Durchströmung. Dies sorgt für ein besseres Temperaturverhalten und macht eine noch seltenere Ventilnachstellung notwendig. Denn die Auslaßventile müssen regelmäßig eingestellt werden, die Einlaßventile nicht so häufig. Zurück zu den ganz frühen Spidern: So sportlich ihre zwei Doppelvergaser auch waren – war deren Abstimmung nicht hundertprozentig, lief der Wagen nicht richtig! Weber- und Solex-Produkte lassen sich übrigens problemlos austauschen, auch wenn man den Weber-Doppelvergasern gern mehr Leistung nachsagt. Die Reparatur von Solex-Vergasern ist übrigens kaum machbar.

Die meisten Spider-Neuzugänge kommen aus Amerika. Viele präsentieren sich bei näherem Hinschauen als Blender. Doch keine Sorge: Alles ist reparierbar!

Problematisch sind die im Originalzustand keinesfalls vollgasfesten Turbo Spider: Hier muß unbedingt die Zündung abgeändert werden. Die viel zu nahe Nachbarschaft von Turbolader und Motor hatte sich im Alltag als Ursache für überhitzte Maschinen erwiesen, deren Kopfdichtungen viel zu schnell das Zeitliche segneten. Sinnvoll ist also unbedingt der Einbau verstärkter Kopfdichtungen; Ölkühler und Ladeluftkühler bringen weitere Vorteile.

Ganz spezielle Eigenheiten hat auch der Volumex aufzuweisen, dessen thermisches Verhalten zu wünschen übrig läßt. Was vor allem am Hitzestau unter dem gut abgedichteten, engen Motorraum liegt: Dampfblasen im Vergaser führen dann zum Absaufen des warmen Motors. Dem beugt man durch die gründliche Entlüftung des Kühlsystems und die Verwendung einer komplett abdichtenden Zylinderkopfdichtung vor, wie Volumex-Spezialist Hans-Georg Baumgartner weiß. Er empfiehlt auch einen zusätzlichen Benzindruckregler wie im Lancia Beta VX und wünschte sich einen größeren Ölkühler. Bei über 100 000 Kilometern Laufzeit beginnen übrigens die Simmerringe im Kompressor undicht zu werden, was zu etwas Ölverbrauch führt: Auf die Füllung des Ölbehälters ist also zu achten. Keine Sorge – der Kompressor kann überholt werden!

Die Getriebe der Fiat-Sport-Modelle machten allerdings kaum Ärger: Die anfänglich verwendeten Viergang-Getriebe und natürlich die Fünfgang-Boxen lassen sich leicht schalten, die später verwendeten Seat-Getriebe waren allerdings wegen der gegossenen (nicht mehr geschmiedeten!) Schaltgabeln und der schlechteren Materialqualität bei den Synchronringen recht störanfällig. „Alle 20 000 Kilometer muß man besonders bei den 1985er Getrieben mit Ärger rechnen", weiß der Bielefelder Spider-Spezi Adam Sosna: „Wenn der dritte Gang erst einmal beginnt herauszuspringen, ist es bald soweit!" Die Kupplung unterliegt dagegen nur dem gängigen Verschleiß, sollte also alle 80 000 bis 100 000 Kilometer gemacht werden.

Das Fahrwerk ist robust ausgelegt und kaum zu erschüttern, sofern der Wagen gut gewartet wurde. Soviel ist klar: Wer zu breite Reifen fährt, muß mit einer Überbeanspruchung der Schwingarme und Spurstangen rechnen. Generell gilt: Im Bereich der Vorderachse ist auf die Kugelbolzen an den unteren Querlenkern zu achten, die im Original vernietet (bei Ersatz geschraubt) sind: Reißen sie, klappt das Vorderrad ins Radhaus! Die in unmittelbarer Nachbarschaft gelegene Motortraverse sollte keine Risse aufweisen, die Silentbuchsen noch voll funktionstüchtig sein. Im Stand läßt sich die Funktion der Stoßdämpfer und der Lenkung testen: Wird die Karosserie an einer Ecke in die Federn gedrückt, darf sie nicht auffällig nachfedern. Eine schwergängige Steuerung deutet auf festgegangene Lenkungsdämpfer oder ausgeschlagene Kugelgelenke hin. Aber dies zählt zum normalen Verschleiß. Mit einem Blick kann man sich davon überzeugen, wie fest der Krümmer vorn am Motor sitzt: Hier sollte möglichst eine Kontermutter aufgebracht sein.

Natürlich reißt der Auspuff auch anderswo – vor allem am Mittel- und am Endtopf. In jener Region lauern weitere Delikatessen: Der Handbremssattel hinten erweist sich als recht kurzlebig; die Hinterachse kann zur Problemzone werden. 100 000 Kilometer räumt man ihr ein – vom AS bis zum CS1 ist mit längerer Lebensdauer, bei den US-Modellen mit kürzerer Laufzeit zu rechnen. Anfällig ist nämlich das Tellerkegelrad im Differentialkörper, an das man schlecht herankommt. Vorsicht ist eben auch beim Spider die Mutter der Porzellankiste!

NEA CW 58
HN D 9341
fasoli
HN D 9341
NEA CW 58

ADINI E VERZA

Fiats Elektro-Roadster Zicster besitzt ein abnehmbares Oberteil aus ultraleichtem Kunststoff.

Vorhergehende Doppelseite:
Neu, frisch und dennoch retro: Die Barchetta ist reine Geschmackssache. Beim Ortstermin in Italien entspannen sich rege Diskussionen über Design oder Nicht-Sein.

Lachender Erbe

Die Fiat Barchetta

Das, was heute in der kleinen Klasse bei der *Mille Miglia* so begeistert, stammt sämtlichst von Fiat ab. Cisitalia, Ermini, Moretti, Siata, Stanguellini und wie die kleinen Flitzer alle heißen. Doch die große Zeit der kleinen, schnuckeligen Spider und Coupés aus Oberitalien liegt unendlich weit zurück. Nur der 850er Spider von Nuccio Bertone und der offene 124er von Pininfarina hatten ein bißchen vom Glanz vergangener Zeiten zurückgebracht.

Doch Ende der achtziger Jahre, als der Fiat/Pininfarina 124 gerade ein halbes Jahrzehnt in der Versenkung verschwunden war, begann das Revival der kleinen Spaßmobile. Vorreiter war die japanische Firma Toyo Kogyo, die mit dem Mazda MX-5 einen preiswerten, agilen Zweisitzer aus dem Hut gezaubert hatte. Niemand sonst wagte sich an derlei Autos – bis zum Frühjahr 1995. Fiat – bereits mit dem ungewöhnlichen Coupé auf dem Markt gekommen – offerierte ein junges, freches Autochen, das auf Anhieb zum Bestseller geriet. Gleichzeitig hatten die Turiner einen Trend eingeleitet, dem die anderen mit zeitlichem Abstand nachhechelten: Rover folgte mit dem MG F, BMW mit dem Z3, Alfa, Mercedes und Porsche stiegen eine Klasse weiter oben ein. Neueinsteiger auf dem europäischen Markt wie Kia und Daewoo zeigen gleichermaßen Lust an der Nische.

Retro-Look heißt der neue Trend, *back to the roots*. Damals waren Gefühle und Sehnsüchte meisterhaft in automobiles Blech gegossen worden – und jetzt vollzog Fiat genau jenen nostalgischen Ansatz nach. Das knubblige Sahnestückchen ist wie aus einem Guß: Kompakte Formen, sanft gleitende, durch Sicken betonte Wellenlinien und überall lustbetonte Rundungen. Der einladende Hüftschwung, die nie enden wollende Motorhaube, sorgsam ausgefeilte Details bis hin zu den Plexiglas-abgedeckten Doppelscheinwerfern und den doppelten, geteilten Heckleuchten: *Bella macchina* vom Feinsten – und dies in der Kompaktklasse! Und dennoch ist da ein Schuß Aggressivität, eine Prise dreister Bulligkeit; geschickt hineinretuschiert in Form der kurzen, gewölbten Heckpartie und des erstaunlich langen, vorderen Überhangs. Kürzer, etwas breiter und etwas höher als der 124 Spider ist mit der Barchetta nicht mehr und nicht weniger als ein neuer Trend kreiert worden, der sich – ungeachtet aller Zeitgeist-Anleihen – wohltuend abhebt von der Masse gesichtsloser Automobile.

Tatsächlich: Bei Großserien-Hersteller Fiat hatte man das Träumen nicht verlernt. 1992 hatte hier die Entwicklung eines Mini-Roadsters begonnen, für den der legendenträchtige Name „Barchetta" (Schiffchen) wiederbelebt werden sollte. So nämlich hieß der 1948 von Touring karossierte Ferrari 166 S, der seinerzeit nicht nur sämtliche Schönheitspreise einheimste, sondern überdies die Mille Miglia gewann. Auf den Spuren solch hochgestochener Tradition surfte Fiats sonnengereifter Novize als erster mitten hinein in einen künftig hartumkämpften Markt. Zurück in die Zukunft, könnte das simple Motto lauten, mit emotionsgeladenem Design vor allem junge Leute anzusprechen: Der größte Teil der Barchetta-Käufer soll unter dreißig sein, viele davon weiblich. Anfangs knapp 37.000 Mark (und damit elf dicke Scheine weniger als für den ebenfalls 1995 präsentierten Alfa Spider mit Zweiliter-Motor) waren hinzulegen für das vier Meter kurze, gedrungene Kraftpaket auf den breiten Socken.

Dafür gibt's ein unverwechselbares, zeitlos eigenständiges Gefährt, das gänzlich – auch im Innenraum – vom Turiner *Centro Stile* geformt worden ist. Die Projektleitung hatte der damalige Haus-Designer Andreas Zapatinas und nicht etwa einer der bekannten Karosseriekünstler, die sich rund um das oberitalienische Industrie-Eldorado angesiedelt haben. Die unübersehbaren stilistischen Anleihen bei früheren Italo-Exoten sind beabsichtigt – Fiat selbst spricht gar von „raffinierten und komplexen Andeutungen, welche die tief in uns verwurzelte Vergangenheit vor Augen führt".

Front-Berichterstattung und Heck-Meck: Zwei Generationen treffen hier aufeinander, beide von absoluter stilistischer Eigenheit, beide voller Zeitgeist. Knackiger kommt tatsächlich das Barchetta-Hinterteil daher. Es ist bedeutend höher als das des Spiders, faßt aber weniger Gepäck.

Instrumente im Bahnhofsuhren-Look: verspielt, aber nicht so oberprächtig abzulesen.

Barchetta-Erstpräsentation im März 1995: Der Autor des Buches vor dem Premieren-Ausritt an der spanischen Atlantikküste.

Das Heck ist eine Wucht, die Antriebsachse sitzt aber vorn. Durchdrehende Pneus sind trotzdem alles andere als die Regel.

Mit drei Handgriffen freier Himmel satt: Verdeck lösen und hinten hochklappen, Kragen-Klappe öffnen, Softtop zusammenfalten. Kinderleicht: Als letztes ist nur noch die Kragen-Klappe zu schließen.

Das schnell übergestülpte Verdeck wird vorn nur von zwei Knebeln gehalten.

Der 131-PS-Vierzylinder der Barchetta will und muß drehen, um flott voranzukommen. Unten herum steht wenig Dampf zur Verfügung.

Ich geb' Gas, ich hab' Spaß: Das Fahrwerk arbeitet unspektakulär, die Straßenlage ist ohne Fehl und Tadel.

Gemeint sind traditionelle Designmerkmale wie die niedrige Wagenhöhe, die große, stark geneigte Frontscheibe, das tief und weit hinten angeordnete Gestühl, die sich davor auftürmende Motorhaube. Konkret: Die Türen wurden wie beim Giulietta Spider leicht nach unten abgerundet, die Klinken könnten vom Fiat 8V stammen, die Frontscheinwerfer unter den langgezogenen Abdeckungen saßen in ähnlicher Form in den frühen Alfa Spidern.

Gebaut wird Fiats neues Highlight beim Karossier *ILCA Maggiora* nahe Turin, wo bereits der Lancia Delta Integrale entstanden ist. 15.000 Einheiten pro Jahr sind machbar, und Fiat hoffte, den Löwenanteil des derzeit weit offenen europäischen Marktes abzudecken. Knapp 4700 Exemplare fanden noch 1995 in Deutschland ihre Käufer, weitere 2340 wurden im ersten Quartal 1996 verkauft. Denn gerade hier liebt man das Auto, das auf dem Genfer Automobil-Salon zum „Cabrio des Jahres 1995“ gekürt worden war – eine Zeitlang hatten die Händler regelrechte Lieferengpässe. Vom Export-Markt USA, wo über drei Viertel aller 124er Spider abgesetzt wurden, ist heute überhaupt keine Rede mehr, und auch in Japan hält man sich – trotz Gründung einer neuen Tochter-Gesellschaft – bedeckt.

Die Basis für die Barchetta bildete der Punto, der aber leider – genau wie die anderen Alfas, Fiats und Lancias – mit Frontantrieb versehen ist. Erfreulicherweise geht beim neuen Oben-ohne-Zwerg – anders als beispielsweise beim Coupé Fiat – die Kraftübertragung auf die Vorderräder sehr unspektakulär und gesittet vonstatten. Die 131 Pferdestärken des 1,7-Liter-Vierventilers der bisherigen Basisversion kommen tatsächlich ohne viel Schlupf und Hoppelei bei den Pirellis an. Durchdrehende Pneus sind alles andere als die Regel, Heckantrieb brächte aber sicher noch einen Kick mehr Sportlichkeit ins Spiel.

Das Handling geriet dennoch nahezu perfekt; schnell gefahrene Kurven nimmt der heiße Winzling tendenziell untersteuernd, aber überraschend neutral. Wegen des kurzen Radstands von nur 2,23 Metern (MX-5: 2,27 Meter, Punto: 2,45 Meter) kommt bei Bodenwellen allerhand Bewegung in den Aufbau, der zwar spürbar arbeitet, aber trotzdem weitgehend verwindungssteif bleibt. Wer die Barchetta bei schlechter Straße tatsächlich voll ausfährt – offen sind durchaus 160 km/h drin, geschlossen wurden 200 km/h gemessen –, wird an die Grenzen des straffen, etwas nervösen Fahrwerks mit den vom Punto her bekannten McPherson-Federbeinen kommen. Auf solchen Pisten greift der serienmäßige Gurtstraffer ungefragt zu und fesselt die Besatzung fest an die Lehne, bis wieder ebene Fahrbahnverhältnisse herrschen. Die Scheibenbremsen packen kräftig zu, verzögern auf 40 Metern von Tempo 100 bis zum Stillstand. Bei längerer Bergabfahrt ist jedoch ein leichtes Bremsfading spürbar. Beschleunigungsorgien scheinen dem Zweisitzer auf jeden Fall zu liegen: Aus dem Stand auf Tempo 100 in nur neun Sekunden sind eine echte Wucht, erfordern aber dann kernige Drehzahlen bis in den roten Bereich hinein – und der beginnt bei 7000 Touren.

Der neuentwickelte Vierzylinder aus dem Werk Pratola Serra ist bereits optisch ein Leckerbissen, macht er doch einen sehr ästhetischen und aufgeräumten Eindruck – ganz ohne das gewohnte Gewirr von Kabeln und Schläuchen. Es handelte sich hier um den ersten Vertreter der neuen Triebwerksfamilie, die direkt vom vierventiligen Fünfzylinder des Lancia Kappa abgeleitet wurde. Pläne, mit dem zusammen mit Yamaha entwickelten Fünfventiler noch mehr Power lockerzumachen, zerschlugen sich bereits im Vorfeld. Wie nicht anders zu erwarten kam der Sechzehnventiler dann auch anderen Fiat-Modellen zugute; den Anfang machte dabei das Coupé Fiat.

Der 1,7-Liter-Motor des Latin Lovers mit den zwei obenliegenden Nockenwellen erweist sich als drehzahlgeiles, aber überaus kultiviertes Maschinchen. Und dank eines elektrohydraulischen Phasenschiebers zur Steuerung der Nockenwelle geriet der Vierzylinder überraschend durchzugsstark – von 2000 bis 6000 Touren stehen stets 90 Prozent des maximalen Drehmoments von 164 Nm zur Verfügung! Der 1,8 Liter große 131-PS-Mazda-Vierzylinder erreicht zwar 157 Nm, muß sich aber mit einem weniger gleichmäßigen Drehmomentverlauf begnügen.

Doch mit dem italienischen Eyecatcher endete die Dominanz des fernöstlichen Platzhirsches. Denn mittlerweile hatte der 131-PS-Zweisitzer aus Nippon die magische 40.000-Mark-Schallmauer deutlich überschritten, die für Golf & Co. als Obergrenze galt. Das Fiat-Spaßmobil, ohnehin mit dem Reiz des Neuen gesegnet, kam deutlich preisgünstiger daher – setzt aber gleichermaßen 131 Pferdestärken in der gleichen Hubraum-Klasse. Also griffen die Asiaten in die Trickkiste und lancierten eine nur noch 90 PS starke 1,6-Liter-Version, die dennoch nicht billiger als die Barchetta angeboten wurde. Der MG F mit 1,8-Liter-Mittelmotor leistete in der Basisversion nur 120 PS, kostete aber fast 40 große Scheine. Und der 115-PS-BMW Z3 lag noch vier Tausender darüber.

Ursprünglich hatte Fiat vor, sein Spaßmobil zusätzlich auch mit anderen Motoren auszustatten, aber diese Idee zerschlug sich. Der zweiköpfigen Barchetta-Besatzung kann's recht sein, das Gefühl von zu wenig Leistung kommt keineswegs auf, wenn man beherzt mit dem Gaspedal umzugehen vermag. Dank des höhenverstellbaren 51-cm-Lenkrads finden auch Längergewachsene Platz im erstaunlich geräumigen Innenraum, werden aber allerhand Fahrtwind abbekommen, wenn der Scheitel die niedrige Frontscheibe überragt. Immerhin – man sitzt tiefer und näher an der Scheibe als im 124 Spider! Die kinderleichte Betätigung des unter einer Abdeckhaube versteckten Softtops dürfte für die meisten Barchetta-Piloten kein Thema sein: Solche Autos müssen offen gefahren werden, basta. Hinter jener Abdeckung findet sich das kastenförmig-hohe 165-Liter-Gepäckabteilchen, das zwei Reisetaschen genügend Platz bietet. Tief in seinem Innern schlummert das Ersatz-Notrad.

Die serienmäßige Ausstattung mit Dreispeichen-Sportlenkrad mit Airbag, Servolenkung, elektrischen Fensterhebern, Wegfahrsperre und passend gestyltem Casettenradio von Grundig oder Panasonic überzeugt durch ihre Reichhaltigkeit. Leider beließ man es bei nur 2 x 12 Watt Sinusleistung, und leider erhielt nur der Beifahrerplatz einen Make-up-Spiegel. Die drei hell unterlegten, blendfrei abgedeckten Veglia-Instrumente im Bahnhofsuhren-Design sind gewöhnungsbedürftig und nicht ganz übersichtlich; die Lüftungsklappen erweisen sich als alte Bekannte aus dem Lancia Trevi. Ohne Fehl und Tadel ist der kurze Joystick auf der breiten Mittelkonsole, vor dem sich ein winzig kleiner Aschenbecher duckt. Den Zigarettenanzünder finden nur detektivisch Veranlagte unter der Mittelarmlehne. Aber gegenüber dem klassischen Outfit der Barchetta geriet das nüchtern-funktionelle Interieur trotz in sich stimmiger Stilelemente im farbig abgesetzten Oval-Look verblüffend modern und unsentimental.

Für Kunden mit Sonderwünschen boten sich genügend Möglichkeiten, den Kaufpreis nach oben zu treiben. Zusätzlich zu den vier Grundfarben Speedrot,

Ab Dezember 2002 mit frischer Optik, aber weiterhin mit 131 PS.

Italdesign erregte Aufmerksamkeit mit dem Formula 4, der ohne Türen auskommt. Das Oberteil läßt sich abnehmen.

262 PS lauern unter der Haube des Dedica, den die Turiner Firma Stola im März 1996 zeigte.

Vor-Barchetta-Zeit: Bertone-Idee.

Lancia Fulvia auf Barchetta-Basis. Dieses optische Sahnestückchen auf Barchetta-Basis war einer der unbestrittenen Stars der Frankfurter IAA im Herbst 2003. Auf eine Serienfertigung besteht derzeit leider keine Hoffnung.

Ginstergelb, Schwarz und Orange konnten gegen 500 Mark Aufpreis die Metallic-Lackierungen Titangrau, Midnightblau, Windsorgrün und Karibikblau geordert werden. Das schwarze Kunststoff-Hardtop mit beheizter Heckscheibe kostete 2500 Mark, für 6,5x15-Leichtmetall-Felgen waren 800 Mark hinzublättern. Die Klima-Anlage kostete 1800 Mark, das Antiblockiersystem 1450 Mark. Wer Sitze, Lenkrad und Schaltknauf lederbezogen haben wollte, mußte sich von 1500 Märkern trennen. Optional erhältliche Goodies wie Heck-Gepäckträger, Windschott, Innentaschen und Holz-Paneelen kamen 1996 dazu.

Dem Zeitgeist entsprechend wurde natürlich dem Thema Sicherheit besonderer Raum eingeräumt – und dies betrifft vor allem dem crash-absorbierenden, längs- und querversteiften Fahrzeugboden, dem Flankenschutz in den Türen, dem verstärkten Scheibenrahmen und die mit Innentraversen bewehrten Sitze, die das Durchrutschen durch die Sicherheitsgurte verhindern sollen. Fahrer- und Beifahrer-Airbag gehören zur Serienausstattung. Hinter der Besatzung fährt freilich kein Überrollbügel aus, wenn's mal ganz schlimm kommen sollte: Anschnallen ist also erste Bürgerpflicht. Aber die nicht vordergründig auf Sportlichkeit ausgelegte Barchetta provoziert ja eher zum Dahinrollen, zum Genießen. Sie verwöhnt mit sicherer Straßenlage und unspektakulärem Fahrverhalten, ist nicht heimtückisch oder widerspenstig wie echte Sportwagen alter Schule. Aufregend ist vor allem seine symphatische Form, die den neuen Spider zum Leckerbissen macht.

Daran und am Fahrwerk haben sich mittlerweile auch einige Tuner zu schaffen gemacht, allen voran Postert (Essen), Hörmann (Haldenwang/Allgäu), Eibach und Novitec (Stetten/Allgäu): Vom Front- und Heck-Geflügel über Tieferlegungs-Sätze und die verschiedensten Leichtmetall-Felgen (bis 8x17 mit 245/35 R 17-Schlappen) bis hin zum eindrucksvollen Endschalldämpfer und zu den kleinen Überroll-Bügeln ist alles zu bekommen. Hörmann bot bereits Ende 1995 ein Leistungssteigerungs-Kit auf 165 PS an – Kostenpunkt: 5500 Mark.

Selbstverständlich läßt die Barchetta-Form den großen Star-Designern keine Ruhe. Einer der ersten, der seinen Alternativentwurf vorstellte, war Italdesign mit dem Formula 4. Bereits vorher hatten sich auch andere große Italiener Gedanken gemacht und diverse Stylingmuster präsentiert, ohne jedoch den Zuschlag von Fiat bekommen zu haben. Auf dem Turiner Salon im April 1996 waren weitere Studien auf Barchetta-Basis zu sehen, darunter der ultimative 262-PS-Speedster Dedica der Turiner Firma Stola und das an den Triumph GT6 erinnernde Coupé von Maggiora. Fiat selbst stellte einen Elektro-Spider namens Zicster mit extrem leichter Polymer-Verbundkarosse auf Alurahmen vor, dessen 21,5-kW-Wechselstrom-Motor eine Reichweite von 200 km und eine Höchstgeschwindigkeit von 100 km/h ermöglicht.

Im Dezember 2002 wurde die Fiat Barchetta gründlich renoviert, es blieb aber beim bekannten 131-PS-Motor. Mit großen Lufteinlässen, neuem Grill, Scheinwerfern in Klarglasoptik und überarbeiteter Heckpartie folgte er dem Zeitgeist. Bereits die Basisversion hatte nun Lederlenkrad und -schaltknauf, elektrische Fensterheber, Sportsitze, Nebelscheinwerfer sowie Radio mit CD-Player – Kostenpunkt: 20.990 Euro. In der rund 2000 Euro teureren „Adria"-Ausstattung gab's noch Klimaanlage, Zentralverriegelung, elektrisch verstellbare Spiegel, 16-Zoll-Felgen und CD-Radio mit MP3-Player dazu.

2005/06 endet die Ära dieses offenen Fiat. Daß er noch jede Menge Potential zu bieten hat, zeigte eine faszinierende Studie auf der IAA im September 2003: Dort war die Lancia Fulvia zu sehen, ein wunderschönes Leichtmetall-Coupé auf Barchetta-Basis. Leider konnte sich das Fiat-Konzernmanagement nicht zu einer Serieneinführung durchringen.

Der Fiat 124 Spider Deutschland Club e. V. lädt jährlich zu mindestens acht vier Regional- und einem mehrtägigen Haupttreffen (hier in Aschaffenburg) ein.

Kult-Spider? Spider-Kult!

Club-Szene und Ersatzteilversorgung

Einsame Wölfe sind selten in der Szene. Wer seinem Spider-Hobby mit Genuß frönen will, sucht den Kontakt zu Gleichgesinnten – um gemeinsam Spaß zu haben, aber auch, um im Falle des Falles nicht allein dazustehen. Das beginnt schlicht und einfach vor dem Kauf des ersehnten Sahnestückchens: Warum nicht auf die Kompetenz des jeweiligen Modellbetreuers zurückgreifen und ihn um eine intensivere Kaufberatung bitten, als dies in diesem Buche machbar war?

Es geht weiter mit Clubtreffen, die mehr als ein Hort bierseliger Geselligkeit sind: Hier werden Erfahrungen und Ersatzteile ausgetauscht, Freundschaften geschlossen; selbst Hochzeiten haben sich hier schon angebahnt. Und es ist schön in dieser anonymen Zeit, mittels eines Traum-Mobils menschliche Kontakte zu befördern und zu vertiefen.

In Deutschland bieten sich gleich mehrere Interessengemeinschaften an. Die größte ist der *Fiat 124*

Die Volumex IG startete sogar zu einem Werksbesuch bei Pininfarina.

Spider-Fahrer sind keine einsamen Wölfe! Clubtreffen sind eine hervorragende Gelegenheit, gemeinsam in die Zukunft durchzustarten.

Spider Club Deutschland e.V., der vor allem im Süden und Nordwesten des Landes sehr aktiv ist. Er wurde 1983 gegründet und hat derzeit über 400 Mitglieder mit ebenso vielen Fahrzeugen (darunter auch einigen Coupés, für die sich der Club mitverantwortlich fühlt). Alle zwei Monate erhalten die Mitglieder die Zeitschrift *DER SPIDERFAHRER* zugeschickt. Rund ein Regionaltreffen pro Monat findet statt, über mehrere Tage geht das alljährliche Haupttreffen des sehr professionell agierenden Verbandes. Ehrenmitglied des auch international tätigen Clubs sind Rallye-Weltmeister Walter Röhrl und sein Spezi, der langjährige Ex-Club-Chef Manfred Lindner.

Dann folgt schon der 1984 von Thomas Niedergerke und Michael Bischoff gegründete *Fiat 124 Spider Club e.V.*, der vormals in und um Hamburg residierte. Mittlerweile agieren die überaus rührigen Club-Aktivisten im Bielefeld/Lipper/Frankfurter Raum. Die etwa 200 Mitglieder verteilen sich vor allem auf die Mitte und den Norden Deutschlands. Der Osten ist bislang mangels Fahrzeugen noch relativ unerschlossen. Alle drei Monate bringt der Club das *SPIDER MAGAZIN* heraus, binnen kurzem wird er ins Internet gehen. Neben dem Pfingst-Haupttreffen veranstaltet der Club regionale Meetings und Stammtische.

Vor allem für Spezialisten ist die *Pininfarina Spidereuropa Volumex IG* von Interesse, in der seit 1990 rund 80 VX-Fahrer eine Heimat gefunden haben. Die verblüffend agile Interessengemeinschaft gibt nicht nur das dreimonatig erscheinende Magazin *VOLUMETRICO VOLUMEX* heraus, sondern erfreut sich überdies guter Kontakte zu den Italienern. So schafften es die Volumexler um Uwe Binder, 1995 eine Audienz bei Sergio Pininfarina zu bekommen! Die Interessengemeinschaft verfügt über einen eigenen Ersatzteilpool und veranstaltet jährlich ein Haupt- und zwei Regionaltreffen.

Das *Registro Abarth Rally Europa* (RARE) ist in erster Linie ein Typenregister, das sich keine besonderen Clubaktivitäten zur Aufgabe gesetzt hat – aber alle bekannten CSA auflisten will. Registro-Chef „Flo" Baumann fungiert nämlich gleichzeitig als Typenbetreuer beim Fiat 124 Deutschland Club e.V.

Und der *Fiat Raritäten Club* ist eher ein großer Freundeskreis von Besitzern Turiner Glanzstücke vom Vorkriegs-Balilla bis zum Fiat 131 Rally. Spider-Fahrer können hier sicher auch glücklich werden, sofern sie technische Probleme anderswo lösen.

Die Szene im Ausland ist – abgesehen von den Amerikanern und den Italienern – relativ schnell überschaubar. *Fiat Lancia Unlimited* in den USA wurde 1982 gegründet und ist der größte Club für Freunde Turiner Automobile. 500 Mitglieder hat der professionell geführte Club, der alle zwei Monate eine eigene Zeitschrift *(FIAT RICAMBI)* herausgibt. Down under, auf der anderen Seite des Erdballs, tut sich indes auch einiges in Sachen Fiat/Pininfarina Spider: Obwohl er nur vereinzelt dorthin gelangte, zählt man inzwischen in Neuseeland fast 50 offene 124er (vor allem US-Modelle). Genau wie im benachbarten Australien existieren vier Regionalclubs auf den Kiwi-Inseln.

Der Fiat 124 Club e.V. veranstaltet zwei kleinere und ein Haupttreffen pro Jahr.

Die holländischen Freunde des *Fiat 124 Sport Spider Registers* bemühen sich ganz besonders um Kontakte über die Grenzen hinweg; ihr Magazin *DUE POSTI* erreicht die Mitglieder viermal im Jahr. In England geht man die Sache globaler an: Das *Fiat Twin Cam Register* erwies sich als sehr engagiert und war an der Veröffentlichung von zwei 124er-Büchern aktiv beteiligt. *BIALBERO* heißt die Clubzeitschrift, und es erstaunt, welcher Aufwand für die sommerlichen Treffen betrieben wird.

Spezialanbieter Holtmann & Niedergerke sorgte auf der Techno Classica 1996 für ganz besonderes Aufsehen mit diesem rudimentären US-Spider.

Die Spezialisten

Innerhalb der letzten 15 Jahre – also noch während der Produktion des Spiders – hat sich eine immer weiter ausufernde Profiszene um den offenen Klassiker aus Turin etabliert. Das *OLDTIMER-MARKT*-Sonderheft No. 17 „Oldtimer-Szene von A-Z" listet allein 40 Firmen auf, die sich direkt mit dem 124 Spider beschäftigen.

Abgesehen von einigen wenigen Ausnahmen ist heute jedes Teil zu beschaffen. Spezialanbieter initiieren Nachfertigungen, bieten Eigenentwicklungen wie das Targa-Dach. Umrüstmaßnahmen unterschiedlichster Couleur reichen von der Motorumrüstung auf Bleifrei-Betrieb über die verschiedensten Leistungssteigerungsmaßnahmen (einschließlich des Einbaus stärkerer Argenta-Motoren) bis hin zu ultimativen Maßnahmen wie der Installation einer Einspritzanlage in den Volumex.

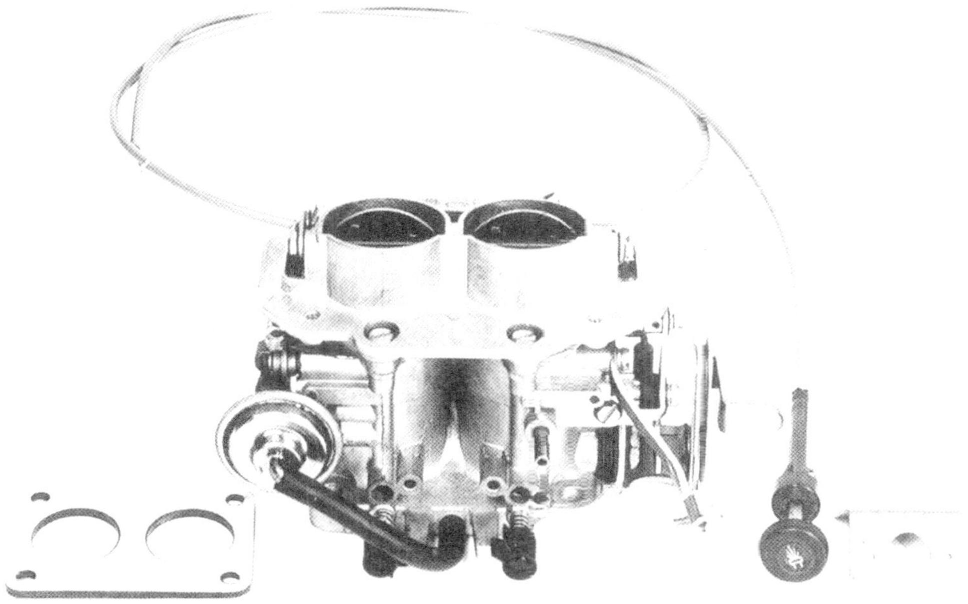

G+B hat sich auf den Volumex (hier der Umbausatz auf Handchoke wegen der störanfälligen Startautomatik) spezialisiert, übernimmt aber auch alle anderen Aufgaben an sämtlichen Spider-Baureihen.

Die ganz Großen in der Szene haben weder Aufwand noch Mittel gescheut, eine umfassende Versorgung der Kundschaft zu gewährleisten. Während Holtmann & Niedergerke das komplette Ersatzteillager von Fiat America übernahm, kaufte Spider-Point 1995 Pininfarina-Bestände in Italien auf. Auch Del Priore hat eine größere Anzahl solcher Originalteile am Lager. Kleinere Firmen haben sich Spezialgebiete gesichert, so daß Spider-Fahrer nie in die Verlegenheit kommen werden, im Regen stehen zu bleiben!

O&S in Vlotho-Exter restauriert den Spider, vor allem aber dessen Getriebe. Interieur und Optik werden hier gleichermaßen aufgemöbelt.

Spezialisten und Clubs

Deutschland

Fiat 124 Spider Club Deutschland e.V.
Gerhard Mühr, Langenbochumer Straße 462
D-45701 Herten-Westerholt
Tel./Fax: 0209 / 620414, E-mail: 1.Vorstand@fiat-spider.de

Fiat 124 Spider Club e.V.
Christian Schlamp, Wulfsdorfer Weg 46, D-22359 Hamburg
Tel.: 040 / 60951558, Fax: 040 / 6036817, E-mail: info@fiatspider.de

Fiat Raritäten Club e.V.
Werner Gotzian, Am Teimenort 18, D-44894 Bochum
Tel./Fax: 0234 / 230301

Pininfarina Spidereuropa Volumex IG
Uwe Binder, Beim Heiligental 3, D-78532 Tuttlingen
Tel. 07461 / 13247

Registro Abarth Rally Europa (RARE)
Florian Baumann, Wilhelmshöhenstr. 43, D-82319 Starnberg
Tel.: 089 / 9574923

Ersatzteile/Restaurierungen/Spezialisten:

Fa. Arnold
Tel.: 05043 / 98098, Fax: 0543 / 98099, www.124spider.com

Axel Augustin
Kosweg 8, D-23983 Handewitt-Haurup
Tel.: 04630 / 93060, Fax: 04630 / 324, www. axel-augustin.de

G+B Motorentechnik
Hans-Georg Baumgartner
Webling 2, D-85304 Hettenshausen
Tel.: 08441 / 71609, Fax: 08441 / 81509

Gruppo Ricambi Bielstein
Tel.: 05055 / 3074, Fax: 05066 / 65390

Holtmann & Niedergerke GmbH
Am Oberen Feld 4, D-32758 Detmold
Tel.: 05231 / 61790; Fax: 05231 / 617920, fiatparts@aol.com

Holtmann & Ellersiek GmbH
An der Berlebecke 14, D-32760 Detmold-Heiligenkirchen
Tel.: 05231 / 570020; Fax: 05231 / 569724

Fa. Hünnerkopf
Tel.: 09721 / 44323, Fax: 09721 / 44859,
www.mobile.de/huennerkopf

O&S Oldtimer & Sportscars
Herforder Straße 453, D-32602 Vlotho-Exter
Tel.: 05228 / 7566; Fax: 05228 / 264, www.schiminsky.de

Del Priore
Zum Roden 5, D-31275 Aligse
Tel.: 05132 / 825060; Fax: 05132 / 825070, www.del-priore.com

Speed + Sport
Riedstraße 3, D-73760 Ostfildern-Ruit
Tel.: 0711 / 475041, Fax: 0711 / 473683, www.speedundsport.de

Spider Point
Ch. Debacher, Gewerbestraße 12, D-77966 Kappel-Grafenhausen
Tel.: 07822 / 61704; Fax:7822 / 61851, www.spider-point.com

Spider Service Hamburg
Berthastr. 3, D-22083 Hamburg
Tel.: 040 / 2196668, Fax: 040 / 2196654, www.spider-service.de

Spidersport bei Wien
Tel./Fax: 0043 / 2265 / 20046, www.alfa-fiat-spidersport.at

Schweiz

124 Spider Club
Jörg Bachmann, Stockenstraße 5, CH-8802 Kilchberg,
Tel./Fax: 0041 / 01 / 7151407

Niederlande

Fiat 124 Sport Spider Register
Hans Vos, Stroeteweg 17, NL-8166 KC Emst

Luxemburg

Fiat 124 Spider Club Luxemburg
Victor Mattioli, Rue Pierre Frieden 50, L-4560 Obercorn/Differdange

Belgien

Fiat Club Belgium
Parklaan 28, B-2690 Tense

Frankreich

Club des amateurs Fiat d'Epoque
Philippe Lorthioir, 80 quai Michelet, F-92532 Levallois Perret
Tel.: 0033/1/47305000

Racing Amicale Fiat anciennes
Clause Butailland, 24 rue Ambroisine, F-94500 Champigny
Tel.: 0033/1/48806526

Italien

Registro Nazionale Fiat 124 Sport Spider
Alberto Brancolini, Via Loschi 44, I-41100 Modena
Tel./Fax: 0039 / 59 / 394597

Registro Fiat Italiana
Via B. Buozzi 6, I-10121 Torino
Tel.: 0039 / 11 / 5629881

Registro Storico Italiano Abarth
Dr. G. Giuffre, Via Busto Arsizio 40, I-20151 Milano

Großbritannien

Fiat Twin Cam Register
Graham Morrish, 19 Oakley Wood Rd., Bishops Tachbrook,
Leamington Spa, Warwicks CV33 9RW, England
Tel. 0044 / 926 / 335097

Fiat 124 Spider Register
Tony Wild, 4 Holmecarr Court, Bingley, Yorks, England

Fiat Motor Club of GB
Lesley Collyer, Barnside, Glastonbury, Somerset BA6 8DB, England

Abarth Club Great Britain
James Warren, 32 Walton Avenue, Twyford, NR Bunbury, Oxon OX17 3LB, England

USA

Fiat 124 Spider Register USA
Frank Hoogland, PO Box 14697, San Francisco, CA 94114, USA

Fiat America
Dan Yee, PO Box 391068, Mountain View, CA 94039-1068, USA

Fiat Club of America Inc.
Santo J. Bimbo, 11 Linden Circle, Sommerville, Tel.: 617-776-8576, MA 02143-0192, USA

Fiat-Lancia-Underground
Scott Hill, PO Box 193, Shillington, Tel.: 215-375-4222, PA 19607, USA

Western Fiat Fanciers
Skip Brown, 5420 North 63rd Drive, Glendale, Tel.: 602-246-0219, AZ 85301, USA

Abarth Register
Gerry Rothman, 1298 Birch Street, St. Uniondale, Long Island, Tel.: 516-481-2092, NY 11553, USA

Fiat Enthusiasts NW
David Moise, 14529 Wallingford Avenue N., Seattle, Tel.: 206-363-1808, WA 98133-6613, USA

Fiat Italian Car Club of North America
Woody Woodson, PO Box 21654, Detroit, Tel.: 313-497-2570, MI 48221-0654, USA

Ersatzteile/Restaurierungen:

LineaRossa International Inc.
15281 Barranca Parkway, Irvine, Tel.: 800-866-3428 und 714-727-1201, Fax: 714-727-0603, CA 92718, USA

Caribou Imports Inc.
23151-A3 Alcald Drive, Laguna Hills, Tel.: 800-776-3136 und 714-770-3136, Fax: 714-770-0815, CA 92653-1419, USA

New Zealand

Fiat Motor Club New Zealand
Martyn Robey, 19 Rodney Street, Waiwhetu, Lower Hutt
New Zealand

Fiat Lancia Club
Ian Mair, PO Box 5652, Wellesley Street, Auckland, New Zealand

Fiat Club Waikato
PO Box 16
Hamilton

Fiat & Lancia Owners Club
201 Clyde Road
Christchurch

Australien

Fiat Car Club (Victoria)
PO Box 4A
Melbourne 3001/Victoria

Fiat Car Club (SA)
PO Box 105
North Adelaide 5006/South Australia

Fiat Car Club (NSW)
C/-11 Bygrave Street
Ryde 2112/New South Wales

Auch international gibt es eine Vielzahl von Ersatzteilangeboten.

Das Mebetoys-Modell der Rondine ist nur schwer und selten in gutem Zustand zu bekommen.

Die Metall-Bausätze von Formula 43/Racing 43 sind superexakt und überaus reizvoll für den Sammler. Vorn ein früher CSA Gruppe 4, rechts dahinter ein ebenfalls früher Gruppe 3, daneben ein später Gruppe 4 von 1976.

Klein, aber oho
Maßstabsgerechte Modelle

Lange Zeit gehörte der Fiat/Pininfarina 124 Spider zu den Raritäten, der nur von wenigen Firmen in den Maßstäben 1:24 und 1:43 hergestellt wurde. Gerade die Liebhaberpreise für nicht mehr lieferbare Miniaturen erreichten astronomische Höhen. Doch die Konjunkturflaute führte auch auf dem Modellauto-Markt zu einem dramatischen Preisverfall. Und das Angebot auf Sammlerbörsen (europaweite Adressen monatlich im *modell magazin)* reicht inzwischen erstaunlich weit. Gute Chancen also für Spider-Enthusiasten, zu einem fairen Preis Besitzer der kleinen Schmuckstücke zu werden.

Begonnen hatte alles mit dem Pininfarina-Entwurf der Chevrolet Corvette Rondine – und davon gab's in den siebziger Jahren ein Metall-Fertigmodell von der italienischen Firma *Mebetoys* im Maßstab 1:43. Es ist nur noch antiquarisch erhältlich und entsprechend teuer (mindestens 100 Mark).

Eines der besten und preiswertesten Modelle in 1:43 wird topaktuell von der portugiesischen Firma *Vitesse* angeboten. Lange angekündigt, kam es im Sommer 1996 endlich als Metall-Fertigmodell in die deutschen Spielwaren- und Modell-Geschäfte. Jeweils maximal 45 Mark kosten die elf verschiedenen Versionen des AS, BS1 und CSA, die in Auflagen um 5000 Stück ausgeliefert werden. Sie sind prächtig verarbeitet und verfügen über alle relevanten Details einschließlich Lenkrad mit Holzkranz, mattschwarzen Sonnenblenden und viel Chrom.

Auch die italienische Firma *Progetto K* respektive ihre Handelsmarke *Exem* bietet seit Mitte 1996 eine größere Anzahl von 1:43-Metall-Fertigmodellen an, die im Fachhandel für ebenfalls rund 45 Mark zu haben sind. Das Lieferprogramm ähnelt dem von *Vitesse*, reicht aber in der Vielfalt der angebotenen Modelle noch etwas weiter. So gibt es diverse Hardtop-Modelle und die verschiedensten CSA-Versionen.

Hervorragende 1:43-Bausätze aus Weißmetall offeriert die italienische Firma *Racing 43/Formula 43*, vertrieben über La Mini Miniera, Via Vinaj 25, I-12100 Cuneo. 65 Mark kosten die stückzahllimitierten Bausätze, die bis zu 240 Einzelteile aufweisen und die Formen von *Meri Kits* übernommen haben. Nachgebildet werden hier vor allem Wettbewerbsfahrzeuge. Sofern

Derzeit das detaillierteste und dennoch preisgünstige 1:43-Angebot hat Vitesse im Köcher: Hier der BS1 offen und geschlossen sowie der CSA.

Die Metall-Bausätze von FDS überzeugen nicht durch Detailtreue.

Im Maßstab 1 : 22 brachte Bburago in den siebziger Jahren den CSA heraus. Das hier gezeigte Modell wurde noch verfeinert.

von Maestro Chiapati zusammengefügt, ist dafür bedeutend mehr auszugeben – nämlich 200 bis 250 Mark.

Ebenfalls eine preisgünstigste Möglichkeit, einen gutdetaillierten 124-Mini-Sportler zu erwerben, sind die Metall-Bausätze des italienischen Herstellers *Meri Kits* im Sammlermaßstab 1:43: Sie kosten jeweils 65 Mark. Seit 1981 fertigt der italienische Spezialist immer neue Bausätze des Turiner Renners, die aber nur noch auf Sammlerbörsen zu bekommen sind.

Weniger ausgefeilt, aber auf Sammlermärkten immer wieder angeboten sind die US-Spider-Minis des holländischen Kleinserienherstellers *Autodrome* aus Putten: Die Metall-Bausätze – die wie demontierte *Politoys*-Modelle wirken – kosten jeweils rund 90 Mark, fürs das fertigmontierte

Exem, eine Handelsmarke von Progetto K, kam ebenfalls 1996 mit einem Riesensortiment an Spidern und CSA im Maßstab 1 : 43 heraus. Preislich liegen sie im Vitesse-Rahmen.

Modell sind bis zu 200 Mark zu entrichten. Noch schlechter sind die Resine-Bausätze von Modellos 3J aus Spanien (ebenfalls 1 : 43). Auch die noch angebotenen italienischen FDS-Bausätze können nicht befriedigen. Gleiches gilt für die Kunststoff-Bausätze von Auto Replicas aus Italien.

Leider nur noch antiquarisch zu bekommen sind die eigentlichen Urmodelle, mit denen 1968 der italienische Hersteller Politoys das 1 : 43-Modellgeschäft begann. Die Formen wurden später verkauft, und darauf begann eine andere Firma (später Polistil) den leicht verbesserten Nachbau der bekannten Modelle. Mindestens 100 Mark muß man heute fürs guterhaltene Urmodell ansetzen. Ähnlich gut gestaltet waren die Mercury-Minis: Die italienische Firma brachte einige Coupé-Modelle in 1 : 43 heraus, die heute längst vergriffen sind.

Klassiker auf dem Modellmarkt sind die 1 : 43-Bausätze von Meri Kits. Vorn ein CSA Gruppe 4 (2. Serie), hinten ein ziviler CSA.

Seinerzeit sehr preiswert, aber längst aus dem Angebot verschwunden sind die Mitte der siebziger Jahre herausgebrachten CSA-Modelle von Bburago (1 : 24), die bis Ende der achtziger Jahre für unter 20 Mark in allen bekannten Renneinsatz-Farben zu haben waren. Über 200 Mark werden heute für solche Modelle verlangt und gezahlt. Nur eine einzige Firma wagte sich übrigens an den Maßstab 1 : 87: Der deutsche Kleinserienhersteller bs design legte Anfang der neunziger Jahre eine kleine Spider- und CSA-Plastikbausatz-Serie (Stückpreis 17 Mark) auf, die aber nur noch auf Modellbörsen zu bekommen ist.

Von der ersten Auflage dieses Buches bis zum Jahr 2004 dürfte die Zahl von maßstabsgerechten Spider-Miniaturen auf über einhundert angewachsen sein. Eine komplette Liste der mittlerweile bekannten Modellfahrzeuge findet sich unter http://www.fiatspider.de/d/l_4db.htm.

Schlechtes Beispiel: Die Resine-Bausätze von Modellos 3J wirken ziemlich grobschlächtig.

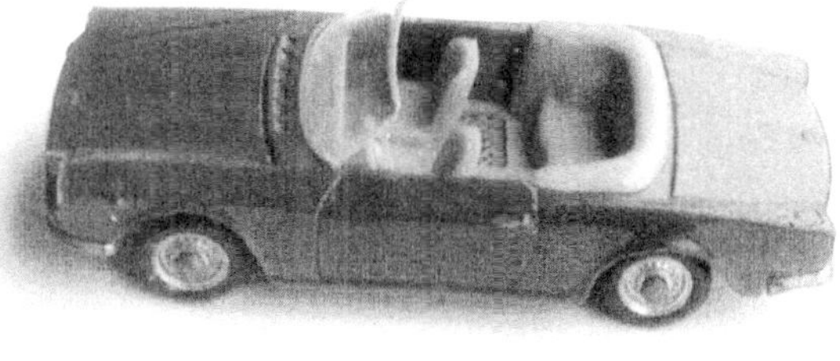

Mit dem Politoys-AS von 1968 begann die Modell-Karriere des kleinen Spiders, viele andere kopierten diesen Mini.

Fiat/Pininfarina 124 Spider im Modell

Hersteller	Produkt	Maßstab	Code	Modell/Farbe	Sonstiges
Autodrome (NL)	Metall-Fertigmodell	1 : 43	59	CS1/CS2	
			105	CS2/CS0	
Auto Replicas (I)	Metall-Bausatz	1 : 43	19	CSA 1975	nur antiquarisch
Bburago (I)	Metall-Plastik-Fertigmodell	1 : 22	0137	CSA (Rot-Schwarz, Hellblau-Schwarz, Weiß-Schwarz, Blau-Gelb)	nur antiquarisch
bs design (D)	Plastik-Bausatz	1 : 87	205	BS1	nur antiquarisch
			206	CSA	nur antiquarisch
Exem (I) (Progetto K)	Metall-Fertigmodell	1 : 43	020	AS (Rot)	offen
			020 A	AS (Grün)	offen
			020 B	AS (Gelb)	offen
			020 C	AS (Weiß)	offen
	Sondermodell H & N		020 D	AS (Hellblau)	offen
			021	AS (Blau)	geschlossen
			021 A	AS (Rot)	geschlossen
			021 B	AS (Weiß)	geschlossen
	Sondermodell H & N		021 C	AS (Gelb)	geschlossen
			022	BS1 (Rot)	offen
			022 A	BS1 (Schwarz)	offen
			022 B	BS1 (Gelb)	offen
			023	BS (Rot)	Hardtop
			023 A	BS1 (Gelb)	Hardtop
			023 B	BS1 (Ocker)	Hardtop
			024	CSA 1972 (Rot-Schwarz)	
			024 A	CSA 1972 (Weiß-Schwarz)	
			025	AS 1968 (Weiß)	Scotti-Bergrennen
			026	AS 1968 (Weiß)	San Martino Rallye
			027	CSA 1972 (Rot-Schwarz)	Rallye Monte Carlo
			028	CSA 1973 (Blau-Schwarz)	Tour de Corse
			029	CSA 1973 (Rot-Schwarz)	Rallye Monte Carlo
			030	CSA 1974 (Rot-Schwarz)	San Martino Rallye
FDS (I)	Metall-Bausatz	1 : 43	19	CSA	nur antiquarisch
				BS1	
Formula 43/Racing 43 (I)	Metall-Bausatz	1 : 43	03	CSA 16V 1976 (Blau)	Rallye Monte Carlo
			11	CSA 1973	Rallye Monte Carlo
			37	CSA 16V 1974	Rallye San Remo/Portugal
			114	BS1 Gruppe 4	Acropolis Rallye
			05	CSA 1974	Portugal
Mebetoys (I)	Metall-Fertigmodell	1 : 43	A22	Chevrolet Corvette Rondine (Silber)	nur antiquarisch
Meri Kits (I)	Metall-Bausatz	1 : 43	182	CSA	nur antiquarisch
			183	CSA 1973	Rallye Monte Carlo, nur antiquarisch
			184	CSA 1975	San Remo Rallye
			185	CSA 1975	Rallye Monte Carlo
			186	CSA 1976	Rallye Monte Carlo
Modelos 3J (E)	Plastik-Bausatz	1 : 22 o. 1 :43		CSA	nur antiquarisch
Politoys (I)	Metall-Fertigmodell	1 : 43	555	AS	mit Gummireifen und US-Felgen,
			8555		in 2. Serie mit Leichtlauf-rädern, nur antiquarisch
Vitesse (P)	Metall-Fertigmodell	1 : 43	046 A	124 AS (Rot)	offen
			046 B	124 AS (gelb)	offen
			046 C	124 AS (Blau)	offen
			046 D	124 BS (Schwarz)	offen
			L148 A	BS1 (Orange)	geschlossen
			L148 B	BS1 (Hellblau)	geschlossen
			L148 C	BS1 (Positanogelb)	geschlossen
			049 A	CSA (Weiß-Schwarz)	
			049 B	CSA (Rot-Schwarz)	
			049 C	CSA (Blau-Gelb)	
			L178	CS1 USA	geschlossen
			L158	BS1 1972	Rennausführung mit Hardtop
			L168	CSA 1974	TAP Rallye
			L188	BS1 1972	Acropolis Rallye

Technischer Anhang

Zahlen und Daten

Fiat-Spider-Produktionsstatistik

(Quelle: Fiat, Turin, und Pininfarina SpA)

Jahr	Stückzahl lt. Fiat	Stückzahl lt. Pininfarina
1966	21	166
1967	5 500	5 478
1968	7 925	9 289
1969	11 661	10 650
1970	13 396	14 288
1971	13 414	13 413
1972	12 470	12 569
1973	12 733	13 304
1974	15 564	15 534
1975	14 182	5 375*
1976	11 714	
1977	14 649	
1978	16 851	
1979	19 931	
1980	14 712	
1981	6 288	
1982	2 016	
	193 027	* bis 5/1975

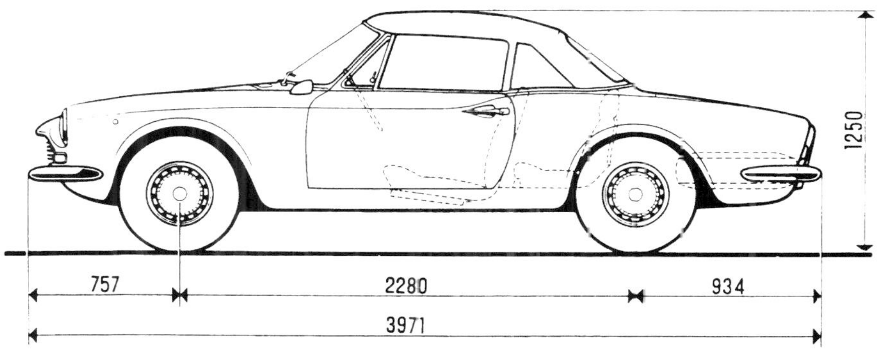

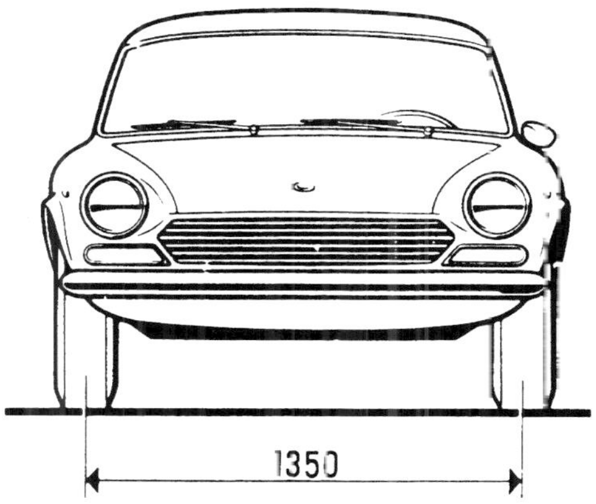

Produktionsstatistik aller Spider-Typen (außer CSA)

(Quellen: Pininfarina SpA und Fiat 124 Spider Club Deutschland e. V.)

Zeitraum	Modell	Stückzahl/Version				Gesamtstückzahl
8/1966– 1972	AS, BS	12 081	Europa	20 246	USA	32 327
7/1970– 9/1972	BS1 Mod. 71	6 684	Europa	21 222	USA	27 906
9/1972– 7/1973	BS1, CS Mod. 73	2 002	Europa	8 728	USA	10 730
8/1973– 9/1974	CS1 Mod. 74	778	Europa	15 960	USA	16 738
9/1974– 7/1975	CS1 Mod. 75	0	Europa	12 943	USA	12 943
7/1975– 7/1976	CS1 Mod. 76	0	Europa	11 593	USA	11 593
7/1976– 6/1977	CS1 Mod. 77	0	Europa	11 934	USA	11 934
5/1977– 7/1978	CS1 Mod. 78	0	Europa	16 000	USA	16 000
7/1978–10/1979	CS2 Mod. 79	0	Europa	16 926	USA	16 926
5/1979– 8/1980	CS0 Mod. 80	0	Europa	16 439	USA	16 439
5/1980– 5/1981	CS0 Mod. 81	2	Europa	10 470	USA	10 472
5/1981– 8/1982	CS0 Mod. 82	0	Europa	5 149	USA	5 149
6/1981	DS0 (Vorserie)	2	Europa	10	USA	12
3/1982– 9/1984	DS1 Mod. 83	2 941	Europa	0	USA	2 941
3/1983–11/1983	DS1 Mod. 83	0	Europa	1 421	USA	1 421
12/1983– 8/1984	DS1 Mod. 84	0	Europa	1 437	USA	1 437
10/1984–11/1985	DS1 Mod. 85	1 397	Europa	242	USA	1 639
7/1983–10/1984	DS1 VX Mod. 84	200	Europa	0	USA	200
10/1984–11/1985	DS1 VX Mod. 85	300	Europa	0	USA	300
		26 387	Europa	170 720	USA	197 107

Alle Übersee-Exporte (außer CSA)

(Quellen: Fiat 124 Spider Club Deutschland e. V. und Pininfarina SpA)

Modell	Modelljahr	Ziel	Stückzahl lt. Club	Stückzahl lt. Pininfarina
AS	1969	USA	10 957	5 911
BS	1970	USA	9 289	7 448
BS1	1971	USA	10 273	10 919
	1972	USA	10 949	10 642
	1973	USA	2 500	10 035
CS	1973	USA	6 228	10 213
CS1	1974	USA 49 states	11 736	15 117
		Kanada	728	
		Kalifornien	3 471	
		Japan	25	
	1975	USA 49 states	9 740	
		Kanada	450	
		Kalifornien	2 710	
		Japan	43	
	1976	USA 49 states	8 559	
		Kanada	188	
		Kalifornien	2 826	
		Japan	20	
	1977	USA 49 states	8 530	
		Kanada	254	
		Kalifornien	3 150	
	1978	USA 49 states	10 597	
		Kanada	760	
		Kalifornien	4 643	
CS2	1979	USA 49 states	11 214	
		Kanada	800	
		Kalifornien	4 912	
CS0	1980	USA 49 states	3 822	
		Kanada	824	
		Kalifornien	11 739	
	1981	Kanada	302	
		Kalifornien	10 168	
	1982	USA 49 states	858	
		Kanada	326	
		Kalifornien	3 965	
DS0	Vorserie	Kalifornien	10	
		Europa	2	
DS1	1983	USA 49 states	1 070	
		Kanada	286	
		Japan	65	
	1984	USA	1 429	
		Japan	8	
		USA	242	

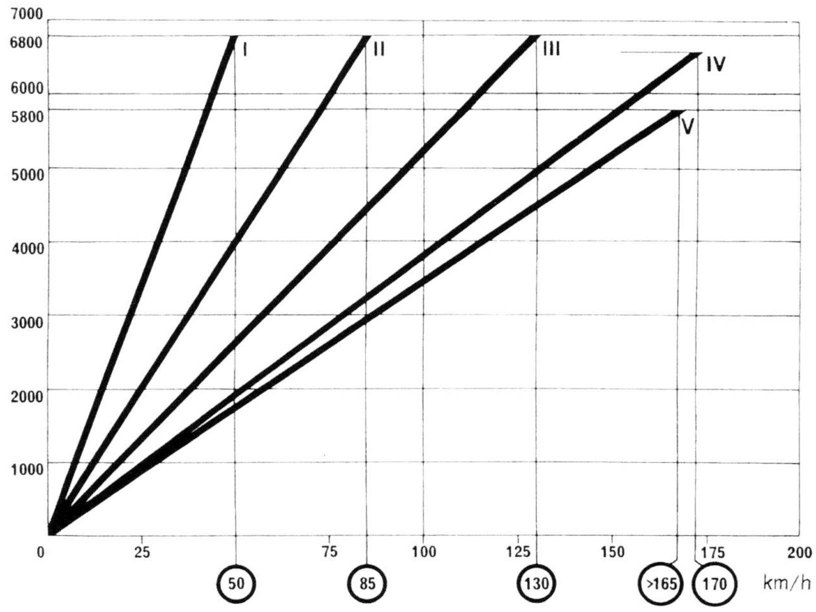

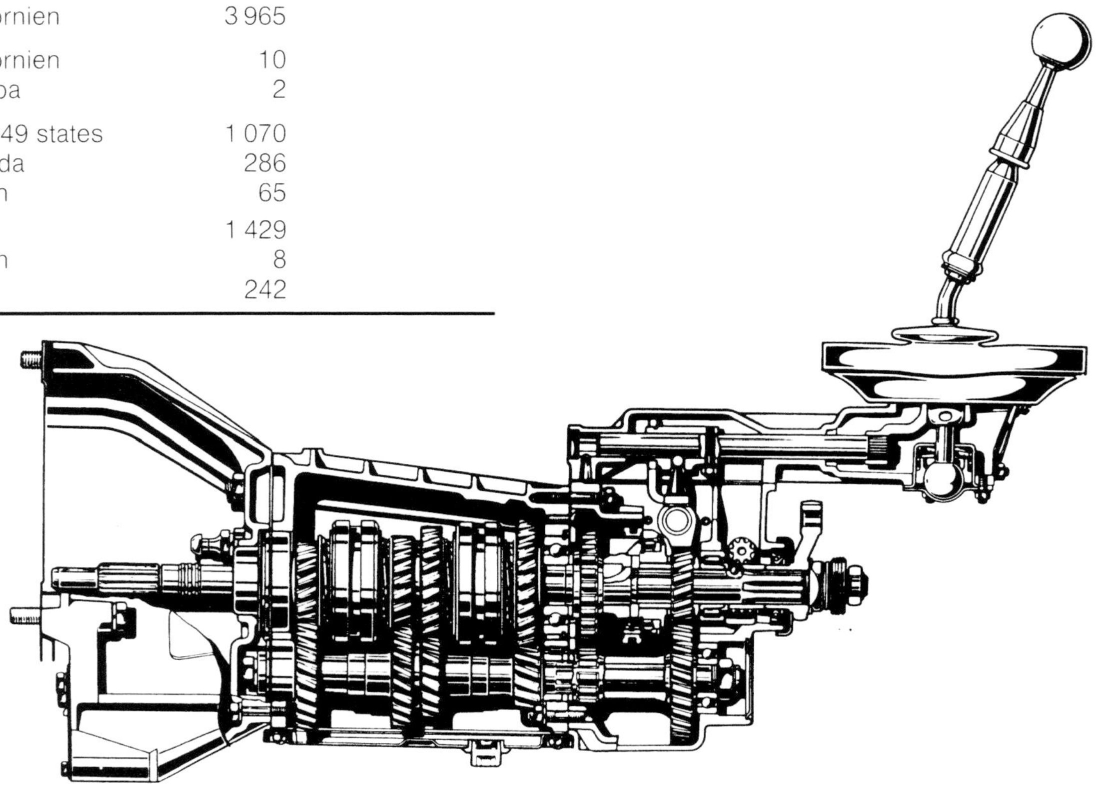

Verkaufpreise Fiat/Pininfarina 124 Spider

Typ	Datum	Preis	Extras
AS (90 PS)	22. 05. 1967	10 980,00 DM	Radio Autovox, Philips oder Blaupunkt (270,00 bis 714,00 DM); Zweipunktgurt (47,50 DM); Dreipunktgurt (65,00 DM); ab 01. 01. 1968 Elektronfelgen (495,00 DM)
	12. 09. 1967	10 980,00 DM	
	01. 01. 1968	10 989,00 DM	
	01. 03. 1968	10 989,00 DM	
	01. 07. 1968	11 089,00 DM	
	06. 01. 1969	10 733,70 DM	Elektronfelgen (499,50 DM); Zweipunktgurt (49,62 DM); Dreipunktgurt (67,82 DM)
	11. 09. 1969	10 733,70 DM	
	01. 11. 1969	10 733,70 DM	
BS (90 PS)	16. 01. 1970	10 950,00 DM	Elektronfelgen (520,00 DM); Zweipunktgurt (50,00 DM) Dreipunktgurt (68,00 DM)
	16. 02. 1970	10 950,00 DM	
BS1 (110 PS)	16. 02. 1970	11 400,00 DM	
BS (90 PS)	01. 03. 1970	14 600,00 SFr	Elektronfelgen (400,00 SFr); Hardtop (1300,00 SFr); Kopfstützen (200,00 SFr)
BS1 (110 PS)	01. 03. 1970	15 600,00 SFr	
BS1 (110 PS)	14. 12. 1970	11 750,00 DM	Leichtmetall-Felgen (300,00 DM); Gurte jetzt Serienausstattung
	01. 02. 1971	11 750,00 DM	
	11. 10. 1971	12 000,00 DM	
	14. 12. 1971	12 000,00 DM	
BS1 (100 PS)	21. 02. 1972	12 300,00 DM	
	17. 07. 1972	12 300,00 DM	
	16. 10. 1972	12 300,00 DM	
CS1 (118 PS)	22. 01. 1973	13 500,00 DM	Leichtmetall-Felgen (300,00 DM)
	26. 02. 1973	13 500,00 DM	
	13. 09. 1973	13 500,00 DM	
	07. 01. 1974	13 500,00 DM	
	01. 04. 1974	14 250,00 DM	
CS (104 PS)	14. 03. 1974	16 500,00 SFr	Leichtmetall-Felgen (550,00 SFr); Kopfstützen (300,00 SFr)
CS1 (118 PS)	14. 03. 1974	17 900,00 SFr	
CS1 (118 PS)	29. 07. 1974	14 950,00 DM	Leichtmetall-Felgen (375,00 DM)
	04. 11. 1974	14 950,00 DM	
	28. 01. 1975	14 950,00 DM	
CSA (128 PS)	13. 09. 1973	19 950,00 DM	
	07. 01. 1974	19 950,00 DM	
	29. 07. 1974	20 950,00 DM	
	04. 11. 1974	20 950,00 DM	
	28. 01. 1975	20 950,00 DM	
CSA (128 PS)	14. 03. 1974	24 900,00 SFr	Sportsitze (600,00 SFr)
	01. 01. 1975	26 150,00 SFr	
DS1 (105 PS)	12/1981	19 450,00 DM	Lackierungen: Metallic (590,00 DM), Schwarz (290,00 DM); Leichtmetall-Felgen und Color-Verglasung jetzt Serienausstattung
	05/1982	24 950,00 DM	
	01. 11. 1982	24 950,00 DM	
	02. 02. 1983	24 950,00 DM	
	16. 05. 1983	25 850,00 DM	
	01. 07. 1983	26 079,00 DM	Lackierungen: Metallic (595,00 DM), Schwarz (292,00 DM)
	25. 07. 1983	26 450,00 DM	
	15. 09. 1983	26 450,00 DM	
	02. 11. 1983	26 450,00 DM	
	23. 12. 1983	26 450,00 DM	
	01. 02. 1984	26 450,00 DM	Lackierungen: Metallic (610,00 DM), Schwarz (300,00 DM)
	03/1984	26 980,00 DM	
	02. 05. 1984	26 980,00 DM	
	01. 10. 1984	27 980,00 DM	
	05. 02. 1985	27 980,00 DM	
DS1 Kat (103 PS)	02. 01. 1985	29 480,00 DM	
	05. 02. 1985	29 480,00 DM	
DS1 Volumex (135 PS)	01. 02. 1984	29 950,00 DM	Metallic-Lackierung Serienausstattung
	03/1984	29 950,00 DM	
	02. 05. 1984	29 950,00 DM	
	01. 10. 1984	32 500,00 DM	
	02. 01. 1985	32 500,00 DM	
	05. 02. 1985	32 500,00 DM	

	Spider AS	Spider BS/BS1**
Allg. Betriebserlaubnis (ABE)	ab Fgst-Nummer 124 AS 0000 116 ff.	ab Fgst-Nummer 124 BS 023455 ff. bzw. ab Fgst-Nummer 124 BS1 0023458 ff.
Motor	124 AC 000	124 AC 000 bzw. 124 BC 040*
Zylinderzahl/Bauart	Vierzylinder-Reihe, vorn längs	Vierzylinder-Reihe, vorn längs
Bohrung × Hub (mm)	80 × 71,5	80 × 80
Hubraum (ccm)	1438	1608
Verdichtung	8,9 : 1	9,8 : 1 (ab 1971 in D: 8,8 : 1) bzw. 8,5 : 1 (NA)
Höchstleistung (DIN-PS bei U/min)	90 bei 6500 (96 SAE-PS*)	110 bei 6200 (ab 1971in D: 100 bei 6400) bzw. NA-Version: 94 bei 6600 (104 SAE-PS)
Max. Drehmoment (mkg bei U/min)	11 bei 3600	14 bei 4200 bzw. 13 bei 4000 (100-PS-Magerversion und NA-Version)
Gemischaufbereitung	ein Weber-Fallstrom-Register 34 DFH1 oder 34 DFC/DHS1	zwei Weber-Fallstrom-Doppel 40 IDF13/IDF15 oder zwei Solex C40 P116 (BS: ein Weber-Fallstrom-Register 34 DHS10 oder ein Solex C34 PAIA 10) 100-PS-Version: ein Weber-Fallstrom-Register 34 DCHE 20 oder ein Solex C34 PAIA 31)
Ventilsteuerung	dohc, zahnriemengetrieben	dohc, zahnriemengetrieben
Kurbelwellenlager	fünf	fünf
Schmierung	Druckumlauf	Druckumlauf
Batterie	12 V 48 Ah und 12 V 60 Ah	12 V 45 Ah
Lichtmaschine	Drehstrom 770 W	Drehstrom 770 W
Tankinhalt	45 l	45 l
Kraftübertragung		
Kupplung	Einscheiben-Trocken	Einscheiben-Trocken
Getriebe	Fünfgang-Vollsynchron	Fünfgang-Vollsynchron, auch Viergang
Übersetzungen (1. bis 5. Gang, RW)	3,422 2,1 1,361 1,0 0,912 3,526 NA/ABE: 3,797 2,175 1,41 1,0 0,913 3,526	3,667 2,1 1,361 1,0 0,881 3,526 oder: 3,80 2,175 1,41 1,0 0,913 3,526* oder Viergang: 3,75 2,3 1,49 1,0 3,87
Antrieb	Heckantr., Kegel- u. Tellerrad (hypoidverzahnt)	Heckantr., Kegel- u. Tellerrad (hypoidverzahnt)
Antriebsuntersetzung	10/41	10/41 (Viergang) bzw. 10/43
Fahrwerk		
Karosserie	Selbsttragend	Selbsttragend
Vorderachse	Einzelrad-Aufhängung an Trapezdreieck-Querlenkern und Schraubenfedern, Teleskop-Stoßdämpfer, Stabilisator	Einzelrad-Aufhängung an Trapezdreieck-Querlenkern und Schraubenfedern, Teleskop-Stoßdämpfer, Stabilisator
Hinterachse	Starrachse mit Schraubenfedern, Längslenkern und Schubrohr, Teleskop-Stoßdämpfer, Stabilisator	Starrachse mit Schraubenfedern, Längslenker und Schubrohr, Teleskop-Stoßdämpfer, Stabilisator
Lenkung	Schnecke und Rolle	Schnecke und Rolle
Bremsen	Scheiben (Zweikreis) mit Servo und Bremskraftbegrenzer	Scheiben (Zweikreis) mit Servo und Bremskraftbegrenzer
Felgen	5 J-13	5 J-13
Reifen	165 SR 13 (Pirelli CN36 oder Dunlop SP Extra), auch: 165 HR 13 X (Michelin)	165 SR 13, auch: 165 HR 13, 165 HR 13 XAS
Maße und Gewichte		
Länge × Breite × Höhe (mm)	3971* × 1615 × 1250	3971* × 1615 × 1250
Radstand (mm)	2280	2280
Spurweite v/h (mm)	1346/1316	1346/1316
Wendekreis (m)	11	11
Eigengew. vollgetankt (kg)	920	945/960
Zul. Gesamtgew. (kg)	1240	1245/1280
Fahrleist. u. Verbrauch		
Höchstgeschw. (km/h)	174	BS: 174; BS1: 182 (100-PS-Version: 172)
Beschl. 0–100 km/h (s)	11,5	10
Ø-Verbrauch (l/100 km)	11,5 Super	12 Super
Produktion		
Bauzeit	August 1966 bis Juli 1970	November 1969 bis Juli 1970 (BS) Juli 1970 bis September 1972 (BS1)
Stückzahl	32 327	10 526 BS und 27 906 BS1
Auslieferung	Europa und Nordamerika	Europa und Nordamerika

* Nordamerika-Ausführung (NA für USA und Kanada) länger wegen größeren Stoßstangenhörnern

** BS mit BS1-Karosserie und AS-Motor

	Spider CS*	Spider CSA
Allg. Betriebserl. (ABE)	ab Fgst-Nummer 124 CS 0066010 ff.	ab Fgst-Nummer 124 CSA 0061625 ff.
Motor	132 AC 000 u. 132 AC 0403 *	132 AC 4 000
Zylinderzahl/Bauart	Vierzylinder-Reihe, vorn längs	Vierzylinder-Reihe, vorn längs
Bohrung x Hub (mm)	80 x 79,2	84 x 79,2 (86 x 79,2)**
Hubraum (ccm)	1592	1756 (1839,3)**
Verdichtung	9,8 : 1	9,8 : 1 (10,5 oder 11 : 1)**
Höchstleistung (PS bei U/min)	105 (Viergang) bzw. 109 bei 6000	128 bei 6200 (170 bis 210 bei 7200)**
Max. Drehmoment (mkg bei U/min)	14,3 bei 4200	16,2 bei 5200 (bis 22 bei 6400)**
Gemischaufbereitung	ein Weber-Fallstrom-Doppel 34 DMS oder ein Solex C34 EIES 5	zwei Weber-Fallstrom-Doppel 44 IDF 20/DF 21 (48 IDF 20/IDF I 21)** (mech. Kugelfischer-Einspritzung)**
Ventilsteuerung	dohc, zahnriemengetrieben	dohc, zahnriemengetrieben (Vierventiltechn.)**
Kurbelwellenlager	fünf	fünf
Schmierung	Druckumlauf	Druckumlauf
Batterie	12 V 45 Ah	12 V 45 Ah
Lichtmaschine	Drehstrom 770 W	Drehstrom 770 W
Tankinhalt	45 l	45 l (68 l)**
Kraftübertragung		
Kupplung	Einscheiben-Trocken	Einscheiben-Trocken
Getriebe	Fünfgang-Vollsynchron, auch Viergang	Fünfgang-Vollsynchron (Fünfgang-Unsynchron CCC oder Abarth)**
Übersetzungen (1. bis 5. Gang, RW)	3,667 2,1 1,361 1,0 0,881 3,526 oder Viergang: 3,797 2,175 1,41 1,0 3,652	3,667 2,1 1,361 1,0 0,881 3,526 (2,724 1,857 1,351 1,0 0,84 3,526)**
Antrieb	Heckantr., Kegel- u. Tellerrad (hypoidverzahnt)	Heckantr., Kegel- u. Tellerrad (hypoidverzahnt)
Antriebsuntersetzung	10/39 (Viergang) bzw. 10/43	10/43
Fahrwerk		
Karosserie	Selbsttragend	Selbsttragend
Vorderachse	Einzelrad-Aufhängung an Trapezdreieck-Querlenkern und Schraubenfedern, Teleskop-Stoßdämpfer, Stabilisator	Einzelrad-Aufhängung an Trapezdreieck-Querlenkern, Schubstreben und Schraubenfedern, Teleskop-Stoßdämpfer, Stabilisator
Hinterachse	Starrachse mit Schraubenfedern, Längslenker und Schubrohr, Teleskop-Stoßdämpfer, Stabilisator	Einzelradaufhängung an Quer- und Längslenkern, Schubstreben, Teleskop-Stoßdämpfer, Federbeine mit Schraubenfedern, Stabilisator
Lenkung	Schnecke und Rolle	Schnecke und Rolle
Bremsen	Scheiben (Zweikreis) mit Servo und Bremskraftbegrenzer	Scheiben (Zweikreis) mit Servo und Bremskraftbegrenzer
Felgen	5 J-13 ET 29, auch 5 x 13 ET 27 Cromodora	5,5 J-13 CD 30 ET 7 Cromodora (7 J-13 bis 9 J-13)**
Reifen	165 SR 13	185/70 VR 13 (Pirelli CN36), ABE: 185/70 HR 13; auch 175 SR 13 M+S
Maße und Gewichte		
Länge x Breite x Höhe (mm)	3971 x 1615 x 1250*	3914 x 1630 x 1240
Radstand (mm)	2280	2280
Spurweite vorn/hinten (mm)	1346/1316	1413/1415
Wendekreis (m)	11	11
Eigengew. vollgetankt (kg)	960	945 (900)**
Zuläss. Gesamtgewicht (kg)	1280	1125
Fahrleistungen u. Verbrauch		
Höchstgeschw.(km/h)	180	190 (bis 280)**
Beschl. 0 bis 100 km/h (s)	10	8,7 (bis 7,2)**
Durchschnittsverbr. (l/100 km)	13 Super	12,8 Super verbl. (Test ams 11/1974)
Produktion		
Bauzeit	September 1972 bis Juli 1973	September 1972 bis September 1974
Stückzahl	10.730	1.013
Auslieferung	Europa und Nordamerika	

* Karosserie anfangs von BS1, dann CS1-Facelift ** Klammerwerte für Wettbewerbsfahrzeuge

	Spider CS 1 / Spideramerica	Spider CS 2
Allg. Betriebserl. (ABE)	ab Fgst-Nummer 124 CS1 0054850 ff.	
Motor	132 AC 1 000, 132 A 1 040* u. 132 A 1 031.5***	132 C 2 031*** u. 132 C 2 040 (1979)
Zylinderzahl / Bauart	Vierzylinder-Reihe, vorn längs	Vierzylinder-Reihe, vorn längs
Bohrung × Hub (mm)	84 × 79,2	84 × 90
Hubraum (ccm)	1756	1995
Verdichtung	9,8 : 1 (NA: 8,0 : 1)	8,1 : 1
Höchstleistung (PS bei U / min)	118 bei 6000 (NA: 93* bzw. 87** bei 6200)	81 bei 5100 bzw. 75 bei 5000 (80 SAE-PS)***
Max. Drehmoment (mkg bei U / min)	16 bei 4000 (NA: 15 bei 3000)	16 bei 4200 bzw. 15 bei 3000*** (ab 1971: 13 bei 4000)
Gemischaufbereitung	ein Weber-Fallstrom-Register 34 DMS oder Solex C34 EIES 5, ein Weber-Zweistufen-Registervergaser 28 / 32 ADFA 7 / 180* ** ***	ein Weber-Zweistufen-Registervergaser 28 / 32 ADHA 8 / 180; bei Automatic 28 / 32 ADHA 4 / 179 (28 / 32 ADHA 7 / 179, bei Automatic 28 / 32 ADHA 8 / 179)*** sowie Katalysator und Abgasrückführung
Ventilsteuerung	dohc, zahnriemengetrieben	dohc, zahnriemengetrieben
Kurbelwellenlager	fünf	fünf
Schmierung	Druckumlauf	Druckumlauf
Batterie	12 V 45 Ah	12 V 45 Ah
Lichtmaschine	Drehstrom 770 W	Drehstrom 770 W
Tankinhalt	45 l	45 l
Kraftübertragung		
Kupplung	Einscheiben-Trocken	Einscheiben-Trocken
Getriebe	Fünfgang-Vollsynchron, auch Viergang	Fünfgang-Vollsynchron (optional GM-Dreigang-Automatic)
Übersetzungen (1. bis 5. Gang, RW)	3,667 2,1 1,361 1,0 0,881 3,526 oder Viergang: 3,797 2,175 1,41 1,0 3,652	3,612 2,045 1,357 1,0 0,83 3,244 oder Automatic: 2,4 1,48 1,0 1,92
Antrieb	Heckantr., Kegel- u. Tellerrad (hypoidverzahnt)	Heckantr., Kegel- u. Tellerrad (hypoidverzahnt)
Antriebsuntersetzung	10 / 43	10 / 39 bzw. 12 / 43 (Automatic)
Fahrwerk		
Karosserie	Selbsttragend	Selbsttragend
Vorderachse	Einzelrad-Aufhängung an Trapezdreieck-Querlenkern mit Schubstreben und Schraubenfedern, Teleskop-Stoßdämpfer, Stabilisator	Einzelrad-Aufhängung an Trapezdreieck-Querlenkern mit Schubstreben und Schraubenfedern, Teleskop-Stoßdämpfer, Stabilisator
Hinterachse	Starrachse mit Schraubenfedern, Längsschub- und Reaktionsstreben, Teleskop-Stoßdämpfer, Panhardstab	Starrachse mit Schraubenfedern, Längsschub- und Reaktionsstreben, Teleskop-Stoßdämpfer, Panhardstab
Lenkung	Schnecke und Rolle	Schnecke und Rolle
Bremsen	Scheiben (Zweikreis) mit Servo und Bremskraftbegrenzer	Scheiben (Zweikreis) mit Servo und Bremskraftbegrenzer
Felgen	5 J-13 ET 29, auch 5 × 13 ET 27 Cromodora	5 J-13
Reifen	165 SR 13 und 165 HR 13 (Goodyear G800 GP)	165 SR 13 (Pirelli Cinturato P3) u. 165 HR 13
Maße und Gewichte		
Länge × Breite × Höhe (mm)	3971 × 1613 × 1250 (NA: Länge 4066)	4137 × 1613 × 1270
Radstand (mm)	2280	2280
Spurweite v / h (mm)	1346 / 1316	1346 / 1316
Wendekreis (m)	11	11
Eigengew. vollgetankt (kg)	1045	1074
Zul. Gesamtgew. (kg)	1280	1250
Fahrleist. u. Verbrauch		
Höchstgeschw. (km / h)	186 (NA: 165)	165 (155)***
Beschl. 0–100 km / h (s)	10,2 (NA: 13,3)	
Ø-Verbrauch (l / 100 km)	13 (NA: 10 l / 100 km Test R+T 1978)	11,2 Normal Blfr. (Test R+T 7 / 1979)
Produktion		
Bauzeit	August 1973 bis Juli 1978	Juli 1978 bis Oktober 1979
Stückzahl	69 208	16 926
Auslieferung	Europa (bis 9 / 1974), Nordamerika und Japan	Nordamerika, später Europa-Grau / Einzel-Importe

* NA-Version 1 ** NA-Version 2 *** California-Version (CA)

	Spider CS 0	Spider CS 0 Turbo
Motor	132 C 3 031 (1981) und 132 C 3 040 (1982)	132 C 3 031
Zylinderzahl / Bauart	Vierzylinder-Reihe, vorn längs	Vierzylinder-Reihe, vorn längs
Bohrung × Hub (mm)	84 × 90	84 × 90
Hubraum (ccm)	1995	1995
Verdichtung	8,2 : 1 (NA: 8,1 : 1)	8,1 : 1
Höchstleistung (PS bei U / min)	105 bei 5500 (NA: 96 bei 5500)	115 bei 6000 (120 SAE-PS)
Max. Drehmoment (mkg bei U / min)	15 bei 3500 (NA: 11 bei 3000)	13 bei 3600
Gemischaufbereitung	elektronische Einspritzung (Bosch L-Jetronic)	elektronische Einspritzung (Bosch L-Jetronic) Katalysator und Turbolader IHI-Borg Warner RH B6
Ventilsteuerung	dohc, zahnriemengetrieben	dohc, zahnriemengetrieben
Kurbelwellenlager	fünf	fünf
Schmierung	Druckumlauf	Druckumlauf
Batterie	12 V 45 Ah	12 V 45 Ah
Lichtmaschine	Drehstrom, 770 W	Drehstrom, 770 W
Tankinhalt	45 l	45 l
Kraftübertragung		
Kupplung	Einscheiben-Trocken	Einscheiben-Trocken
Getriebe	Fünfgang-Vollsynchron (optional GM-Dreigang-Automatic)	Fünfgang-Vollsynchron (optional GM-Dreigang-Automatic)
Übersetzungen (1. bis 5. Gang, RW)	3,612 2,045 1,357 1,0 0,830 3,244; ab V / 1980: 3,667 2,1 1,361 1,0 0,881 3,244 oder Automatic: 2,4 1,48 1,0 1,92	3,667 2,1 1,361 1,0 0,881
Kardanwelle	Heckantr., Kegel- u. Tellerrad (hypoidverzahnt)	Heckantr., Kegel- u. Tellerrad (hypoidverzahnt)
Antriebsuntersetzung	10 / 39 bzw. 12 / 43 (Automatic)	10 / 39 bzw. 12 / 43 (Automatic)
Fahrwerk		
Karosserie	Selbsttragend	Selbsttragend
Vorderachse	Einzelrad-Aufhängung an Trapezdreieck-Querlenkern und Schraubenfedern, Teleskop-Stoßdämpfer, Stabilisator	Einzelrad-Aufhängung an Trapezdreieck-Querlenkern mit Schubstreben und Schraubenfedern, Teleskop-Stoßdämpfer, Stabilisator
Hinterachse	Starrachse mit Schraubenfedern, Längsschub- und Reaktionsstreben, Teleskop-Stoßdämpfer, Panhardstab	Starrachse mit Schraubenfedern, Längsschub- und Reaktionsstreben, Teleskop-Stoßdämpfer, Stabilisator
Lenkung	Schnecke und Rolle	Schnecke und Rolle
Bremsen	Scheiben (Zweikreis) mit Servo und Bremskraftbegrenzer	Scheiben (Zweikreis) mit Servo und Bremskraftbegrenzer
Felgen	5 J-13 oder 5,5 J-14	5,5 J-14 Cromodora CD 134
Reifen	165 SR 13 (Pirelli Centurato P3) und 185 / 60 R 14 (Pirelli P6)	185 / 60 HR 14 (Pirelli P6)
Maße und Gewichte		
Länge × Breite × Höhe (mm)	4141 × 1615 × 1270	4137 × 1615 × 1270
Radstand (mm)	2280	2280
Spurweite v / h (mm)	1346 / 1316	1354 / 1321
Wendekreis (m)	11	11
Eigengew. vollgetankt (kg)	960	1083
Zul. Gesamtgew. (kg)	1280	1280
Fahrleist. u. Verbrauch		
Höchstgeschw. (km / h)	176 bzw. 170 (Automatic)	177 bzw. 174 (Automatic)
Beschl. 0 – 100 km / h (s)	12,2 bzw. (Automatic)	9,2 bzw. 8,7 (Automatic)
∅-Verbrauch (l / 100 km)	11,5 Bleifrei Normal	11,2 Bleifrei Normal (Test R+T 1982)
Produktion		
Bauzeit	Mai 1979 bis August 1982	April 1981 bis 1983
Stückzahl	32 060	rund 700
Auslieferung	Nordamerika, ab 1981 auch Europa	Nordamerika-Umrüstungen des CS0

	Spider DS/Spidereuropa bzw. Azzurra	Spider DS VX/Spidereuropa Volumex
Allg. Betriebserl. (ABE)	ab Fgst-Nummer 124 DS0 00000001	wie DS
Motor	132 C 3 031	232 R 14
Zylinderzahl/Bauart	Vierzylinder-Reihe, vorn längs	Vierzylinder-Reihe, vorn längs
Bohrung × Hub (mm)	84 × 90	84 × 90
Hubraum (ccm)	1995	1995
Verdichtung	8,2 : 1 (Italien auch 9 : 1)*	7,5 : 1
Höchstleistung (PS bei U/min)	105 bei 5500 (ab 1984 Kat: 103 bei 5500), NA: 96 bei 5500	135 bei 5500
Max. Drehmoment (mkg bei U/min)	15 bei 3000 (Kat: 11 bei 3000)	21 bei 2900
Gemischaufbereitung	elektronische Einspritzung (Bosch L-Jetronic), ab 1984 Katalysator	ein Weber-Fallstrom-Doppelvergaser 36 DCA 7-250 und mech. Roots-Kompressor
Ventilsteuerung	dohc, zahnriemengetrieben	dohc, zahnriemengetrieben
Kurbelwellenlager	fünf	fünf
Schmierung	Druckumlauf	Druckumlauf, Ölkühler
Batterie	12 V 60 Ah	12 V 45 Ah
Lichtmaschine	Drehstrom 770 W	Drehstrom 770 W
Tankinhalt	45 l	45 l
Kraftübertragung		
Kupplung	Einscheiben-Trocken	Einscheiben-Trocken
Getriebe	Fünfgang-Vollsynchron (optional GM-Dreigang-Automatic)	Fünfgang-Vollsynchron
Übersetzungen (1. bis 5. Gang, RW)	3,667 2,1 1,361 1,0 0,881 3,526	3,667 2,1 1,361 1,0 0,881 3,526
Kardanwelle	Heckantr., Kegel- u. Tellerrad (hypoidverzahnt)	Heckantr., Kegel- u. Tellerrad (hypoidverzahnt)
Antriebsuntersetzung	10/39 bzw. 12/43 (Automatic)	10/37,27
Fahrwerk		
Karosserie	Selbsttragend	Selbsttragend
Vorderachse	Einzelrad-Aufhängung an Trapezdreieck-Querlenkern mit Schubstreben und Schraubenfedern, Teleskop-Stoßdämpfer, Stabilisator	Einzelrad-Aufhängung an Trapezdreieck-Querlenkern mit Schubstreben und Schraubenfedern, Teleskop-Stoßdämpfer, Stabilisator
Hinterachse	Starrachse mit Schraubenfedern, Längsschub- und Reaktionsstreben, Teleskop-Stoßdämpfer, Panhardstab	Starrachse mit Schraubenfedern, Längsschub- und Reaktionsstreben, Teleskop-Stoßdämpfer, Panhardstab, Stabilisator
Lenkung	Schnecke und Rolle, ab 1985 Zahnstange	Schnecke und Rolle, ab 1985 Zahnstange
Bremsen	Scheiben (Zweikreis) mit Servo und Bremskraftbegrenzer	Scheiben (Zweikreis) mit Servo und Bremskraftbegrenzer
Felgen	5 J-13 CD 134 Cromodora (ET 25); auch 5,5 J-14 SL 133 Speedline (ET 25); auch 6 J-14 C 167 (ET 25)	7 J-15 SL 015 Speedline (ET 15); auch LM 5,5 × 14 (ET 20,5); auch Stahl 5,5 × 14 (ET 7)
Reifen	165 SR 13; 185/60 HR 14 (Pirelli P6); 185/60 R 14	195/50 VR 15 (Pirelli P7); 185/60 HR 14
Maße und Gewichte		
Länge × Breite × Höhe (mm)	4107 × 1615 × 1250 (NA: Länge 4137)	4107 × 1625 × 1270
Radstand (mm)	2280	2280
Spurweite v/hn (mm)	1354/1320	1385/1375
Wendekreis (m)	links/rechts: 11,2/10,8	links/rechts: 11,2/10,8
Eigengew. vollgetankt (kg)	1050	1060
Zul. Gesamtgew. (kg)	1260	1260
Fahrleist. u. Verbrauch		
Höchstgeschw. (km/h)	175 (NA-Fünfgang: 172)	190
Beschl. 0–100 km/h (s)	12,2 (NA-Fünfgang: 13)	8,6
Ø-Verbrauch (l/100 km)	10,5 (Test ams 11/1983), Kat: Bleifrei Normal	10,8 (Werksangabe)
Produktion		
Bauzeit	März 1982 bis November 1984 (DS1), November 1984 bis November 1985 (DS2)	Juli 1983 bis November 1985
Stückzahl	7450	500
Auslieferung	Europa, Nordamerika und Japan	Europa

* „Powerversion"

Quellen und Literaturhinweise

Bücher

Georg Amtmann/Halwart Schrader: Italienische Sportwagen 1 — von Abarth und Alfa Romeo bis Ferrari und Fiat. BLV München, 1987. ISBN 3-405-13375-0.

Roberto Bruno: Fiat 124 Spider/Coupé. Motorbuch Verlag Stuttgart, 1992. ISBN 3-613-01476-9.

Fiat 124 Sport 1968 — 1978 1400 — 1600 — 1800. Owners Workshop Manual. Haynes Publishing London. ISBN 0-900550-94-5.

Fiat Pininfarina 124 & 2000 Spider 1968 — 1985. Brooklands Books London, 1988. ISBN 1-870642-244.

Fiat 124 Coupé/Spider & 2000 Spider 1971 — 1984. Shop Manual. Brooklands Books London. ISBN 1-85520-079-1.

Fiat 124 Sport Spider AS. Betriebsanleitung und Werkstatthandbuch (Reprint). WK Verlag Salzufflen.

Fiat 124 Sport Coupé-Spider 1600 BC1/BS1 — Hauptmerkmale und Daten (Reprint). WK Verlag, Salzufflen.

Fiat 124 Sport Spider und Coupé 1600 und 1800 ccm ab 1973. Werkstatthandbuch (Reprint). WK Verlag Salzufflen.

Fiat 124 Spider 2000 US/Europa/VX. Werkstatthandbuch (Reprint). WK Verlag Salzufflen.

Fiat Sportwagen — Cabriolets und Coupés 1948 — 1986. Schrader München, 1988. ISBN 3-922617-39-5.

Alan Friedman: Agnelli — das Gesicht der Macht. Wilhelm Heyne Verlag München, 1989. ISBN 3-453-03225-X.

Hans Karl Lange: Pininfarina. Bisher unveröffentlichtes Manuskript.

Pininfarina. Sessantanni. Edizioni Pininfarina Turin, 1990.

Wolfgang Schmarbeck: Alle Fiat Automobile. Motorbuch Verlag Stuttgart, 1986. ISBN 3-87943-459-X.

John Tipler: Fiat & Abarth 124 Spider & Coupé. Veloce Publishing Goldmanstone, 1993. ISBN 1-874105-09-X.

Phil Ward/Brian Long/Guy Croft: Fiat And Lancia Twin-Cams. Motor Racing Publications Croydon, 1992. ISBN 0-947981-57-8.

Zeitschriftenartikel

Test Fiat 124 AS	ams 25/66 S. 30 ff
Vergleichstest Fiat 124 AS — Fiat Dino Spider — Alfa Duetto	Motor Klassik 2/96 S. 8 ff
Test Fiat 124 BS1	ams 9/70 S. 56 ff
Test Fiat 124 CSA	ams 11/74 S. 70 ff
Vergleichstest Fiat 124 CSA — Fiat X1/9 — 131	Autosprint 33/34/90, S. 84 ff
Test Fiat 124 CS1/CC1	ams 14/73 S. 54 ff
Vergleichstest Spidereuropa — Alfa Duetto	ams 11/83 S. 56 ff
Test Spidereuropa VX	ams 10/84 S. 22 ff u. 13/84 S. 84 ff
Vergleichstest Fiat 124 AS — Alfa Spider	Motor Klassik 8/88 S. 4 ff
Kaufberatung Fiat 124 Spider	OLDTIMER-MARKT 2/88 S. 172 ff
Kaufberatung Fiat 124 Spider	Motor Klassik 6/91 S. ff
Historie Fiat 124 Spider/Coupé	Retroviseur 2/91 S. 50 ff
Historie Fiat 124 Spider/Coupé	OLDTIMER-MARKT 4/91 S. 6 ff
Historie Fiat 124 Spider	Auto d'Epoca 5/91 S. 52 ff
Historie Fiat 124 Spider/Coupé	Thoroughbred & Classic Cars 12/91 S. 26 ff
Historie 124 CSA	rally SPRINT 8/94, S. 20 ff
Historie 124 CSA	Auto Capital 4/89, S. 106 ff

sowie mehrere Jahrgänge der Clubzeitschriften

DER SPIDERFAHRER (Fiat 124 Club Deutschland e. V.)
SPIDER MAGAZIN (Fiat 124 Club e. V.)

und der Fachzeitschriften

OLDTIMER-MARKT
Motor-Klassik
OLDTIMER-PRAXIS
OLDTIMER-MAGAZIN
Retro Viseur
Auto d'Epoca
Classic Cars

Last, but not least
Danksagung

Ohne die Hilfe mitfühlender, engagierter und kritischer Enthusiasten haben Buchautoren keine Chance! In diesem Falle verdienen drei Mitstreiter einen ganz besonderen Dank – denn ohne sie hätte dieses Buch nie entstehen können. Da ist zum einen Roberto Maddalozzo in Heidelberg, der unermüdlich mit Korrekturen, Anmerkungen und Kontakten weiterhalf. Zum anderen sei Jörg Katzschke in Monheim herzlichst gedankt, der bereitwillig Wissen und Material zur Verfügung stellte. Und schließlich nahm sich Thomas Niedergerke, Detmold, sehr viel Zeit, um die letzten Geheimnisse der Spider-Historie aufzudecken.

Weiterhin sei – in alphabetischer Reihenfolge – den engagierten und geduldigen Spider-Freunden gedankt, die dank teilweise erheblichen Zeitaufwands zum Gelingen dieses Werks beigetragen haben. Egal, ob Sie mit Tips weiterhalfen oder ihre Autos für Fotaufnahmen zur Verfügung stellten: Mille gracie, amici!

Florian Baumann, Starnberg
Hans-Georg Baumgartner, Hettenshausen
Andreas Beyer, Wiesbaden
Uwe Binder, Tuttlingen
Peter Braun, Mannheim
Roberto Bruno, Berlin
Friedhelm Budera, Weilburg
Joachim Cassens, Gießen
Michael Catsch, München
Michael Choi, Wiesbaden
Sebastian Gierich, Pulheim
Christine & Werner Hagen, Hagenbüchach
Joachim Häring, Mainz
Harald Jaxt, Heilbronn
Walter Körbler, Uffing
Ulrich Kronenberg, Bad Soden a.T.
Hans-Karl Lange, Villach (Österreich)
Manfred Lindner, Tutzing
Roberto Maddalozzo
Bernd Michalak, Mainz
Gerhard Mühr, Herten-Westerholt
Michael Osterland, Düsseldorf
Lorenza Pininfarina, Turin (Italien)
Rob de la Rive Box, Brunnen (Schweiz)
Martyn Robey, Lower Hutt (Neuseeland)
Gerald Rothman, St. Uniondale, N.Y. (USA)
Andreas Schmidt, Bonn
Roland Seiter, Baden-Baden
Burkhard Seyffert, Villmar-Langhecke
Adam Sosna, Bielefeld
Ralf de Vrée
Peter Wanders, Westervoort (Niederlande)
Christfried Webers, Tokio (Japan)
Sylvi & Bernd Winkler, Ruppichteroth
Thomas Wirth, Ludwigshafen
Claus Witzeck, Heilbronn

Folgende Clubs und Firmen haben sich über das normale Maß hinaus beim Zustandekommen des Buches exponiert und verdienen ein Extra-Dankeschön:

Fiat 124 Spider Club Deutschland e.V.
Fiat 124 Spider Club e.V.
Fiat Deutschland Automobil AG
Fiat 124 Sport Spider Register Holland
Formula 43
G+B Motorentechnik
Holtmann & Niedergerke GmbH
O & S Oldtimer & Sportscars
Pininfarina SpA
Pininfarina Spidereuropa Volumex IG
Progetto K
Seat Deutschland GmbH
Speidel Modellauto
Spider Point
Vitesse Group